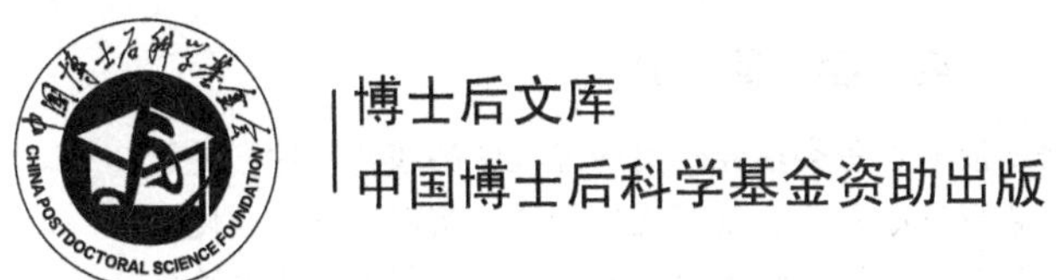

大菱鲆繁育生物学及染色体育种

贾玉东　孟　振　著

科学出版社
北　京

内 容 简 介

种苗繁育是当今海（淡）水鱼类增养殖生产过程中的核心事件，处于整个产业链条最前端，繁育健康苗种、创制优良种质、实现良种产业化和提高良种覆盖率是未来鱼类人工增养殖主流发展方向。本书以欧亚养殖良种大菱鲆为主要研究对象，从生理和生态相结合角度，围绕苗种生产过程中繁殖和育种两大核心事件，对大菱鲆引种繁育历史、生物学习性、生殖生理学特性、配子质量评价、雌核发育二倍体和多倍体诱导等方面研究做了较为系统的阐述，同时针对二十多年来在大菱鲆引种、驯化、种苗繁育过程中苗种生产工艺与繁育技术等方面取得的成绩和存在的问题，以及养殖产业发展现状进行了概述和展望，是对目前大菱鲆繁殖与育种方面探索性基础研究和应用研究成果的阶段性总结。全书共七章，插图60余幅。

本书内容充实，理论性与应用性兼顾，适合综合性大学及农业、水产和师范院校生物学科高年级本科生和研究生学习与参考，亦可用作水产科技工作者及相关从业人员学习参考用书。

图书在版编目（CIP）数据

大菱鲆繁育生物学及染色体育种/贾玉东，孟振著. —北京：科学出版社，2017.2

（博士后文库）

ISBN 978-7-03-051580-3

Ⅰ.①大… Ⅱ. ①贾… ②孟… Ⅲ. ①鲆科–繁育–生物学–研究 ②鲆科–染色体–育种–研究 Ⅳ. ①S965.399

中国版本图书馆 CIP 数据核字(2017)第 016727 号

责任编辑：李 迪 闫小敏 / 责任校对：李 影

责任印制：张 伟 / 封面设计：刘新新

科学出版社 出版

北京东黄城根北街 16 号

邮政编码: 100717

http://www.sciencep.com

北京京华虎彩印刷有限公司印刷

科学出版社发行 各地新华书店经销

*

2017 年 2 月第 一 版 开本：720×1000 B5

2017 年 2 月第一次印刷 印张：14 1/2

字数：284 000

定价：98.00 元

《博士后文库》编委会名单

《博士后文库》序言

1985 年，在李政道先生的倡议和邓小平同志的亲自关怀下，我国建立了博士后制度，同时设立了博士后科学基金。30 多年来，在党和国家的高度重视下，在社会各方面的关心和支持下，博士后制度为我国培养了一大批青年高层次创新人才。在这一过程中，博士后科学基金发挥了不可替代的独特作用。

博士后科学基金是中国特色博士后制度的重要组成部分，专门用于资助博士后研究人员开展创新探索。博士后科学基金的资助，对正处于独立科研生涯起步阶段的博士后研究人员来说，适逢其时，有利于培养他们独立的科研人格、在选题方面的竞争意识以及负责的精神，是他们独立从事科研工作的“第一桶金”。尽管博士后科学基金资助金额不大，但对博士后青年创新人才的培养和激励作用不可估量。四两拨千斤，博士后科学基金有效地推动了博士后研究人员迅速成长为高水平的研究人才，“小基金发挥了大作用”。

在博士后科学基金的资助下，博士后研究人员的优秀学术成果不断涌现。2013 年，为提高博士后科学基金的资助效益，中国博士后科学基金会联合科学出版社开展了博士后优秀学术专著出版资助工作，通过专家评审遴选出优秀的博士后学术著作，收入《博士后文库》，由博士后科学基金资助、科学出版社出版。我们希望，借此打造专属于博士后学术创新的旗舰图书品牌，激励博士后研究人员潜心科研，扎实治学，提升博士后优秀学术成果的社会影响力。

2015 年，国务院办公厅印发了《关于改革完善博士后制度的意见》（国办发〔2015〕87 号），将“实施自然科学、人文社会科学优秀博士后论著出版支持计划”作为“十三五”期间博士后工作的重要内容和提升博士后研究人员培养质量的重要手段，这更加凸显了出版资助工作的意义。我相信，我们提供的这个出版资助平台将对博士后研究人员激发创新智慧、凝聚创新力量发挥独特的作用，促使博士后研究人员的创新成果更好地服务于创新驱动发展战略和创新型国家的建设。

祝愿广大博士后研究人员在博士后科学基金的资助下早日成长为栋梁之才，为实现中华民族伟大复兴的中国梦做出更大的贡献。

中国博士后科学基金会理事长

序

大菱鲆是欧洲名贵的经济鱼类，由已故中国工程院院士雷霁霖先生于 1992 年首次引入我国，经过 24 年发展，在大菱鲆良种效应和工业化养殖示范带动及政产学研的共同努力下，以大菱鲆为代表的鲆鲽类养殖年产值突破百亿元，在环渤海和黄海北部沿岸形成了一个集“六大板块工程体系”和“四化养殖核心技术”于一体的规模宏大的产业带和经济圈，同时海水鱼类高端养殖模式得以集成构建，成为“海水鱼类良种引进典范和新产业开发样板”，对开拓我国海洋产业，耕海牧渔，经略海洋起到重要推动作用。

《大菱鲆繁育生物学及染色体育种》一书从历史到现实、从宏观到微观、从整体到具体，在大菱鲆引种繁育历史、生物学习性、生殖生理学特性、配子质量评价、雌核发育二倍体和多倍体诱导等方面进行了较为全面的阐述和介绍，重点描述了大菱鲆卵母细胞成熟的分子基础和相关调控机制、配子质量评价、仔稚鱼变态反应调控机制、雌核发育二倍体和多倍体诱导技术构建等方面的研究进展。同时针对二十多年来在大菱鲆引种、驯化、种苗繁育过程中苗种生产工艺与繁育技术等方面取得的成绩和存在的问题，以及养殖产业发展现状进行了概述和展望。该书内容丰富，学术思想新颖，系统全面，是依托国家鲆鲽类产业技术体系“十二五”期间研究成果和国内外最新科研进展编写的一部反映大菱鲆繁育生物学和染色体育种基本概念、基础理论、研究技术、研究成果和发展动态的学术专著，可读性和实用性强，具有较高的学术价值。

该书的出版，可供水产科技工作者、大专院校师生及相关企业从业人员参考，同时对从事科技管理和技术开发的人员也有借鉴作用。

中国工程院院士　麦康森

2016 年 11 月

前　言

现代海洋农业是实现蓝色经济跨越式发展的重要载体。大力发展以海水鱼类为主体的增养殖业，开发“蓝色国土”，建设“蓝色粮仓”，是科学、合理、高效开发利用海域环境资源和海洋渔业资源的重要途径，属于国家产业经济结构调整的重大战略举措，受到国家和地方政府的高度重视。

大菱鲆，商品名多宝鱼，是原产于大西洋东北部、欧洲沿海的名贵海水鱼类，具有生长速度快、适应性强、肉质好、经济价值高、养殖和市场潜力大等特点，是一种理想的海水增殖和养殖对象。20 世纪 70~80 年代，欧洲沿海各国相继将其开发为重要的养殖对象，我国自 1992 年由已故中国工程院院士雷霁霖先生首次引进，经过 7 年科技攻关，3 年应用推广，在原种引进、驯化养成、亲鱼培育、苗种生产、营养饲料、病害防治等方面取得了一系列研究成果，特别是一年多茬育苗关键技术的突破和工厂化养殖模式的创建，使得大菱鲆良种效应和工厂化养殖理念获得业界共同认可，产业示范作用显著，至 2005 年我国大菱鲆养殖产量已经达到 5 万 t，占世界养殖总量的 87.5%。2006 年受上海“多宝鱼风波”事件的影响，价格大幅跌落，养殖产量下落至 4 万 t 以下。此后，在高校、科研院所、地方政府和企业界的共同努力下，总结产业发展过程中暴露出来的问题和经验教训，2007 年产业规模得到恢复，市场价格回归理性，大菱鲆产业进入平稳发展期。2008 年，农业部和财政部联合启动了“现代农业产业技术体系”建设工作，首批启动了 50 个产业技术体系，中国水产科学研究院黄海水产研究所成为首批“国家鲆鲽类产业技术研发中心”建设依托单位。自此，通过鲆鲽类产业技术体系建设工作的稳步推进，以大菱鲆为代表的鲆鲽类养殖，逐步发展成为引领我国海水养殖的先锋产业。根据鲆鲽类产业技术体系统计资料，截至 2015 年年底，鲆鲽类体系示范区县工厂化、池塘和网箱养殖鲆鲽类面积分别达到 750.6 万 m^2、10 798.0 亩①和 32.6 万 m^2，三大主要品种中，大菱鲆工厂化养殖面积为 650.6 万 m^2，牙鲆和半滑舌鳎养殖面积分别为 35.7 万 m^2 和 60.3 万 m^2，鲆鲽类总产量为 6.01 万 t，其中大菱鲆产量为 4.78 万 t，占总产量 79.53%，牙鲆产量为 8804.4t，占总产量的 14.65%，半滑舌鳎产量为 3260.6t，占总产量的 5.43%。以大菱鲆为代表的鲆鲽类养殖成为我国名副其实的海水养殖大产业，大菱鲆养殖则成为居世界第一的鲆鲽类养殖产业。

---

①1 亩≈666.67m^2

依托国家鲆鲽类产业技术体系（CARS-50）和农业部公益性行业科研专项（nyhyzx07-046），在首席科学家雷霁霖院士的指导下，本书著者于“十二五”期间在大菱鲆繁育生物学及染色体育种方面进行了较为系统的研究工作，本着理论联系实际、加强实践的原则，撰写了这本《大菱鲆繁育生物学及染色体育种》，是对目前大菱鲆繁殖与育种方面探索性基础研究和应用研究成果的阶段性总结。本书在大菱鲆引种繁育历史、生物学习性、生殖生理学特性、配子质量评价、雌核发育二倍体和多倍体诱导等方面进行了较为全面的阐述和介绍，重点描述了大菱鲆卵母细胞成熟的分子基础和相关调控机制、配子质量评价、仔稚鱼变态反应调控机制、雌核发育二倍体和多倍体诱导技术构建等方面的研究进展，同时针对二十多年来在大菱鲆引种、驯化、种苗繁育过程中苗种生产工艺与繁育技术等方面取得的成绩和存在的问题，以及养殖产业发展现状进行了概述和展望。全书共七章，约计284千字，其中第一章、第二章、第三章、第四章（第一、三节）、第七章由贾玉东完成，第四章（第二节）、第五章、第六章由孟振完成。

感谢国家自然科学基金项目（31302205，31402284）和国家鲆鲽类产业技术体系（CARS-50）的资助。

本书在撰写过程中得到了多方鼎力帮助，另外还参考、引用了国内外鲆鲽类科研专家、学者文献资料，在此表示衷心感谢。由于编者水平有限，书中难免存在错漏和不完善之处，敬请读者斧正，衷心希望能给广大读者带来一些有益的信息和启迪。

贾玉东

2016年9月于青岛

目　录

第一章　概　　论

第一节　历 史 回 顾

我国是世界上最早开始鱼类人工养殖的国家之一，淡水鱼类养殖历史可追溯到公元前 11 世纪，公元前 5 世纪已有《养鱼经》的问世，海水鱼类养殖方面，明代胡世安所著《异鱼赞闰集》和清代郭柏苍所著《海错百一录》中已有鲻、梭鱼和遮目鱼等植物食性鱼类记载（郑澄伟和徐恭昭，1977）；南方的“鱼塭”和北方的“港养”方式已经延续了数百年之久，但直到新中国成立初期仍停留在利用天然港湾围堤筑闸，春季纳潮进苗（天然苗），秋冬出池收获的粗放养殖模式。养殖品种稀少，主要以植物食性鱼类为主，属不施肥不投饵的靠天粗养，生产力、产量和效益低下，还经常遭受沿海风暴潮的侵袭，因而发展相当缓慢。新中国成立初期至 20 世纪 50 年代中期，我国相继开展鱼、虾、贝、藻类人工繁育研究工作。在海水鱼类养殖方面，政府相继投入科技力量，进行过梭鱼人工繁殖、种苗培育、生长、饲料营养、越冬和大面积精养等试验，对提高港养水域生产力起到重要推动作用，但由于经济基础薄弱和南北方气候自然差异等，在 70 年代以前，海水鱼类人工养殖的研究与产业开发显著滞后于藻、贝、虾类。改革开放后，随着中外合作交流的机会增加，我国海水鱼类人工养殖首先在北方取得突破性进展，80 年代末至 90 年代初，中日合作相继在营口、北戴河和青岛等地兴建了高水准的增养殖试验基地，引进了国外先进的技术与设备，使我国海水鱼类苗种繁育的软硬件设备条件均达到了 90 年代初的国际先进水平。同时，随着沿海各科研院所一批设施先进的临海实验室投入使用，极大地改善了我国海水鱼类养殖的研究条件，推动了养殖产业化的高速发展。自 90 年代以来，海水鱼类人工育苗和养殖出现了崭新的局面，养殖方式逐步形成了南方以网箱、池塘为主，北方以工厂化为主，人们的传统养殖观念受到冲击，对良种养殖的认识获得了空前提高，尤其对于北方沿海来说，长期养殖生产实践表明，所有当地品种，包括梭鱼、花鲈、大泷六线鱼等少数几个较耐低温的品种都存在着不同程度的“越冬”问题，温水性养殖品种则更为严重。“养殖品种少、养殖周期长、生长缓慢、当年不能养成商品鱼、养殖风险高效益低”成为过去我国北方海水养鱼的基本写照，因此寻求一种耐低温、快速生长的高经济附加值养殖品种显得极为迫切。

大菱鲆是大西洋东北部、欧洲沿海的一种特有比目鱼。据记载：古罗马时代欧洲人对大菱鲆的营养和美食就十分赞赏，称它为“海中雉鸡”（pheasant of the sea)，多贮养于水池中，留作重大节庆之日享用。欧洲早期养殖实践表明，大菱鲆具有生长迅速、适应低水温生活、肉品质好、价格高、养殖和市场潜力大等特点，20 世纪 70~80 年代，欧洲沿海各国相继将其开发成为重要的海水养殖品种之一。此后，欧洲的大菱鲆商业化养殖规模不断扩大，经济效益日渐显著，作为一种品质优良的高价值良种，其受到世界范围内广泛关注，世界各地沿海国家竞相引进，并结合本国实际因地制宜地开发为专业化的养殖生产行业。

1980 年，中国水产科学研究院黄海水产研究所雷霁霖研究员获得联合国粮食及农业组织（FAO）的资助，前往英国考察学习海水鱼类养殖。在英国研修期间，亲眼目睹了大菱鲆的研究、应用和开发现状，确认大菱鲆是适应低水温海水养殖的优质良种，如能引进我国，有望成为我国北方适养地区的重要养殖品种和新兴养殖产业。在英国著名大菱鲆研究专家 Howell 博士和企业家 West 先生的热心帮助下，经历 11 年的艰苦努力，终于在 1992 年 8 月将大菱鲆以仔、稚鱼的形式首次引进我国，1995~1996 年通过引进苗种培育雌性亲鱼初次达到性成熟，获得人工采卵的成功，并培育出少量苗种，1998~1999 年实现苗种规模化培育的突破，同时创立了“温室大棚+深井海水”工厂化养殖模式；1999 年下半年首批试养大菱鲆成鱼开始陆续在上海、广州和深圳等经济发达城市上市，深受消费者欢迎，价格最高飙升到 800 元/kg。至此黄海水产研究所的大菱鲆课题组经过 7 年科技攻关，在亲鱼培育、苗种生产、幼鱼驯化养成、营养饲料、病害防治和基础研究等方面取得了系列重要研究成果，尤其在大规模苗种生产关键技术上，系统开展了全人工条件下的性腺发育规律、产卵调控、受精生物学、采卵孵化、早期生长发育规律、苗种的环境生态学、生物学和规模化苗种繁育的技术工艺，以及与苗种繁育相关的一系列生物饵料培育、营养强化、疾病防控、中间培育和水质处理等技术研究，同时开创了“温室大棚+深井海水”工厂化养殖模式（Lei and Liu，2010；雷霁霖，2005；雷霁霖等，2002；门强等，2004）。优厚的养殖效益，吸引了大批投资者从事大菱鲆养殖，使大菱鲆养殖迅速在我国北方沿海兴起。养殖区域首先从山东莱州开始，迅速扩大至山东全省，以后又扩展到河北、辽宁、天津、江苏和福建等沿海地区。产业规模急速扩大，至 2005 年我国大菱鲆养殖产量已经达到 5 万 t，占世界养殖总量的 87.5%，成为世界大菱鲆养殖第一大国。其后，受 2006 年 11 月上海“多宝鱼风波”事件的影响，价格大幅跌落，养殖产量下落至 4 万 t 以下。此后，在高校、研究院所、地方政府和企业界的共同努力下，总结产业发展过程中暴露出来的问题和经验教训，2007 年产业规模得到恢复，市场价格回归理性，大菱鲆产业进入平稳发展期，2010 年产量达到 6 万 t，占世界总产量的 87.1%。2007 年 10 月，以大菱鲆、牙鲆和半滑舌鳎等为主体的鲆鲽类养殖产业获得农业部公益性行业科研重大专项的重点支持，全方位系统开展鲆鲽类良种技术体系的建设、鲆鲽类产品质量安全技术体系的构建、鲆鲽类健康养殖技术体系的集成和示范、循环养殖系统的提升等研究工作。在此基础上，2008 年农业部和财政部联合启动了“现代农业产业技术体系”建设工作，首批启动了50个产业技术体系，以大菱鲆为代表的鲆鲽类科研团队，凭借雄厚的研究实力和广泛的业界影响，成为首批“国家鲆鲽类产业技术研发中心”建设依托单位，被誉为“大菱鲆之父”的雷霁霖院士被聘任为体系首席科学家。通过鲆鲽类行业专项的实施和产业技术体系建设工作的稳步推进，以大菱鲆为代表的鲆鲽类养殖，逐步发展成为引领我国海水养殖的先锋产业。根据鲆鲽类产业技术体系统计资料，截至2015年年底，鲆鲽类体系示范区县工厂化、池塘和网箱养殖鲆鲽类面积分别达到750.6万m^2、10 798.0亩和32.6万m^2，三大主要品种中，大菱鲆工厂化养殖面积为650.6万m^2，牙鲆和半滑舌鳎养殖面积分别为35.7万m^2和60.3万m^2，鲆鲽类总产量为6.01万t，其中大菱鲆产量为4.78万t，占总产量79.53%，牙鲆产量为8804.4t，占总产量的14.65%，半滑舌鳎产量为3260.6t，占总产量的5.43%（关长涛，2015）。鲆鲽类养殖成为我国名副其实的海水养殖大产业，大菱鲆养殖则成为居世界第一的鲆鲽类养殖产业。

第二节 养殖研究现状

自1992年大菱鲆从欧洲引种至今，二十多年来，中国的大菱鲆养殖业通过对苗种生产、养殖模式、营养与饲料、疾病防控、加工与质量控制、市场与养殖经济六大板块系统工程的建设，构建了完整的产业链，形成了一个初具工业化雏形、稳速、提质、增效的新兴养殖产业，成为海水良种引进的典范、新产业开发的样板（雷霁霖等，2012）。

在苗种生产方面，欧洲从20世纪70年代末开始研究小水体集约化苗种培育技术，迄今已经超过30年，但是生物饵料安全性和早期苗种培育生态环境控制等问题仍然没有得到有效解决，育苗成活率不稳定，规模化育苗的平均成活率仅为20%左右（孵化后90日龄，体质量1~2g）。大菱鲆引进中国后，结合我国实际，通过与沿海水产养殖企业合作，因地制宜建立起包括亲鱼培育、繁殖调控、生物饵料高密度培养、营养强化和早期仔、稚鱼培育等一整套工厂化育苗技术工艺，从1998年下半年开始，大菱鲆苗种年产量超过100万尾，但远不能满足国内产业快速发展的需求，每年还需从国外进口苗种300万~400万尾。2005年以后，随着国内大菱鲆苗种培育技术的普及和育苗企业的增多，国产苗种年产量增至6000万尾以上，基本满足了国内大菱鲆养殖业的需求（Ruyet，2010）。此后，大菱鲆苗种生产与养殖进入平稳递增发展阶段，经过“十一五”和“十二五”期间的系统培育，目前大菱鲆苗种年产量基本稳定在2亿尾左右，主要集中在山东省威海、烟台等沿海城市，占全国苗种生产总量的90%以上。大菱鲆苗种培育技术体系的建立，对我国海水鱼类工厂化苗种培育技术的进步与发展也产生了深远影响。大菱鲆引进以前，我国海水鱼类工厂化苗种繁育技术由于缺乏配套养殖工程工艺支撑和成熟养殖产业链，多数养殖品种（如真鲷、黑鲷、红鳍东方鲀和牙鲆等）的苗种繁育大多停留在试验和中试阶段，工厂化育苗生产所需的许多配套生产资料，如生物饵料强化剂，仔、稚鱼早期开口微颗粒饲料，国内都十分匮乏，严重制约了海水鱼类苗种培育技术的产业化发展。大菱鲆引进以后，稳定的苗种需求和早期丰厚的利润回报吸引了大批养殖企业和专业技术人才从事大菱鲆苗种生产、培育，同时带动了集约化高密度生物饵料培育、专用微颗粒饲料和营养强化剂研发等行业的发展，开发研制出一系列苗种培育配套产品。在大菱鲆苗种生产流通的运营方式上，出现了以生产环节为单元的社会化分工，整个产业链基本上实现了专业化和社会化生产经营，由生产受精卵、培育生物饵料轮虫和工厂化苗种培育3 种专业化生产企业，以及浓缩小球藻、配合饲料、益生菌、营养强化剂等生产资料供应商与苗种运输等服务行业构成，产业分工明确，生产管理高效，降低了生产成本，显示出集约化苗种生产的进步。获得优良种质是提升养殖品种经济性状的重要途径，在良种选育方面，早期国内众多育苗厂家对大菱鲆良种选育意识薄弱，亲鱼管理缺乏配套技术，长期累代养殖和近缘交配导致种质退化现象日趋明显。从“十一五”开始，国家开始陆续立项支持大菱鲆良种选育和性别调控技术研究，旨在选育出生长快、抗逆性强、品质佳的新品种，为国内大菱鲆养殖业的持续发展提供有效保证。对亲本遗传背景的了解是良种选育的基础，国内大菱鲆亲鱼主要从英国、法国、丹麦、挪威 4 个国家引进，另外，还有少量亲鱼来自西班牙和智利。通过微卫星分子标记对引自英国、法国、丹麦和挪威 4 个国家的大菱鲆群体的遗传结构进行解析，发现这 4 个群体皆为具有一定遗传分化和较好遗传多样性的基础群体（侯仕营等，2011；Ruan et al.，2010）。借助电子标记大规模家系选育和分子标记辅助育种技术对大菱鲆进行了良种选育，通过对大菱鲆不同表型性状间相关性的分析，不同生长阶段选育性状的遗传评定，稚鱼体长、存活率和幼鱼生长等性状遗传力的解析，构建了规模化的选育家系（马爱军等，2010）。同时构建了具有 158 个微卫星分子标记的大菱鲆遗传连锁图谱，筛选出特异性耐高温、快速生长分子标记，在此基础上，经过一代群体选育、两代家系选育，培育出快速生长新品系和耐高温新品系。在相同养殖条件下与普通大菱鲆相比，快速生长新品系 15 月龄平均体质量提高 36%以上，养殖成活率提高 25%以上，主要经济性状遗传稳定性达 90%以上，经过推广示范，取得了较明显的养殖效果，适宜在我国沿海人工可控的海水水体中养殖（马爱军等，2011；许可等，2009）。不同地理种群间生长特性和形态特征的差异，使远源杂交成为大菱鲆遗传改良的又一条有效途径，通过种内远缘杂交选育的新品种“丹法鲆”，与普通苗种相比，单位时间内体质量和养殖存活率分别提高 24%和 18%，2010 年通过了全国水产原种和良种审定委员会的审定（农业部第 1563 号公告，品种登记号：GS-02-001-2010），目前已经在山东、河北、辽宁等大菱鲆主产区推广养殖。大菱鲆雌鱼后期生长优势明显，20 月龄时雌鱼体质量是同期雄鱼的 1.8 倍，对于养殖大规格商品鱼（>3.0kg），雌鱼具有更为突出的生长优势，因此全雌苗种培育也成为良种选育的一个重要手段（Imsland et al.，1997）。近年来，国内外都对大菱鲆全雌苗种生产工艺进行了探索，至今性别决定机制尚不明确（Haffray et al.，2009），借助雌核发育等技术，系统观察了大菱鲆二倍体受精卵从胚盘形成到四细胞期微管骨架形成的动态变化过程，查明了大菱鲆减数分裂型雌核发育和有丝分裂型雌核发育的诱导条件，明确了相关技术参数，成功获得批量雌核发育苗种并培育至性成熟（孟振等，2013；朱香萍等，2008；Xu et al.，2008）。三倍体大菱鲆因其不育性产生的生长优势和抗性优势而受到养殖业者广泛关注，通过建立大菱鲆三倍体的定向培育技术，有助于提升大菱鲆种质质量，提高单位面积产量，对实现提质增效、减量增收渔业结构调整目标起到很好的补充作用，因此三倍体大菱鲆培育成为当前良种选育研究热点。多倍体苗种生产和良种选育的技术难度较大，条件要求较高，属于高技术产业，它依赖优质亲鱼培（选）育、环境设施系统优化、微颗粒配合饲料和开口饵料的选择、病害防治等一系列配套工艺的研发与应用。今后应当在原有良种场规模化育苗的基础上，构建装备工程化、技术精准、生产集约化、管理智能的原良种场，推动大菱鲆苗种质量的全面提升。

在养殖模式方面，大菱鲆引进之初开创了符合中国国情的“温室大棚+深井海水”工厂化养殖模式，即在沿海滩地建设大棚，并配置深井海水因地制宜形成开放式流水养殖模式，早期的养鱼温室大棚与暖冬式蔬菜大棚相似，结构比较简单，墙体用红砖砌筑，车间顶部为钢制简易拱形屋架，双层渔用塑料薄膜和草帘覆盖屋顶（雷霁霖和张榭令，2001；雷霁霖等，2002）。随着工程工艺的优化，改进后的温室大棚，屋顶采用玻璃钢瓦或夹层的塑料板材，具有可调光照和保温的作用；车间内部还有宽敞的操作平台、实验室和值班室，可供操作管理人员使用。车间内设养鱼池（水泥池或玻璃钢水槽）、进水主管道和排水沟，与室外进排水管道相连。室外匹配的主要设施有深水井、水泵房、过滤池、高位水槽、气泵房、配电室等。“深井海水”是现阶段工厂化养鱼的核心条件之一。地下海水水温稳定，水质良好，对工厂化养鱼可以起到节省能源、降低消耗和加速生长的作用。经过“十一五”和“十二五”期间的系统研究，集成配套相关工程工艺，构建了以工程化池塘养殖、半封闭循环流水养殖、全封闭循环水养殖和网箱养殖为主要生产模式的大菱鲆集约化养殖架构。其中陆基工厂化全封闭循环水养殖是工业化养殖程度最高的一种，具有资源节约、环境友好和产品安全特点，与传统流水养殖模式相比，可节水90%以上，节地高达99%，而且通过污水处理还可以实现节能减排、环境友好型生产，代表了未来海水鱼类养殖的发展方向，是实现水产养殖与环境和谐发展的重要途径。在科技部、农业部等国家部委、地方主管部门和国家鲆鲽类产业技术体系的连续资助下，我国以大菱鲆为代表的海水鱼类循环水养殖，在工艺流程、关键设备、颗粒物及有机质除去系统、消毒系统、增氧系统、生物过滤系统、水质在线检测和报警关键技术等方面都取得突破性进展（宋奔奔等，2011；

张成林等，2011；倪琦和张宇雷，2007；倪琦等，2006），先后在山东、天津、辽宁、河北和江苏等省市构建了多套大菱鲆封闭式循环水养殖系统，截至 2015 年年底，全国大菱鲆工厂化养殖面积 553.2 万 m^2，养殖效果良好。养殖成本直接影响产品利润空间和企业竞争力，保障产品品质、降低成本、提升利润空间是驱动企业实现创新和发展的原动力，通过对全封闭循环水养殖成本结构分析发现，饲料、能耗和管理费用为生产成本主要支出部分，其中饲料约占 42.02%，能耗约占 20.86%，管理约占 14.98%，厂房约占 11.45%，苗种约占 10.69%。因此，在大菱鲆养殖模式研发上要结合我国国情和产业现状，积极借鉴国外经验，走自主创新之路，积极研制适用性强、可靠性高和经济性好的国产化养殖装备，深入开展适于主要养殖品种的精准养殖工艺研究，以系统稳定可靠，养殖过程精准高效，产品优质健康为引导，建立特定品种标准化养殖、生产技术管理体系，快速提升国内相关产业的综合竞争力。努力构建产前、产中、产后三阶段的标准化技术管理体系，力争实现养殖生产规范化、标准化，促进中小企业快速发展，从根本上改变我国传统水产养殖业的面貌。

在营养与饲料方面，我国大菱鲆养殖早期主要采用冰鲜杂鱼进行养殖，此后随着产业规模的扩大和养殖方式的转变，对配合饲料的需求逐步增加，从而加快了国内海水鱼类营养与饲料加工工艺的研究步伐。“十二五”期间大菱鲆专用饲料与系列配合饲料的研制，主要集中在大菱鲆不同发育阶段营养需求，替代蛋白源、替代脂肪源、益生菌、维生素和藻类等功能性添加剂开发应用方面。在替代蛋白源方面，系统研究了谷朊粉、宠物级鸡肉粉、脱脂肉骨粉、豆粕和玉米蛋白粉复合替代鱼粉对大菱鲆生长、体组成和表观消化率的影响，结果表明复合蛋白源替代鱼粉水平应不超过 35%（董纯等，2015），同时发现在含有菜籽蛋白的基础饲料中添加植酸酶，可以提高大菱鲆干物质和蛋白质的消化率及营养物质的利用率，并提高氮元素和磷元素的利用率，发现低水平的超滤水解鱼蛋白可促进大菱鲆生长和提高饲料利用率（Bonaldo et al.，2015）。在替代脂肪源研究中发现，菜籽油替代鱼油对大菱鲆幼鱼生长、脂肪酸组成及脂肪沉积有影响，豆油和菜籽油是大菱鲆幼鱼饲料良好的脂肪源，鱼油和豆油按 1∶1 混合添加显著促进大菱鲆幼鱼生长（李思萌等，2015），同时大菱鲆幼鱼饲料中菜籽油替代鱼油水平应低于 66.7%（彭墨等，2015）。在维生素添加研究中发现，饲料中精氨酸（Arg）与赖氨酸（Lys）的交互作用显著影响大菱鲆幼鱼的饲料效率、蛋白质沉积和肌肉氨基酸含量，Arg 和 Lys 添加量分别为 0.9%和 1.19%时，大菱鲆有最大生长和饲料利用效率（代伟伟等，2015）。适量添加 Lys 可以促进生长，而 Lys 添加量过高，会与 Arg 产生拮抗作用，抑制生长、饲料利用和肌肉氨基酸沉积。在添加剂研究中发现，大菱鲆饲料中添加 5%的浒苔时，对大菱鲆生长和非特异性免疫力具有一定促进作用，但浒苔添加量增加到 20%时，大菱鲆幼鱼的生长和非特异性免疫力均受到抑制（郭中帅等，2015）；同时饲料中添加壳聚糖可显著促进大菱鲆仔鱼生长，增强其起始免疫能力（Cui et al.，2013）；饲料中添加姜黄素可显著调控大菱鲆脂类代谢，降低高脂饲料诱导的脂质代谢紊乱（Yun et al.，2011）。上述研究为大菱鲆国产化专用饲料的商业化研发和应用提供了理论上的依据和技术上的支撑，减少了对进口饲料的依赖度，有效降低了生产养殖成本。

在疾病防控方面，产业发展之初，养殖企业规模小，养殖从业人员技术薄弱，苗种生产厂家众多和苗种质量参差不齐，以及饲料等配套生产资料不足，导致我国大菱鲆养殖早期疾病发生的频率较高。根据国内相关研究报道，我国养殖大菱鲆常见主要病害包括由弧菌、气单胞菌、爱德华氏菌等引起的细菌性疾病，淋巴囊肿病毒、虹彩病毒等引起的病毒性疾病，盾纤毛虫、鞭毛虫和刺激隐核虫等引起的寄生虫性疾病，其中鳗弧菌病、迟钝爱德华氏菌病和隐核虫病发生较为普遍，危害也较严重（王印庚等，2011；吕俊超等，2009；薛淑霞和孙金生，2008；李筠等，2006）。近年来，通过持续不断的流行病学跟踪和调查，逐步查明了我国大菱鲆主要疾病发病特征及其流行规律，明确了细菌、病毒和寄生虫等主要致病源30 余种（株），同时通过建成养殖大菱鲆疾病病原库及远程疾病诊断平台，为今后大菱鲆疾病防控技术研究和指导企业进行健康养殖奠定了基础。疾病的快速诊断是及时作出早期预防、治疗和预报危害严重流行病的重要基础，目前我国对大菱鲆常见疾病的诊断技术，除传统的病理组织学检查手段外，还开发了分子生物学等快速诊断技术，如胶体金快速检测试纸、聚合酶链反应（polymerase chain reaction，PCR）技术、免疫荧光技术等，这些技术的联合应用将对大菱鲆疾病的早期诊断起到较好的预防与监控作用（Zhang et al.，2009；冯守明等，2008；王蔚芳等，2012）。以抗生素为核心的化学药物治疗是目前我国最为主要的病害防治策略和手段，虽然为防治病害和减少病害损失发挥过应有的积极贡献，但盲目和滥用抗生素现象比较普遍，导致抗药病原快速蔓延，药物残留导致的水产品安全问题和环境污染的负面影响日趋严重。目前，国内大型养殖场对疾病预防和用药比较规范，鱼病发生率较低，但是中小养殖企业的病害防治方法尚以药物为主，药物残留现象仍然时有发生。2006 年下半年发生在上海消费市场的“多宝鱼药物残留事件”使大菱鲆养殖业数月间损失高达 30 亿元，产业几乎毁于一旦。鉴于此，“十一五”和“十二五”期间，在鲆鲽类产业技术体系和相关配套项目支撑下，搜集和整理了大量国内外相关渔药的种类、性质、残留限量、使用规范、检测标准等信息，形成较为完善和系统的大菱鲆渔药残留数据库，并在此基础上开展了多种渔药残留的研究工作，如土霉素、诺氟沙星、磺胺甲恶唑、恩诺沙星、环丙沙星等，明确了这些药物在大菱鲆体内的代谢和残留规律，为这些药物使用方法和休药期的确定提供了基础数据。生态预防和免疫预防是解决这一难题的最根本途径（Mu et al.，2011）。以疫苗为核心的免疫防治策略已经成为近年来国内各种研究机构最为热点的前沿研究领域，但迄今为止尚未有任何一例商品化的海水鱼类疫苗上市。在大菱鲆疫苗研发方面，国家鲆鲽类产业技术体系疾病防控岗位华东理工大学团队在鲆鲽类系列疫苗产品研发方面取得了重要突破，其中海水养殖鱼类弧菌基因工程减毒活疫苗于 2011 年年底获得农业部颁发的农业转基因生物安全证书，大菱鲆腹水病迟钝爱德华氏菌弱毒活疫苗于 2012 年获得农业部临床试验许可批准，2013 年完成全部临床试验并于当年 10 月顺利通过了农业部兽药评审中心初审会评审。这些研发进展加速推进我国首个海水鱼类商品化疫苗研究进程，为我国大菱鲆养殖产业的健康和可持续发展提供科学健康的解决方案和配套产品支持。

在加工与质量控制方面，大菱鲆引进之初，国内消费主要以活鱼为主，近年来，随着养殖成鱼价格的下降、消费者饮食习惯的改变及市场拓展的需要，国内对深加工产品研发的关注度明显提高，先后对大菱鲆的营养成分、微量元素及品质、不同宰杀方式对大菱鲆保鲜的影响、冰温冷藏条件下的菌相、鱼肉的保鲜效果及冷冻鱼肉的保水效果等进行了研究（崔正翠等，2011；梁萌青等，2010；赵前程等，2008）。同时开发了裙边、鱼皮、鱼唇和冷冻鱼片等精加工产品及烟熏成品等的加工工艺，利用加工鱼肉剩下的鱼鳍和鱼骨提取硫酸软骨素和胶原蛋白等高附加值产品，从而为建立大菱鲆精深加工技术体系和延长产业链奠定了基础（滕瑜等，2012，2015；王彩理等，2011）。海洋鱼类除鲜活制品外有干制、烤制、熏制、腌制、罐制等多种加工形式，研究开发海水鱼类安全加工利用技术，充分扩大大菱鲆加工渠道，提高鱼肉加工利润，可延缓目前海水鱼价格的进一步下滑，延长鱼类加工产业链。通过加强质量安全控制，积极开拓国内外市场，改变目前鱼类加工产品以冷冻为主、附加值低及缺乏保藏加工专业机械设备等格局，为海洋水产业发展和未来 5~10 年产业的进步提供技术储备。在出口方面，调查显示，日本青睐于中国的原料或半成品原料，这主要缘于其国内的众多水产加工企业及高水平的加工技术，美国和欧洲喜欢中国的冷冻品、调理食品和罐头食品；从国内市场来看，沿海地区鲜活及半成品水产品消费量较大，而内陆地区休闲食品和调理食品的消费量更大，而且内陆地区水产品消费的增长率高于沿海地区，功能产品在发达地区的消费量要高于落后地区。所以说随着生活水平的提高，海洋加工食品将被更多的消费者接受，因此通过组建专业化加工团队，利用微生物技术及危害分析及危害分析和关键控制点技术（HACCP）的有机结合，控制大菱鲆在养殖、运输、加工、储存、销售等安全链中微生物的生长繁殖及酶活性，保证产品的质量及安全性，开发新一代温和鲆鲽类加工及保藏技术，以及相应的安全加工产品标准及其质量安全操作体系。为了确保大菱鲆养殖及加工产品的质量，创建大菱鲆品牌，国内已经开展了大菱鲆产地追溯标识技术及编码体系的研究，并建立了包括追溯网站的 3 种产品追溯方式，为社会有效监督产品质量提供了平台。

在市场与养殖经济方面，经过二十多年培育，大菱鲆销售市场日益扩大，由沿海向内地、自北向南广为辐射，几乎遍及全国城乡和港澳地区，大菱鲆本身也从身价百倍的“贵族鱼”逐渐变身为普通大众可以消费的“平民鱼”，尤其是经历了2006年上海多宝鱼药残风波之后，生产者和消费市场都变得更加理性，大菱鲆市场价格趋于平稳、合理。大菱鲆养殖业近年来虽然在工业化养殖水平上表现突出，但其产业发展仍有一定的约束瓶颈，如资源环境、市场需求、管理制度和经营理念等方面的制约，特别是市场需求方面，由于消费者对产业、产品的认知不足，产品认可度不够，极大地影响了这一产业的发展，而上述因素或作为产业文化的组成部分或和产业文化之间存在着紧密联系（黄书培和杨正勇，2011；杜卓君和杨正勇，2013；韩振芳和杨正勇，2014）。大菱鲆是一种食用水产品，关系到人们的日常生活。大菱鲆的产业文化既有水产养殖/鱼文化的特征，又具备食品产业文化的特征。虽然中国的养殖历史悠久，饮食文化更是源远流长，但作为引入国内的外来品种，大菱鲆于1992年引入中国，在国内的生产消费历史并不久远，其产业文化积累也较为薄弱。产业文化建设能够在更高层面上实现产品的差异化，为产品赋予更多的魅力，提升产品的附加值，最终实现产业价值提升和持续发展；在消费者方面，选择和消费商品不仅依靠理性思维，还会受到感性影响。产业文化正包含了带有感性成分和理性成分的内容，加强文化建设的产业及其产品将对消费者具有更强的影响力。因此“十二五”期间对以大菱鲆为代表的鲆鲽类养殖产业，围绕其发展模式、产业链结构、养殖经济效益、销售策略、贸易量与价格变化的相互影响、消费行为及产业聚集等诸多方面都进行了研究，深度解析了大菱鲆产业文化建设现状，从物质、精神、制度和行为四个方面的架构，明确大菱鲆产业文化建设的必要性、可行性和可持续性，从微观和宏观两个视角，为政府制定产业发展规划和出台方针政策等方面提供参考。

在我国，目前高校、科研院所、企业都具备进行产学研合作的基本条件，也都认识到通过产学研合作可以实现优势互补，达到互利共赢，但整个社会还不具备形成产学研合作的外部环境和内部动力，政府推动产学研合作创新的工作力度和机制还很不够，产学研合作涉及面广，需要社会各部门的共同努力和积极配合。政府方面应该结合国家科技中长期发展战略，从提质增效、减量增收的角度出发，因地制宜制定相关政策法规；中介机构应充分发挥作用，积极开展企业的实际需求和技术难题调查征集，高校、科研院所科研成果发布，定期组织区域性和专题性的产学研洽谈活动，降低产学研合作系统中三大要素之间信息沟通的成本，积极引导和支持创新要素向企业集聚，促进科技成果向先进生产力转化。在产学研合作中应当进一步加强基础设施和技术服务中心建设，制定国家创新系统发展规划和各种科技政策，并对组织或个人的创新行为实施监督、评价和调控，协调好产学研各要素之间的关系，搭建有利于开展产学研合作的公共平台，协助建立产学研合作各方利益共享和风险共担的机制，从而推动产学研合作创新系统不断优化升级，带动大菱鲆养殖产业健康可持续发展。

参考文献

崔正翠, 许钟, 杨宪时, 等. 2011. 冷藏大菱鲆细菌组成变化和优势腐败菌. 食品科学, 13: 184-187

代伟伟, 麦康森, 徐玮, 等. 2015. 饲料中赖氨酸和精氨酸含量对大菱鲆幼鱼生长、体成分和肌肉氨基酸含量的影响. 水产学报, 39(6): 866-877

董纯, 周慧慧, 麦康森, 等. 2015. 复合蛋白源替代鱼粉对大菱鲆生长、体组成和表观消化率的影响. 中国海洋大学学报, 45(4): 27-34

杜卓君, 杨正勇. 2013. 大菱鲆产业文化建设架构分析. 企业文化, 11: 218-237

冯守明, 绳秀珍, 战文斌. 2008. 免疫球蛋白阳性细胞在大菱鲆免疫相关组织中的分布. 武汉大学学报(理学版), 54(6): 751-756

关长涛. 2015. 国家鲆鲽类产业技术体系年度报告. 青岛: 中国海洋大学出版社

郭中帅, 杨宁, 王正丽, 等. 2015. 大菱鲆幼鱼饲料中浒苔适宜添加量的应用研究. 水产科学, 34(7): 423-427

韩振芳, 杨正勇. 2014. 中国鲆鱼养殖的产业集聚: 水平、原因及政策. 中国工程科学, 16(9): 93-99

侯仕营, 马爱军, 王新安, 等. 2011. 大菱鲆 4 个引进地理群体遗传多样性的微卫星分析. 渔业科学进展, 32(1): 16-23

黄书培, 杨正勇. 2011. 不同养殖规模下大菱鲆工厂化养殖经济效益分析. 广东农业科学, 16: 113-116

雷霁霖. 2005. 海水鱼类养殖理论与技术. 北京: 中国农业出版社

雷霁霖, 刘新富, 关长涛. 2012. 中国大菱鲆养殖 20 周年成就和展望. 渔业科学进展, 33(4): 124-130

雷霁霖, 门强, 王印庚, 等. 2002. 大菱鲆"温室大棚+深井海水"工厂化养殖模式. 海洋水产研究, 23(4): 1-7

雷霁霖, 张榭令. 2001. 利用深井海水工厂化养殖大菱鲆 *Scophthalmus maximus* (Linnaeus)试验. 现代渔业信息, 16(3): 10-12

李筠, 颜显辉, 陈吉祥, 等. 2006. 养殖大菱鲆腹水病病原的研究. 中国海洋大学学报(自然科学版), 36(4): 649-654

李思萌, 吴立新, 姜志强, 等. 2015. 饲料脂肪源对大菱鲆幼鱼生长性能和肌肉脂肪酸组成的影响. 动物营养学报, 27(5): 1421-1430.

梁萌青, 雷霁霖, 吴新颖, 等. 2010. 3 种主养鲆鲽类的营养成分分析及品质比较研究. 渔业科学进展, 31(4): 113-119

吕俊超, 张晓华, 王燕, 等. 2009. 养殖大菱鲆病原菌——杀鲑气单胞菌无色亚种的分离鉴定和组织病理学研究. 中国海洋大学学报(自然科学版), 39(1): 91-95

马爱军, 王新安, 薛宝贵, 等. 2010. 大菱鲆(*Scophthalmus maximus*)选育家系的构建和培育技术研究. 海洋与湖沼, 41(3): 301-306

马爱军, 许可, 黄智慧, 等. 2011. 大菱鲆与耐高温性状相关的微卫星标记筛选. 海洋科学进展, 29(3): 370-378

门强, 雷霁霖, 王印庚. 2004. 大菱鲆的生物学特性和苗种生产关键技术. 海洋科学, 28(3): 1-4

孟振, 刘新富, 雷霁霖, 等. 2013. 大菱鲆雌核发育二倍体的真鲷冷冻精子诱导及其生长评价. 武汉大学学报(理学版), 59(4): 343-350

倪琦, 胡伯成, 宿墨. 2006. 循环水繁育系统工艺研究和工程实践. 渔业现代化, 2: 12-15

倪琦, 张宇雷. 2007. 循环水养殖系统中的固体悬浮物去除技术. 渔业现代化, 34(6): 7-10

彭墨, 徐玮, 麦康森, 等. 2015. 菜籽油替代鱼油不同水平对大菱鲆幼鱼生长、脂肪酸组成及脂肪沉积的影响. 动物营养学报, 27(3): 756-765

宋奔奔, 倪琦, 张宇雷, 等. 2011. 臭氧对大菱鲆半封闭循环水养殖系统水质净化研究. 渔业现代化, 38(6): 11-15

滕瑜, 刘从力, 郭晓华, 等. 2012. 烟熏大菱鲆的优化工艺研究. 现代食品科技, 5: 513-516

滕瑜, 苑德顺, 孙爱华, 等. 2015. 鲆鲽类产业及加工利用概述. 天津农业科学, 21(5): 28-37

王彩理, 任红梅, 刘从力. 2011. 大菱鲆冻鱼片的制作及其质量控制. 农产品加工, 12: 16-17

王蔚芳, 柴书军, 刘庆堂, 等. 2012. 大菱鲆疾病早期快速检测方法——胶体金免疫层析试纸的研制与建立. 中国工程科学, 2: 8-13

王印庚, 刘志伟, 林春媛, 等. 2011. 养殖大菱鲆隐核虫病及其治疗. 水产学报, 35(7): 1105-1112

许可, 马爱军, 王新安, 等. 2009. 大菱鲆(*Scophthalmus maximus*)生长性状相关的微卫星标记筛选. 海洋与湖沼, (5): 577-583

薛淑霞, 孙金生. 2008. 检测鲆鱼腹水病病原菌迟缓爱德华氏菌和溶藻弧菌的嵌套PCR方法. 水生生物学报, 32(6): 856-860

张成林, 倪琦, 徐皓, 等. 2011. 导流式移动床生物膜反应器流速选择及流态分析. 水产学报, 35(2): 283-290

赵前程, 王丹, 谢智芬, 等. 2008. 果胶酶解物对大菱鲆鱼肉保鲜效果的研究. 食品科技, 3: 243-245

郑澄伟, 徐恭昭. 1977. 鲻科鱼类养殖历史和现状研究. 水产科技情报, Z4: 7-10

朱香萍, 尤锋, 张培军, 等. 2008. 牙鲆(*Paralichthys olivaceus*)与大菱鲆(*Scophthalmus maximus*)受精前期微管骨架的免疫荧光观察. 海洋与湖沼, 39(2): 190-196

Bonaldo A, Marco PD, Petochi T, et al. 2015. Feeding turbot juveniles *Psetta maxima* L. with increasing dietary plant protein levels affects growth performance and fish welfare. Aquac Nutri, 21(4): 401-403

Cui L, Xu W, Ai Q, et al. 2013. Effects of dietary chitosan oligosaccharide complex with rare earth on growth performance and innate immune response of turbot, *Scophthalmus maximus* L. Aquac Res, 44(5): 683-690

Haffray P, Lebègue E, Jeu S, et al. 2009. Genetic determination and temperature effects on turbot *Scophthalmus maximus* sex differentiation: an investigation using steroid sex-inverted males and females. Aquaculture, 294(1): 30-36

Imsland AK, Folkvord A, Grung GL, et al. 1997. Sexual dimorphism in growth and maturation of turbot, *Scophthalmus maximus* (Rafinesque, 1810). Aquac Res, 28(2): 101-114

Lei J, Liu X. 2010. Chapter 11 culture of turbot: Chinese perspective. *In*: Daniels HV, Watanabe WO. Practical Flatfish Culture and Stock Enhancement. Ames: Blackwell Publishing: 185-202

Mu W, Guan L, Yan Y, et al. 2011. A novel *in vivo* inducible expression system in *Edwardsiella tarda* for potential application in bacterial polyvalence vaccine. Fish Shell Immunol, 31(6): 1097-1105

Ruan X, Wang W, Kong J, et al. 2010. Genetic linkage mapping of turbot (*Scophthalmus maximus* L.) using microsatellite markers and its application in QTL analysis. Aquaculture, 308(3): 89-100

Ruyet JP. 2010. Chapter 7 turbot culture. *In*: Daniels HV, Watanabe WO. Practical Flatfish Culture and Stock Enhancement. Ames: Blackwell Publishing: 125-139

Xu JH, You F, Sun W, et al. 2008. Induction of diploidy gynogenesis in turbot *Scophthalmus maximus* with left-eyed flounder *Paralichthys olivaceus* sperm. Aquac Inter, 16(2): 623-634

Yun B, Ai Q, Mai K, et al. 2011. Synergistic effects of dietary cholesterol and taurine on growth performance and cholesterol metabolism in juvenile turbot (*Scophthalmus maximus* L.) fed high plant protein diets. Aquaculture, 319(1): 105-110

Zhang Q, Shi C, Huang J, et al. 2009. Rapid diagnosis of turbot reddish body iridovirus in turbot using the loop-mediated isothermal amplification method. J Virol Methods, 158(2): 18-23

第二章 大菱鲆生物学习性

大菱鲆（*Scophthalmus maximus*）是原产于大西洋东北部、欧洲沿海的一种特有比目鱼。其具有生态分布广泛，口感良好及营养价值较高等特点，一直是国际上重要的捕捞和养殖对象，所以深受国内外消费者喜爱。早在19世纪末英国就开始大菱鲆人工繁殖研究，至20世纪50年代从北欧鲆鲽类地方种群中筛选出大菱鲆和鳎两个优良品种进行人工养殖，但只有大菱鲆发展到规模化企业生产水平，经过系统培育，70~80年代大菱鲆在欧洲沿海各国相继开发为重要的海水养殖对象。此后，欧洲的大菱鲆商业化养殖规模不断扩大，经济效益日渐显著，目前主要集中在西班牙、法国、英国及北欧等地进行规模化养殖。西班牙是欧洲最大的大菱鲆生产国，也是目前欧洲市场大菱鲆的主要供应国。近年来，随着西班牙市场对鱼类产品的需求量不断增加，养殖鱼类产量也随之增长，其中养殖大菱鲆的产量已占西班牙养殖水产品总产量的94.2%，与此同时，销售量也在持续增长（FAO，2012）。除此之外，亚洲和美洲等沿海国家也竞相引进，逐步开发为专业化的养殖生产。

我国有关大菱鲆的研究始于20世纪90年代，1992年由雷霁霖首次引进以来，中国水产科学研究院黄海水产研究所课题组经过7年科技攻关，3年推广应用，在驯化、养成、亲鱼培育、苗种生产、营养饲料、病害防治和基础研究等方面取得了一系列重要研究成果，尤其在大规模苗种生产关键技术上取得了重大突破并创建了工厂化养殖新模式，为大菱鲆在我国北方沿海迅速实现工厂化生产奠定了良好基础。自90年代末至今，大菱鲆的工厂化养殖已经成为我国一项新兴养殖产业和海洋经济新的增长点，截至2015年年底，全国沿海的大菱鲆工厂化养殖面积650.6万m^2，产量为4.78万t，是欧洲的8倍，养殖产量和产值均远远超过欧洲同期水平，中国大菱鲆养殖业在国际上的优势地位已经得到确立，是名副其实的大菱鲆养殖大国（雷霁霖等，2016）。

第一节 分类与分布

大菱鲆分类上属于硬骨鱼纲（Osteichthyes），鲽形目（Pleuronectiformes），鲽亚目（Pleuronectoidei），菱鲆科（Scophthalmidae），菱鲆属（*Scophthalmus*），大菱鲆 [*Scophthalmus maximus*（Linnaeus，1758）]英文名Turbot，商品名多宝鱼。大菱鲆为底栖海水比目鱼类，是欧洲的特有品种。自然分布于大西洋东北部（图2-1），

北起冰岛，南至摩洛哥附近的欧洲沿海（即 30°~60°N）都有它的踪影，但相对盛产于北海、波罗的海及冰岛和斯堪的纳维亚半岛附近海域。在地中海西部沿海和黑海也有分布，据调查表明：大菱鲆的自然分布与其个体规格有关，1 龄以下的个体分布于阿尔纳田海湾附近水域；小于 30cm 的未成熟个体逐渐离开小海湾游向较开阔、较深的海区；成熟个体则经常栖息于 70~100m 水深处，喜欢滞留于砂质、沙砾或混合底质的海区。自 1992 年引进中国以来，经过二十多年发展，大菱鲆养殖在我国分布广泛，主要集中在东部辽宁、山东、江苏等沿海城市（雷霁霖等，2016）。

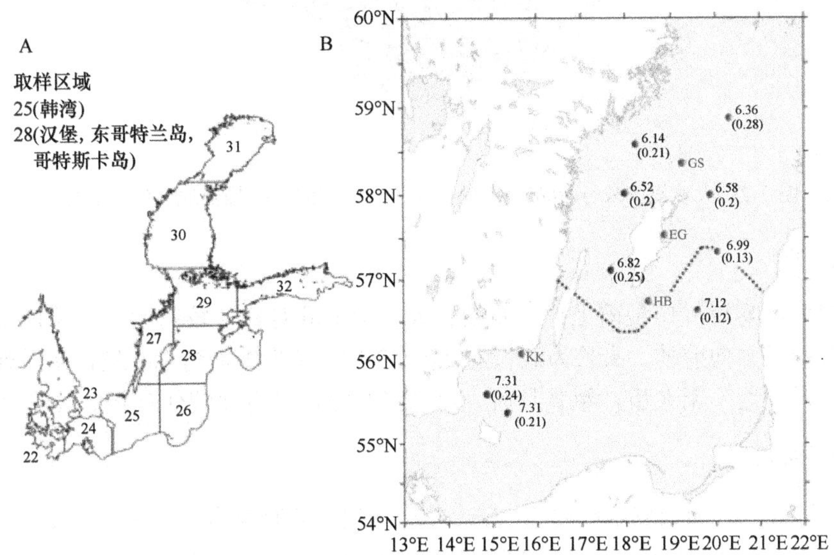

图 2-1　大菱鲆自然资源分布（据 Nissling et al.，2013）（彩图可扫描封底二维码获取）

A 图中数字代表不同区域；B 图中数字代表海水盐度；

GS. 哥特斯卡岛；EG. 东哥特兰岛；HB. 汉堡；KK. 韩湾

第二节　形 态 特 征

一、外部形态

1. 外观

大菱鲆身体呈扁平状，外形呈菱形又近似圆形（图 2-2），两眼均位于头部左侧。有眼侧（背面）体色较深，呈棕褐色，又称沙滩色，具黑色和咖啡色点状色素，其相间排列组成的花纹清晰可见，会随环境或生理状况的变化而变更底色的深浅。有眼侧有鼻孔，无眼侧（腹面）光滑无鳞，呈乳白色，肛门位于无眼侧。背、臀、尾鳍均很发达，并由软鳍膜相连，大部分鳍条末端分支。腹鳍小而不与臀鳍相连，鳍条软而弯曲，无眼侧的第 1 鳍条与有眼侧第 2 或第 3 鳍条相对应。胸鳍不发达，有眼侧微长，中部的鳍条分支。背鳍式 57~71；臀鳍式 43~52；尾鳍式 20~22；胸鳍式 8~10。

图 2-2 大菱鲆（*Scophthalmus maximus* L.）（彩图可扫描封底二维码获取）

2. 口

口大，吻短，口裂前上位，斜裂较大。上下颌对称，较发达，上颌骨较短，下颌骨稍长并向前伸。头长为颌长的 2.0~2.3 倍。颌齿细而弯曲，呈带状排列，左右侧同样发达，无犬齿，犁骨具齿。口部张开时，可迅速咬住食物，快速吞咽。

3. 表皮

大菱鲆有眼侧表皮呈棕褐色，整个鳍边和皮下含有丰富的胶质，尤其腹鳍基部特别丰富，口感细软清香，具有特殊风味。无眼侧白色，光滑无鳞。其全身除中轴骨外无小刺。身体中部肉厚，内脏团小，出肉率高。体长与体高之比为 1∶0.9；全长与全高之比为 1∶0.82。大菱鲆生长速度快，个体较大，自然群体中最大的超过 1.0m，质量达 40kg，通常个体为 0.4~0.5m，5~6kg。大菱鲆成鱼体态优美，色泽亮丽；仔、稚鱼体色绚丽多姿，具有较高观赏价值。

4. 生物学测量

大菱鲆生物学测量依据见图 2-3，项目包括左胸鳍长、吻至鳃裂前缘长、头长、背鳍长、吻至背鳍起点长、全长、体长、体高等，其具体测量依据如下。

左胸鳍长：左胸鳍前端至末端的长度。

吻至鳃裂前缘长：口前端至鳃裂前缘的长度。

头长：头部前端至鳃盖骨后端的长度。

背鳍长：背鳍前端至末端的长度。

吻至背鳍起点长：口前端至背鳍起点的长度。

全长：头部前端至尾鳍末端的长度。

体长：头部前端至躯干末端的长度。

体高：臀鳍前端至后端的水平长度。

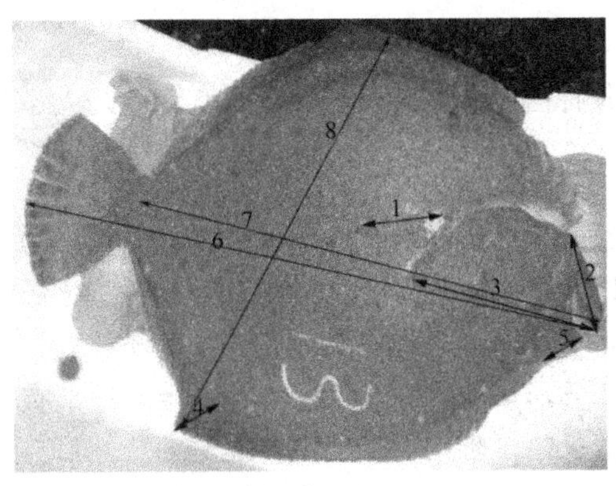

图 2-3　大菱鲆常规测量示意图（彩图可扫描封底二维码获取）

1.左胸鳍长；2.吻至鳃裂前缘长；3.头长；4.背鳍长；5.吻至背鳍起点长；6.全长；7.体长；8.体高

二、解剖特征

鱼类物种多样性和生态环境复杂性决定了其机体内部结构组成复杂而不尽相同，一般而言鱼类机体内部主要由骨骼、消化、呼吸、排泄、生殖和神经内分泌等系统组成。大菱鲆的内部器官包括口咽腔、心、肝、脾、肾、肠道、胃和性腺（精巢或卵巢），大部分器官包被于口咽腔、围心腔和腹腔中，现分述如下。

1. 口咽腔

大菱鲆口咽腔由齿、舌和鳃耙组成，表面富含黏液细胞和味蕾，黏液细胞分泌黏液，起到润滑食物和杀毒作用，味蕾主要用来感受各种食物信息，对食物摄取起辨别选择作用。口腔无犬齿，在颌骨、犁骨、腭骨等部位分布数量较多细密而坚硬的细齿。鳃是鱼类的主要呼吸器官，一般通过呼吸运动使水从口进入，经鳃过滤后由鳃孔排出，鱼类利用鳃丝上的鳃小片从水体中吸取氧气并排出二氧化碳，完成气体交换功能。此外鳃还有排泄功能，进行氯化物和盐分的排泄，同时调节体液的渗透压。大菱鲆鳃由鳃弓、鳃片和鳃丝组成，呼吸作用全部由鳃完成，共有 5 对鳃弓，4 对鳃瓣，其中第 5 对鳃弓不长鳃片，而每一鳃瓣由两列鳃片组成。

2. 围心腔

大菱鲆围心腔位于头部后下方，即鳃腔和腹腔之间，心脏就在围心腔中，心脏是血液循环的动力器官，是循环的中心，心腔仅由一心室、一心耳和静脉窦组成，心室之前尚有一膨大的球状体，称动脉球。静脉窦汇集全身回流的静脉血，经心耳、心室的挤压，由动脉球通过腹动脉送到鳃部交换成为富含氧气的动脉血，再输送到全身各器官系统中。

3. 腹腔

腹腔中包容着各种内脏、器官，它们主要有以下几大系统。

（1）消化系统

大菱鲆消化系统由消化道和消化腺构成，占据着鱼体腹腔的大部分。在鳃的后下方，消化道及其附属腺体形成紧密内脏团，约占体质量 11%。消化道由食道、胃、肠、直肠 4 个部分组成。食道与咽腔相连，呈喇叭状，后端变窄而与胃的贲门部相连。胃部呈三角形囊状，中间特别膨大，至幽门部收缩变窄，此外有 2 个幽门盲囊。肠部细而长，于幽门后端出现一道弯曲，然后再弯折一次，向下向前与直肠相通。直肠短而粗，末端开口于内脏团的腹前方。肝脏呈棕红色，覆盖于内脏团的前半部，分上下两叶，上叶较下叶大，中间较窄，此处与直肠之间有一椭圆形深褐色脾。胆囊呈椭圆形，位于肝脏上叶的腹面。

（2）尿殖腺系统

尿殖腺系统包括生殖器官和泌尿器官。

大菱鲆的生殖系统结构同其他硬骨鱼类类似，比较简单。雄性为精巢，产生精子，精巢短而细，体积较小；雌性为卵巢，为一对长囊状腺体，卵巢无论在体积还是长度上都远大于精巢；精巢和卵巢皆位于内脏团的下后方，由生殖腺系膜吊挂于腹腔的背部，在腹腔的底部，其与生殖导管（输精或输卵管）相连，于肛门后方通向体外。精巢分左右两叶，呈乳白色三角形，中间有一条纵沟，前端较尖，相连一起共同开口于排尿孔，后端较圆钝，游离状，由韧带与腹腔后端相连。卵巢位于腹腔下后方，分左右两叶，呈戟状，两端均较尖细，前端两叶相连处形成排卵腔共同开口于肛门，后端延长，分列于脊椎骨两侧，直插腹腔末端，分离的两叶均有韧带与腹腔后壁相连。卵巢中部向上向后斜向突出形成倒戟状的分支。成熟的卵巢十分饱满，充满整个腹腔而将内脏团挤于腹腔的上前方，这时卵巢的质量约占总体质量的 11%。

大菱鲆雄鱼排泄与生殖共用一个出口，称为尿殖孔，而雌鱼的生殖、排泄各有通道，分别为生殖孔与排尿孔。鱼类的泌尿器官主要由肾脏和输卵管组成，肾脏基本单位是肾小体和肾小管，肾小体将废物滤下，由肾小管收集，通过输尿管送至膀胱中，排出有害的代谢产物（主要是二氧化碳、含氮化合物、盐类及多余的水分等），以维持体内水、渗透压和酸碱等的平衡。

（3）鳔器官

鳔是调控鱼体沉、浮和平衡的重要器官，也是鱼类适应水生生活的重要标志。

鱼鳔通常为长囊状，位于腹腔的背部。与其他整个生活史上都有鳔的鱼类有所不同，大菱鲆成鱼无鳔，仔、稚鱼期有鳔泡，发育至幼鱼后，鳔逐渐退化消失，这是不善游泳或栖息在海底及生活于水深变化较大水体中海水鱼类所特有的早期发育现象，是物种进化选择的结果。大菱鲆 2 日龄仔鱼，开始出现由细胞团组成的鳔原基；3 日龄仔鱼，鳔原基形成内外两层，内层由一层立方上皮细胞组成，外层的结缔组织膜隐约可见；4 日龄仔鱼，鳔原基体积持续增大，外层的纤维结缔组织增厚；5 日龄仔鱼，鳔完全形成，呈椭圆形，鳔壁由一层立方上皮细胞组成，鳔壁的腹面形成气腺，由 2~3 层扁平上皮细胞组成，外层的纤维结缔组织膜增厚，鳔管清晰可见，从鳔的后端伸出，开口于胃的贲门部；7~19 日龄仔鱼，气腺逐渐形成，鳔管逐渐封闭，鳔腔充满扁平上皮细胞；23 日龄稚鱼，鳔管消失，鳔中充满气体，鳔前部气腺清晰可见；25 日龄稚鱼，鳔泡增大，呈长椭圆形，气腺开始退化，鳔前端的气腺上皮细胞消失，只剩下腹部的气腺上皮，腹部的气腺上皮很薄，只由一层柱状上皮细胞组成；31 日龄稚鱼，鳔腔充满气体，整个鳔腔器官趋于扁平，鳔腹部的气腺组织退化，由柱状上皮细胞变成扁平上皮细胞，细胞核圆形，位于细胞中央；47 日龄幼鱼，鳔器官体积增大，呈长椭圆形，鳔中充满气体，气腺组织已完全退化消失，整个鳔壁由一层扁平上皮细胞和浆膜组成；63 日龄幼鱼，鳔泡消失，绝大部分幼鱼伏底，营底栖生活。

第三节　生 态 习 性

一、生活习性

1. 温度

温度是最重要的环境因素之一，它能直接影响养殖动物的新陈代谢、耗氧、生长率和存活率，同样也通过与其他环境因素（盐度和溶解氧等）互作间接调控机体生理功能。温度能够影响耗氧量、代谢率和食物的利用，对鱼类生长有促进作用，但温度升高不一定就会使生长加快，在最适条件和没有竞争者情况下，鱼类甚至会拒绝摄食；温度与生长率的关系在某种情况下可能是食物可利用程度与生长率的关系。大菱鲆为冷温性鱼类，适应低水温生活和生长是大菱鲆的突出特点之一，它能短期耐受 0~30℃的极端水温。在良好的充氧和流水条件下，耐受的高温范围可达 25~26℃，但时间不宜太长。其最高致死温度为 28~30℃，最高生长温度为 21~22℃，一般水温超过 21~22℃则生长减缓或停止。最低生长温度为 7~8℃，最低致死温度为 1~2℃，适宜生长温度范围为 12~19℃，最适宜生长温度为 15~18℃。试验证明：最高的生长水温为 18.9℃；最大饵料转化率时的水温为 16.2℃。在大菱鲆苗种培育和养殖过程中，仔鱼期卵黄吸收率随水温的升高而增加，而转换率却会随水温的升高而降低（郭黎，2012）。有利于营养贮存的水温是 13℃，卵黄最佳利用效率时的水温为15℃。半致死水温随发育阶段而不同，10日龄时为10℃；8日龄时为15℃；6日龄时为17℃。1龄鱼的生活水温范围为3~26℃，但在较高和较低水温下，均不宜滞留太长时间，否则将影响生长和成活。2龄以上的养成鱼对高温的适应性有逐年下降之势，长期处于23℃以上的水温条件下将影响成活率，但对于低温水体（0~3℃），只要管理适宜，并不会对生命构成威胁。实践证明：3~4℃仍可正常生活，10~15cm的大规格鱼种，在5℃的水温条件下仍可保持较积极的摄食状态。一般在7℃以上可以正常生长，10℃以上可以快速生长，年生长速度可达800~1000g。养成期间，水温10~20℃时生长较快；随着规格的增大，最适生长水温有所下降。

2. 盐度

盐度是养殖环境的最主要参数之一。鱼类无论生活在淡水还是海水中，均需要通过调控渗透压来维持体内离子平衡，研究表明鱼类能量的10%~20%用于维持自身渗透压平衡，盐度还通过直接影响鱼类的摄食及消化率而调控鱼类的生长。大菱鲆的适盐范围较广，养殖条件下能适应12~40的盐度（均值为26），但不能在低盐度条件下培育亲鱼和育苗。变态前的仔鱼自身不具备渗透压调节能力，变态后方能达到与成鱼同样的盐度耐受力。试验证明：最佳的生长盐度是20~25，低于3只能短暂维持。值得注意的是，需要维持渗透压平衡的盐度是10±2。盐度首先会影响仔鱼卵黄囊的浮力。中性浮力点是28。当盐度为10时，早期仔鱼会出现动作紊乱。大菱鲆属于广盐性鱼类，盐度维持在20~40（或更高）时养殖效果最佳，在一定范围内，提高盐度显著改善大菱鲆肌肉中氨基酸和脂肪酸组成，直接影响鱼肉品质。但仔鱼对盐度的耐受力可能会受亲鱼原产地的影响。有的研究表明，较低的盐度能够改善大菱鲆生长，在最佳温度范围内，大菱鲆幼鱼在盐度（15g/L）中养殖比在正常盐度（33.5g/L）中养殖具有较高的摄食率和生长率，在盐度为19g/L时养殖具有最佳生长和食物转化效率（郭黎，2012；张彦姣，2010）。

3. 光照

在自然条件下，鱼类生长因日照时间长短而呈现一定的季节变动模式，一般而言，幼体需要低光照强度来保证其早期正常的生长和发育，延长光照时间会影响仔鱼对食物的摄入，适当延长光照周期能加快仔鱼生长，其后各发育阶段的生长也对光照周期操作有响应，一般情况下长光照时间对白天活动鱼类的生长有促进作用。延长光照或持续光照能够提高多种鱼类的生长速度，但在一些研究中也发现光照周期的改变对生长没有明显影响，光照周期对鱼类生长的影响存在明显的种间差异，需要针对养殖对象进行深入研究后才能确定（周显青等，1999）。大菱鲆仔鱼生长初期对光照要求不高，即使在极弱的光照（60lx）下也能摄食。从变态早期开始则需要较强光照，当光照由 500lx 增至 2000~4000lx 时，摄食量会显著增加。养殖大菱鲆适应弱光照，其适宜的光照强度为 60~600lx（以 200~600lx 为佳），因此借助灯光强度进行调控。在光源选择上，研究证实不同光谱成分对鱼类生长的影响随种类的不同而有所不同，就大菱鲆，从养殖福利角度而言，黄光和深色背景有益于其生长（Li et al.，2016）。光照显著影响大菱鲆性腺的发育和卵母细胞的成熟，大菱鲆亲鱼培育期间，光照时间可由短光照向长光照过渡，并配合水温控制进行连续调控，即可达到分期分批成熟和产卵的效果。

4. 溶解氧

水中溶解氧是鱼类生长发育的重要限制因子，水中溶解氧不足导致鱼类食欲减退，饵料系数增大，体质下降，疾病增多，严重时可造成鱼类浮头甚至窒息死亡。水中溶解氧含量可直接影响鱼体对营养物质的利用效率，不充足的溶解氧将影响鱼类胃内容物的消化和排空速度，进而影响生长。减少溶解氧含量能够限制鱼的摄食活动，或者改变动物体对食物的消化和吸收。在一定范围内溶解氧含量和生长率是呈正相关的，高溶解氧水平可提高鱼类的生长速度，调节鱼类的生理平衡，低溶解氧水平可以抑制鱼类消化酶活力，改变动物体对食物的消化和吸收，从而影响生长。当水域溶解氧丰富时，鱼类对氧的消耗增加，组织细胞内氧气充足，组织生理机能活跃，有氧代谢旺盛，生长率提高。作为底栖型海水鱼类，大菱鲆的耗氧量远低于鲑鳟类。例如，12℃时的耗氧量，鲑鳟类是 200~250mg/（kg·h），而大菱鲆只达 96mg/（kg·h）。相关研究表明，大菱鲆对氧气的需求有一个明显的昼夜波动规律，即投喂完成时的夜间达到高峰，而消化完成的次日凌晨达最低点，高溶解氧水平对大菱鲆生长没有明显的促进作用。

5. 二氧化碳和氨氮

大菱鲆代谢活动的增强会导致水体中 CO_2 的积累和 pH 的下降。当 CO_2 的浓度达 10mg/L 以上时，会引起肾脏组织和胃中产生钙质颗粒沉淀。发生这种情况容易引起养殖鱼患结石症而死亡。CO_2 的影响是连续的，随着水体中 CO_2 的积累，会导致饵料的转化率、鱼体的日生长率和 pH 的水平均呈现下降趋势。组织病理学的检查表明：试验组鱼的肾小管里有许多小颗粒状钙质沉淀物，严重时将会直接引起养殖鱼患肾结石症。为了保持养鱼水体 pH 的正常水平，就必须保持流水和投饵率之间的平衡关系，以减少 CO_2 在水体中的积累。

氨氮是水产动物养殖环境中重要的污染因子，高浓度时对动物有致死作用，即使在低于致死浓度的条件下对机体生理功能也有显著影响。研究表明，长期暴露于一定浓度的氨氮水体中，可使动物的生长受阻，免疫力下降，对病原菌的易感性升高，导致动物的高死亡率。鱼类的氮排泄物主要有氨、尿素和尿酸。硬骨鱼类排泄的氨占总氮排泄物的 70%~90%，尿素和尿酸仅占 5%~15%。氨氮主要通过鳃排出，只有一小部分通过尿液排出。鱼类的氨排泄率与水温、体重、摄食率有关。大菱鲆与鲽、海鲈、金鲷、褐鳟、虹鳟等鱼类相比，在相近水温与摄食水平条件下，其氨排泄率远低于褐鳟和虹鳟，而比摄食水平更高的金鲷、鲽和海鲈更低。氨是大菱鲆代谢的一个重要终端产物，它可以在养鱼池中逐步积累至开始影响到鱼类生活的浓度。总氨的浓度并不重要，但非离子氨的累积对养殖鱼十分有害。对总体质量为 2183kg、平均质量为 191g 的大菱鲆养殖群体，在水温 14.5℃和 pH7.3 的条件下进行了 12h 的连续观测，发现大菱鲆在白天的摄饵活动不断加强，会使氨的排出率不断上升和水体中氨的浓度增高。日间池中最大的氨浓度为 0.92mg NH_3-N/L，即相当于非离子氨的浓度为 0.0039mg NH_3-N/L。每天的流量至少为 5 个以上的循环量（量程），如果水量充足还可成倍增加。

二、摄食习性

大菱鲆为底栖生物性鱼类，在自然界营底栖生活，平时游动较少，喜栖息于泥沙底质海域。其食性较为广泛，在自然海域主要以沙丁鱼、玉筋鱼、鲭、鲱等鱼类为主食，并摄食部分虾、蟹类与软体动物。在幼鱼经过变态反应转入底栖生活后，主要摄食低等生物区系中的小型甲壳类，一年后，大菱鲆相对大量摄食鱼类和褐虾，成鱼仅摄食硬骨鱼类和头足类（软体动物）。大菱鲆摄食量与其他养殖鱼类类似，与鱼体生长水平、水温及其他环境因子密切相关。随着鱼体生长，虽然总的摄食量有所增加，但单位体质量的摄食量有所下降，当大菱鲆达到性成熟时，摄食量大幅下降，亲鱼培育后期与产卵期亲鱼摄食量降低至体质量的 1%以下。同时，大菱鲆的摄食强度随水温的变化而变化，饲养于天然海水中的个体，如更换为深井海水，尽管温盐度相近，但摄食量明显降低，甚至出现“拒食”现象，亲鱼尤其敏感，研究表明在水温为 18.6℃±0.5℃的深井海水条件下，体质量 420g 的商品鱼，摄食量平均为 41.03g/天（马彩华等，2003）。

在人工饲养条件下，人工育苗期采用的饵料系列为“轮虫–卤虫幼体–微颗粒配合饲料”。轮虫作为开口活饵料，连续投喂 15~20 天；从第 9~10 天开始投喂卤虫无节幼体，连续投喂 10 天左右，其间，可逐渐开始少量投喂微颗粒配合饲料；当度过变态反应，逐渐进入底栖生活阶段，则完全过渡到微颗粒饲料投喂。目前，生产上尚无全部使用微颗粒饲料喂养早期仔、稚鱼的先例。由于给早期仔、稚鱼投喂的活饵料自身营养不足，因此需先将其营养强化后方可投喂鱼苗，这是必经的处理程序。目前，轮虫、卤虫常用富含 EPA 和 DHA 的营养强化剂进行强化。当生物饵料中 DHA 含量达到体质量的 1%时，即可获得良好的育苗效果，但不宜过量使用，以防不良反应发生。大菱鲆从幼鱼开始到整个养成期，极易接受配合饲料，大菱鲆对饲料的转化率很高，饲料系数达 1.2∶1，甚至高达 1∶1。相关研究表明，大菱鲆对蛋白质的需求量比大多数硬骨鱼类要高，苗种期（包括稚幼鱼期）要求蛋白质含量在 50%以上，一般为 56%；养成期饲料中蛋白质含量为 50%；出池前饲料中蛋白质含量达 48%即可。根据目前的资料，建议为达到最大生长和蛋白质效率，可消化蛋白质水平在 50%~55%以上；与其他肉食性鱼类相比，对脂肪的要求比较低，由于大菱鲆经常栖息于养殖池底，有时多层重叠在一起，静止不动，其运动量相对比其他养殖鱼类少得多，而且肌肉内和腹腔中很少蓄积脂肪，剩余的脂肪主要储存于肝脏，部分在裙边中蓄积，因此如果长期投喂高脂肪饲料，则会降低肝脏的功能。大菱鲆对脂肪的需求较低，苗种培育期饲料脂肪含量为 7%，养成期含量为 10%~13%，商品鱼上市前含量为 14%左右即可；对维生素和矿物质需求则根据鱼体生长发育不同阶段而有所不同，鉴于大菱鲆对蛋白质较高的要求，其饲料主要成分是鱼粉，目前利用植物蛋白和脂肪部分替代鱼粉的研究也取得阶段性进展。体质量 100g 以前日投喂 3 次，以后日投喂 2 次；体质量 600~800g 时，日投喂 1 次即可。每日投喂量应是鱼体质量的 1.5%~2%。在水温低于 12~13℃或高于 22℃及摄食不良时，可适当减少投喂次数和投喂量；另外，在药浴期间也要减少投喂次数或停喂，尤其要注意在药浴前不要投喂。幼鱼期日投喂量为体质量的 20%；全长 20cm 时，日投喂量为体质量的 10%~15%。具体的投喂量应根据摄食情况来确定，原则上是不能有残饵。为了使大菱鲆健康生长，必须投喂适宜各阶段生长所需的营养配合饲料。大菱鲆耐高水温的能力比较弱，而且个体越大，耐高水温的能力越弱，因此在高温期间，要从维持鱼的体力出发，可按日投喂量的 1/5~1/2 投喂，1 天投喂 1 次或隔天投喂 1 次，并添加复合维生素类。在出池上市之前的 1~2 个月，应增加投喂生鲜饵料或精加工的饲料，也可添加 7%~10%的鱼油，以达到提高肥满度、增加体质量的效果。也就是说在夏季到来之前，要投喂高蛋白质、低脂肪的饲料来增加体长的生长，保持肥满度，使之顺利度过夏季，因为夏季肥满度越高发生死亡的情况越多。7~9 月为高水温期，一定要减少投喂量，使之维持体力，保证存活。当水温下降到 20℃以下时，方可投喂含脂量较高的饲料。在养殖过程中，除单独使用生鲜饵料、湿性颗粒饲料、干性配合饲料外，还可以将配合饲料和生鲜饵料并用，即从苗种期到入秋后投喂配合饲料，以提高成活率，当水温降到 20℃以下时，改换投喂高热能的生鲜饵料。另外，还可以将配合饲料和湿性颗粒饲料并用，即从苗种期到入秋投喂配合饵料，以提高成活率，在养殖的最后阶段，投喂改善营养的湿性颗粒饲料，有利于出肉质好的成品鱼。

大菱鲆的摄食行为属捕食吞咽式摄食，即尽管该鱼有较发达的颌齿，但无门齿、犬齿、臼齿或铺石状齿等齿，其颌齿仅起咬住食物防脱离作用，而无撕裂、咀嚼作用。摄食过程中可迅速将猎取的食物整体吞咽，直接进入胃肠消化。大菱鲆的胃容积较小，胃饱满度低，胃排空率为 11%，性格温顺，牙齿不如牙鲆锋利，在养殖生产过程中几乎没有“争斗”和“残食”现象发生。

三、繁殖习性

大菱鲆雌雄个体差异较大，雌性大菱鲆 3 龄性成熟，体质量 2~3kg，体长 40cm 左右；雄鱼 2 龄性成熟，体质量 1~2kg，体长 30~35cm。自然繁殖季节 5~8 月。大菱鲆一年一个繁殖周期，在同一繁殖周期内可以分批产卵，产卵量与雌鱼个体大小密切相关，平均每千克体质量可产卵 100 万粒。养殖条件下，通过调控光照、温度，大菱鲆性成熟年龄可提早 0.5~1 年。大菱鲆亲鱼自然条件下产卵机制尚不明确，在人工条件下不能自行排卵受精，所以至今人工繁殖培育鱼苗仍依赖于人工采卵受精。

在人工养殖条件下，进入繁殖期的大菱鲆亲鱼表现出特定的个体和群体生态习性，虽然与自然界鱼类和养成期所固有的基本特征相似，但由于其整个蓄养的生态系统同自然状态相比发生了某些渐进式的改变，而会对亲鱼的个体和群体行为与习性产生一定影响。因此，大菱鲆亲鱼在集约化蓄养条件下需要通过系统性光温调控、激素诱导，才能够在性成熟后达到迅速发育、分批成熟产卵，从而达到理想的繁殖效果。研究表明，单位水体雌雄亲鱼个体数量以 1~2 尾/m^2 为宜，总质量达 2~4kg/m^2 条件下，雌雄亲鱼均表现为摄食积极、喜伏底栖息、集群性强。正常亲鱼在繁殖产卵期经过营养强化饲育，常互相聚集在一起，首尾相接，聚集成片，除摄食外，很少游动，显得十分温顺。投喂时，迅速跃起捕食，饱食后又集群静卧水底。当亲鱼进入青春期性成熟后，卵母细胞成熟进入启动状态，在控温、控光条件下，行为上表现出安静，群体相互依存，但随着肥满度的增大，日常上下游动活动量会逐步减小，而水平移动会相对增加。随着光照的延长和水温的提升，性腺将不断发育隆起，此时亲鱼的摄食量有逐步减退的趋势，雌性亲鱼表现尤为明显。当雌性亲鱼性腺充分发育，卵母细胞发育成熟进入排卵状态，此时卵巢充满整个腹腔，胃肠等消化器官被严重压缩，大菱鲆完全停止摄食，鳃部呼吸频率不断加快，亲鱼表现出很少游动，甚至水平移动的频率也在不断降低，喜欢聚集在池中心的排水立柱附近。雄亲鱼在控温、控光启动之后，随着生长的加速，身体肥满度和性腺发育逐步增强，但外部体态上表现并不十分显著，性腺部位也不突出或只显现出微弱隆起，当发育至成熟期，雄性亲鱼能更早挤出乳白色精液，摄食量明显减少，但仍能保持一定的摄食能力，活动较雌性亲鱼活跃。当处于亲鱼的饲育末期，进入产卵阶段时，由于人工采卵受精活动日益频繁，这些人为活动将会影响到亲鱼的正常成熟和破坏整个繁殖生态系统，甚至会造成亲鱼的不正常死亡。在人工养殖条件下，当亲鱼完成周期性繁殖活动之后，需让其暂养休整，一般情况下，雄性亲鱼很快恢复体力和摄食能力，而雌性亲鱼恢复较慢，但只要鱼体未受伤或受伤较轻，亦可在短期内恢复到正常摄食和生活状态。受伤的亲鱼，如果是皮肤外伤，可用药物治疗而得到恢复，康复后的亲鱼至翌年性腺仍可正常发育和产卵，但对那些受伤较重或继发感染细菌病、病毒病或被寄生物入侵者，则会出现体色增深变黑、离群独游等现象，如发现此类亲鱼，应及时捞出进行隔离治疗。鱼类的繁殖、发育是一个长期而又复杂的生理过程，是外界生态因子的刺激和内部调控系统各个环节相互协调和配合的结果。其外界主要的生态因子是水温、光照、水流和盐度，它们与亲鱼本身共同构成生态系统，因此在大菱鲆人工繁育过程中要系统性研究亲鱼繁殖生理变化和营养需求，饵料营养、环境因子对性腺发育和卵质的影响，探明亲鱼性腺发育规律及生殖内分泌调控机制，形成完善的亲鱼环境调控、激素诱导产卵技术体系，从而建立标准化大菱鲆雌性和雄性亲鱼培育工艺。

第四节　生长与发育

一、生长特征

1. 鱼类生长

生长是生命界的基本特征，通常是指随着时间的进程生物体积增大或者细胞数量增多，伴随着组织的分化、能量的贮存和平衡，是生物个体得以维持的基础，加速养殖生物的生长，从而取得较高产量是养殖生产者的共同期望与目标。鱼类物种多样性决定了其因生态习性不尽相同而生长速率有巨大差别。鱼类从食物中获取的能量主要用于游泳活动、维持正常生理需求和生长。其中游泳活动和生理需求都是鱼类为了日常存活所必需的，生长的需求往往排在最后，但从长远看，鱼类必须摄取足够的食物以满足生长需要。

鱼类生长周期系指鱼类个体从受精卵发育到成鱼，直至衰退而死亡的整个一生的生活史过程，又称生活史或个体发育史。在鱼类生活史中，根据身体结构的组织、体型或消化道长度和构造变化、主要生理功能变化、生长率改变将生长划分为几个不同阶段。

鱼类生长受到许多内外源性因素影响。其中外源性因素包括温度、光照、盐度、溶解氧、水质特性、食物丰度、食物形状和可消化程度、种群密度、种内和种间竞争、捕食作用和病原体接触等。外源性因素对鱼类生长影响的明显表现是呈季节性生长周期，通常是夏季和雨季生长较快而冬季和旱季生长缓慢，但受到多种复杂因素的影响，鱼类生长的伸缩性很强。此外鱼类还有补偿性生长现象，即经过一段时间的饥饿或禁食后，生长会明显加快，以补偿之前的负增长，并且迅速恢复持续性生长。内源性因素主要涉及体内储存产物的合成和利用，主要是蛋白质的合成降解、脂类和糖类的生物合成。与哺乳动物类似，调控鱼类生长的内源性因素主要受到下丘脑–垂体–肝脏轴的调控，由生长激素（growth hormone，GH）/胰岛素样生长因子（insulin-like growth factor，IGF）轴组成的神经内分泌网络，在鱼类生长发育过程中起到主导性调控作用。GH/IGF 轴主要由 GH、生长激素受体（growth hormone receptor，GHR）、生长激素结合蛋白（growth hormone binding protein，GHBP）、IGF、胰岛素样生长因子受体（insulin like growth factor receptor，IGFR）和胰岛素样生长因子结合蛋白（insulin-like growth factor binding protein，IGFBP）组成，其中 GH 是整个生长轴中主导性调控激素，它的合成、分泌直接影响动物生长，IGF 则介导了 GH 生理功能正常发挥，同时对 GH 具有生理性反馈调控作用，而 IGF 生物学功能受与 IGFBP 聚合和解离影响（Reindl and Sheridan，2012）。鱼类作为一种变温动物，其种属的多样性和生长环境的特异性决定了其生长调控策略同恒温的脊椎动物（鸟类和哺乳类）有所不同。鱼类可敏感地感受外界环境变化，通过其感觉器官把外界环境刺激（如温度、光照和盐度等）传送到脑，使下丘脑分泌生长激素释放激素或生长激素抑制素，激发或者抑制脑垂体分泌 GH，它作用于肝脏并促进 IGF 的合成和分泌，IGF 通过血液循环到达机体中各个组织，与靶细胞膜上特异性受体结合后，启动细胞内信号转导，在一系列酶促级联反应作用下，促进细胞的增殖、分化和迁徙，参与调控骨骼、肌肉和其他组织的生长发育，同时 GH/IGF 轴可调控生长和生殖能量之间的转换，在生长和繁殖过程中发挥重要作用（Reinecke et al.，2005；Fuentes et al.，2013）。

2. 大菱鲆生长

大菱鲆仔鱼阶段经历了一个典型的变态过程，一只眼睛绕过头背部迁移到另一侧，生活方式从浮游型转变为底栖型。这种变态发育被认为是组织器官结构在胚胎期间确立后，通过细胞增殖、分化与凋亡等多种细胞学行为进行重新塑造的“二次发育”过程。该反应过程涉及剧烈的组织器官重建，是大菱鲆苗种培育过程中死亡率最高的阶段，大量研究表明，甲状腺素和胰岛素样生长因子家族参与了大菱鲆等鲆鲽鱼类变态反应，其中胰岛素样生长因子-Ⅰ（insulin like growth factor Ⅰ，IGF-Ⅰ）显著促进了大菱鲆变态反应发生，而胰岛素样生长因子-Ⅱ（insulin like growth factor Ⅱ，IGF-Ⅱ）则参与调控了大菱鲆仔鱼变态前期生长（Meng et al.，2016）。体长、体质量和肥满度是表示鱼类生长最常用的数据。在大菱鲆幼鱼体质量达到 100g 前，生长缓慢，之后生长速度加快，日增重第一年为 2.23g/天，第二年为 6.84g/天，第三年为 3.21g/天，第四年为 1.9g/天，养殖 250 天后平均体质量可达 500g 以上，1 年后体质量可达 1000g，2 年后体质量可达 3000g。研究表明，养殖 613 天大菱鲆体长从 5.16cm 长至 39.5cm，其平均日生长为 0.56mm，日生长率为 0.34%，其最大日增长为 1.21mm，最大日增长率为 0.88%，前期体长平均日生长速度快，后期慢，其体质量由 3.87g 增至 791.60g，平均日增重 4.82g，日增重率为 1.08%，其最大日增重为 13.52g，最大日增重率为 2.84%，随养殖时间的增长，其日增重率明显下降。就肥满度和饲料系数而言，大菱鲆在生长至 500g 以前饲料系数低，平均为 1.29，之后饵料系数较大，平均为 3.40（2.06~4.47），20 个月平均饲料系数为 2.56，与国外的试验结果相近（1.9~2.5）；大菱鲆肥满度范围为 2.82~5.62，平均为 4.52，明显高于漠斑牙鲆（1.968）、石鲽（1.667）和圆斑星鲽（2.037）等其他鲆鲽类。大菱鲆养殖密度直接影响鱼类生长速度，在工厂化养殖条件下，养殖密度范围在 25~20kg/m^3，最高养殖密度可达 75kg/m^3，相关研究表明，平均体质量为 40~50g 的大菱鲆幼鱼适宜饲养密度为 10~15kg/m^3，体质量为 580~620g 的成鱼在封闭循环水养殖系统下最大养殖密度可达 60.07kg/m^3，但高密度养殖需要更高的日常管理条件，从经济效能角度分析，54kg/m^2 养殖密度最佳。

养殖大菱鲆的生长速度与饲养水温、饲养密度、换水率、饲养方式、所用饵（饲）料和投喂方法及苗种购入时间、生长阶段、雌雄性别等都有很大关系。在水温低于 7℃、高于 23℃，生长会减慢或不生长。在水温 10~23℃内，随水温的升高，生长速度加快。饲养密度越大，生长越慢；换水率越高，生长速度越快；饲料的营养平衡好，转换率高，利于生长；在适温期，苗种购入时间早，适温周期长，相对生长快。人工养殖的大菱鲆在 100g 前，相对生长速度较慢，以后生长速度逐步加快，第二年至第三年生长更快，每年生长速度可以超过 1kg。一般雌性比雄性生长速度快。大菱鲆同期苗的生长速度差异也很大，养殖 613 天的成鱼最大个体可达 4300g，而最小个体仅 550g，由此可见，大菱鲆养殖第一年的生长速度可达 1kg 左右，第 2~3 年生长速度明显加快，可以超过 1kg/年。

二、发育特征

1. 鱼类发育

鱼类的个体发育是指其在生命周期中结构与功能从简单到复杂的变化过程，也是其生物体内部与外界环境不断适应的过程。发育过程因鱼类种属差异、生态类型不同而各具自己的特殊性。物种在其环境中形成，并在与环境的统一进程中生存下来，是物种在进化过程中适应环境的结果。鱼类的发育过程贯穿于整个生命周期，其形态的变化在发育进程中因种属差异而有所不同，各个发育时期所持续的时间或某些特征亦会有差别，但通常被划分为胚胎发育期，仔、稚、幼鱼期，成鱼期和衰老期。

胚胎发育期系指鱼类雌雄配子发育成熟、在体内受精，或者排出体外在水环境中形成受精卵，这是发育的起点，标志生命的开端，随后进入卵膜内胚胎发育到仔鱼脱膜初孵或卵胎生鱼类的初产仔鱼，再转为依靠内源性营养的胚后发育阶段到卵黄囊吸收完毕，此时胚胎发育期结束。

仔、稚、幼鱼期也是鱼类能量代谢旺盛期，是生长发育过程中关键阶段。当仔鱼由内源性营养转向外源性营养，即开始摄食外界食物，也就是从仔鱼后期开始进入稚、幼鱼期。其发育过程要经历形态、生理和生态学上的诸多突变，如由鳍膜演替为各鳍条，体型和体色的变化，色素由点演变为特有的斑或条纹，鳞被的发育等，即由仔鱼后期进入稚鱼期，再继续发育、变态而成为幼鱼，它的形态、生态特征已似成鱼，只是性腺尚未发育。因此，在鱼类发育史中变化最复杂的是仔鱼后期，发育时间持续最长的则是幼鱼期。

成鱼期是鱼类生命史中最重要的阶段，是野外捕捞和养殖生产的商品。该期最重要的特征是鱼类性腺发育成熟，通过其周期性性产物和性行为的发生而进行传宗接代，以维持种族的延续。本期是鱼类生命史中最稳定也是最活跃的时期。至于本时期持续长短，与鱼类种属相关。

衰老期是鱼类生命周期的最后阶段，性机能开始衰退，生殖力显著降低，生长极为缓慢。衰老是重复生殖的鱼类所特有的生命阶段，短周期或一次性繁殖的鱼类基本上不存在衰老期。处于衰老期的鱼类最主要的特征是性活动终止、生长滞缓，渐而达到生理寿命而死亡。商业化捕捞和商业性养殖的鱼类通常被过早收获，不出现衰老期。

2. 大菱鲆发育

（1）胚胎发育阶段

卵裂期：在受精水温 14.5℃，孵化水温 14.5℃±0.5℃，pH7.8~8.2，盐度 29.7 的条件下，受精后 1h10min，首先见原生质集中于动物极而形成圆形胚盘，此时动物极因重力关系而向下，植物极朝上。第一次细胞分裂是纵裂，等分成 2 细胞（图 2-4A）；第二次纵裂与第一次相交等分成 4 细胞（图 2-4B）；第三个纵裂沟位于第一个纵裂沟的左右两侧，分成 8 细胞（图 2-4C）；第四次分裂有两个纵裂沟，位于第二个纵裂沟的两侧，分成 16 细胞；第五次纵裂分成 32 细胞（图 2-4D），至此细胞边沿已不太规则，但细胞界限仍然清晰；此后除纵裂外，开始有横分裂，经过 64 细胞期、128 细胞期进入多细胞期（图 2-4E），细胞数量继续增加，呈桑椹状，进入桑椹胚期。

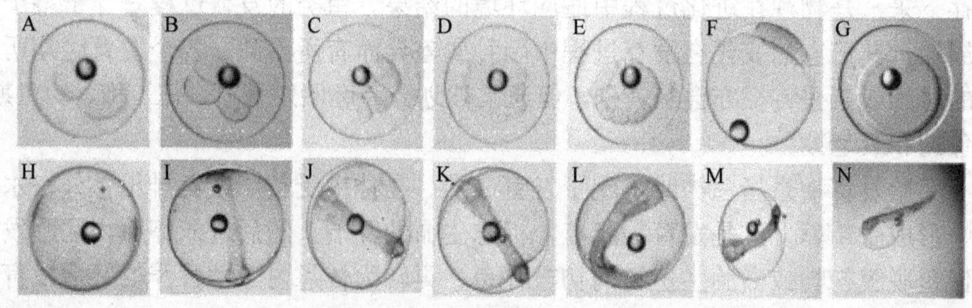

图 2-4 大菱鲆胚胎发育（彩图可扫描封底二维码获取）

囊胚期：受精后 10h，胚盘高矗于动物极，呈圆面包状，明显突出于卵黄上，中央有囊胚腔，处于高囊胚期；囊胚细胞继续分裂，胚盘高度逐步下降，边沿向外扩展，与卵黄囊交界处坡度变得平缓，进入低囊胚期（图 2-4F）。

原肠期：受精后 17h，细胞由胚盘中心向边沿流动，胚盘四周边缘的细胞越积越多，经外包与内卷而形成胚环；此时细胞不仅继续向胚盘边沿内卷，而且流向胚环的某部，形成加厚部分；胚盘下包至 1/5 时，由胚环加厚部分形成的胚盾明显突出（图 2-4G），即为胚体原基，进入原肠中期；胚盘下包 1/3 时，胚体初现；胚盘下包 1/2 时，胚体向前延伸，由此进入原肠后期，原肠作用逐渐激烈而促进胚体发育和器官分化（图 2-4H）。

神经胚期：受精后 34h40min，胚盘继续下包，胚体不断延伸，胚盘下包至 2/3 时，头突出现；胚盘下包 3/4~4/5 时，头部明显扩大，听区亦扩大，头的两侧突出一对眼囊，胚盘下包速度非常慢，表面凹凸不平，颗粒感重，胚体粗短（图 2-4I）。

卵黄栓期：受精后 38h30min，胚盘继续下包至卵黄另一端，收缩成一个圆孔，即为原口，原口内的卵黄栓显露而为卵黄栓期。此阶段持续时间很长，胚体粗短、模糊，表面颗粒感很重（图 2-4J）。

克氏囊期：受精后 43h30min，胚体绕卵黄 1/2，原口关闭，此时在胚体末端或近末端处出现一个或数个透明小泡，即为克氏囊期，克氏囊仅有 1 个（图 2-4K）。

尾芽期：受精后 47h30min，原口关闭，随着胚胎发育，肌节清晰可见，原口关闭处胚体末端向外伸展出现尾芽，即为尾芽期。此期，胚体前、中、后脑明显，前脑顶端两侧出现一对嗅窝，在后脑的两侧出现一对听囊，体背部出现浅棕色色素丛（图 2-4L）。

出膜前期：受精后 91h15min，尾部与卵黄分离，尾形成；肌节明显，开始出现心跳，心跳初现达 30~50 次/min，胚体开始伸缩；胚体绕卵黄 3/4，尾延长，晶体清晰，胚体两侧浅棕色色素丛增多，胚体开始间歇扭动；胚体绕卵黄 4/5，尾部继续延长，躯干部浅棕色色素丛增多，背鳍褶前部及尾鳍褶中部出现浅棕色色素丛，心跳加快，胚胎扭动频繁，即将出膜（图 2-4M）。

出膜期：受精后 109h15min，初孵仔鱼正在出膜，体色透明，背、臀、尾鳍褶上的色素丛明显（图 2-4N）。

（2）仔鱼发育阶段

大菱鲆初孵仔鱼全长 2.5~3mm，孵化后的第三天开口并摄食，8~15 天消化道分化，鳔器官形成，15~20 天各部器官基本形成，右眼开始上升左移，25~30 天右眼移至左侧，开始伏底生活，发育至稚鱼阶段。至 60 天完全变态为幼鱼时，全长达 30mm 左右，大菱鲆无冠状幼鳍的发生。

初孵仔鱼：全长 2.5mm，体长 2.38mm，体高 0.7mm，肛前长 1.25mm，肛后长 1.25mm，眼长径 0.24mm，眼短径 0.2mm，卵黄囊长径 1mm，卵黄囊短径 0.7mm，油球径 0.13mm。全身透明，呈浅黄色，从头至尾干部被点状黑色素，头顶、卵黄囊和消化道背部较多。背鳍上有两处浅黄色色素块，臀鳍上有一处色素丛，均显浅黄色略带棕色。仔鱼卵黄囊很大，油球位于后下方，上有浅黄色素。头部向前下方向弯曲，位于卵黄囊内前位。初孵仔鱼在水体中呈倒悬式游动，多活动于表层，因体色尚浅，呈透明色，难于发现。

3 日龄仔鱼：全长 3.3mm，体长 2.6mm，体高 0.95mm，头长 0.5mm，尾长 0.8mm，肛前长 1.5mm，肛后长 1.8mm，眼长径 0.25mm，眼短径 0.2mm，卵黄囊长径 0.3mm，卵黄囊短径 0.25mm，油球径 0.11mm。椎骨末端出现放射丝，初期鳔原基于 2~3 日龄出现。仔鱼倒悬于水表层活动，消化道呈直管状，口、肛门已开通。全身透明，被树枝状黑色素，头顶、消化道背部、躯干部比较浓密，眼黑色，上有鸟粪素。鳍连续，背鳍有两处、臀鳍有一处色素丛，色素较前、集中，并增深。头部、躯干部和消化道色素亦增深，但鳍部全透明，故水中所见为透明仔鱼，但因浅棕色色素丛增多、增深，略显红色，俗称为“红苗”。

5 日龄仔鱼：全长 3.5mm，体长 2.8mm，头长 0.8mm，尾长 1mm，肛前长 1.6mm，眼长径 0.25mm，眼短径 0.2mm，鳔原基长径 0.1mm，鳔原基短径 0.08mm。仔鱼不太活跃，随水漂流活动，有时平游，有时倒悬，有趋光现象，但不强烈。卵黄囊和油球均被仔鱼吸收后完全消失。消化道出现一曲，分化形成胃、肠和直肠部。食道基部向上突出一细胞团，为气鳔原基。肝脏和胰脏已出现，此时仔鱼已摄食轮虫。仔鱼全身透明，底色浅棕黄，身被大量菊花状黑色素，以头顶、体干、消化道背部最为浓密。脊椎背部和腹部有鳍褶加厚部，成为上下两个加厚中心，均位于躯干中后部。眼黑色，有鸟粪素。尾椎骨末端、尾鳍褶部位有放射丝。整个鳍褶相连，背鳍褶上前后有两处淡黄色色素丛，背腹鳍褶上有两处斜向色素带，此为大菱鲆仔鱼的特点。仔鱼全身体色呈浅棕，肉眼可见。

10 日龄仔鱼：全长 4.7mm，体长 3.8mm，体高 1.4mm，头长 1mm，尾长 1.1mm，肛前长 2.3mm，眼长径 0.4mm，眼短径 0.35mm，鳔长径 0.42mm，鳔短径 0.32mm。鳍褶仍连续，尾椎骨尚直，下有鳍条原基。消化道一曲，但各部分化明显扩大，胃部尤其膨大。于 8 日龄开鳔，位于消化道背部与椎骨之间，呈椭圆形，绿色。仔鱼喜趋光、集群，十分活跃，摄食积极，喜食卤虫无节幼体。仔鱼全身被大量菊花状黑色素，躯干及头部底色淡棕。此时仔鱼呈现黑色，俗称“黑苗”。

15 日龄仔鱼：全长 6.5mm，体长 5mm，体高 2mm，头长 1.3mm，尾长 1.5mm，肛前长 2.7mm，眼长径 0.5mm，眼短径 0.4mm，鳔长径 0.5mm，鳔短径 0.3mm。鳍褶仍连续，但背鳍、臀鳍、尾鳍鳍条原基已出现，背、臀鳍基部有窄长的鳍基加厚带。尾椎骨仍尖直。此时仔鱼两侧对称，主动摄食积极，已开始摄食配合饲料，腹部经常饱满，多在水表层活动，有趋光和集群现象，行动敏捷。从第 10~15 天生长速度加快，身体明显加粗。仔鱼的眼球和晶体呈黑色，整个眼球布满鸟粪素，呈亮绿色。背鳍前段和尾鳍仍然无色透明。身被大量菊花状黑色素，尤其体干部、头顶、鳃盖后沿、消化道背部特别浓密。背鳍后部，整个臀鳍部沿鳍条丝呈纵向分布，有长菊花状色素。躯干部的菊花状黑色素沿肌节方向排列，分布浓密。此时仔鱼在水体中因色素增加、体色加深呈黑色，俗称为“黑苗”。

20 日龄仔鱼：全长 8mm，体长 6.7mm，头长 1.5mm，尾长 2mm，肛前长 3mm，

眼长径 0.6mm，眼短径 0.5mm，鳔长径 0.5mm，鳔短径 0.3mm。稚鱼体高明显增高，身体变宽，背、臀鳍基部加厚变宽。尾椎骨上翘。消化道仍一曲，胃部和直肠部继续扩大，腹部经常饱满，并向外向下突出。主食卤虫无节幼体，一尾饱食者，肠胃内充满卤虫无节幼体 25 个，卤虫卵 2 个。肛门口常见拖便，红色，为未经消化的卤虫幼体，尚见有胶质黏液相连。鱼苗十分活跃，在表层活动，喜趋光、集群，在主食卤虫的同时，亦可驯化摄食配饵，如提早驯化，可提前摄食颗粒饲料，而顺利过渡到全部摄食配饵阶段。稚鱼眼显黑色，具鸟粪素。全身被大量菊花状黑色素，底部淡棕色，背、臀鳍边沿浅绿色，尾鳍透明无色。椎骨及鳔因被体表色素覆盖，肉眼已经不能看见。鳃盖、头顶、内脏团外侧、躯干背腹沿色素特别浓密，呈黑色。眼此时呈左右对称，但右眼已开始上升。

25 日龄仔鱼：全长 10mm，体长 8mm，体高 6.3mm，头长 3mm，尾长 2mm，肛前长 3.3mm，眼长径 1mm，眼短径 0.8mm，鳔长径 1mm，鳔短径 0.6mm，椎骨 34 节。稚鱼十分活跃，在表层活动，喜趋光、集群成团。游泳姿势大部分呈扁平游，也有侧游者。此时眼已不左右对称，右眼迁移到头部正中线位置，身体明显变宽，各鳍完整，背鳍褶特别扩大，基部的胶质带明显变宽。鳃丝形成。可大量摄食配饵，或已完全转化成配饵投喂。消化道一曲，胃部与直肠部扩大，腹部经常呈饱满状。眼黑色，具鸟粪素，身体上黄棕色色素增多，底色增深，更多为菊花状黑色素，以脊椎骨背腹面、鳍基、鳃盖后部、头顶、内脏团外壁最为密集，其他均为点状黑色素。腹部色素较浅，身体表面外观花斑甚多，俗称为“花苗”。

33 日龄仔鱼：全长 18mm，体长 14mm，体高 12mm，头长 5mm，尾长 2mm，肛前长 5mm，眼长径 1mm，眼短径 0.9mm，鳔长径 1.2mm，鳔短径 0.8mm。右眼升至头顶部，身体明显变宽。消化道仍一曲。胃、肠、直肠部继续扩大。背、臀、尾鳍扩大，鳍条清晰可见，腹鳍条 5 根，背鳍条 72 根，尾鳍条 20 根。身体肌肉呈菱形。各部形态已接近成鱼，幼鱼已大量伏底。幼鱼全身已不透明，身体底色为浅棕色，被大量菊花状黑色素，头顶、体背部、消化道侧壁较大且浓密。背鳍和臀鳍基加厚部有黑色素和鸟粪素带相间排列，上、下各有 5~6 条闪光色素带闪现绿宝石光泽，在水体中肉眼直观可见，鱼苗呈现银灰色。幼鱼的色素非常丰富，底色有浅有深，花斑亦有浅有深，一般以浅花或中花者占多数，深花者较少。

38 日龄幼鱼：全长 19.5mm，体长 15mm，体高 14mm，头长 4.5mm，尾长 4.5mm，肛前长 5mm，眼长径 1.2mm，眼短径 1mm，鳔长径 1.4mm，鳔短径 1mm。全身不透明，底色浅棕，被大量菊花状黑色素，称为“花苗”，但个体间体色有差异，表现出色彩斑斓。幼鱼身体变宽，背、尾、臀和胸鳍继续扩大，鳍基部胶质带亦加宽加长。大多数幼鱼这时眼已完全移至左侧，并开始伏底栖息生活。

60 日龄幼鱼：全长 30mm，体长 25mm，体高 20mm。两眼位于左侧，鳔泡消失。身体底色浅棕黄，被大量白色、灰色、棕色或鸟粪色色素。幼鱼各部分形态已与成鱼相似，唯体色较浅些，完全转入底栖生活，全部摄食配饵，喜集群生活，生态习性与成鱼相近。

90 日龄幼鱼：全长 50~60mm，体长 36~44mm。全身色素均匀分布，呈灰褐色或棕褐正常体色，并可随环境变化而变更其体色的深浅。这时幼鱼的外部形态和生态习性已与成鱼完全相似，成活率较稳定，可以作为商品鱼苗进行饲养和出售。

（3）仔幼鱼变态发育阶段

大多数鱼类在仔幼鱼发育阶段都要经历一系列形态、生理和行为上的改变，以适应成鱼阶段的生态环境，此阶段称为变态反应（McMenamin and Parichy，2013）。对鲆鲽鱼类来讲，在其仔鱼变态反应阶段，一只眼睛逐渐转移到另一侧，以后两只眼睛在同一侧，眼睛由左右对称变成同在一侧。一般而言，变态反应过程中鲆类右眼迁移到左侧，而鲽类是左眼迁移到右侧（Schreiber，2006）。大菱鲆仔鱼阶段经历了一个典型的变态过程，一只眼睛绕过头背部迁移到另一侧，生活方式从浮游型逐渐转变为底栖型，摄食行为和生活方式基本与成鱼类似。该反应过程涉及剧烈的组织器官重建，是大菱鲆苗种培育过程中死亡率最高的阶段。在养殖水温 18℃条件下，大菱鲆孵化后 18 天右眼开始逐渐向左侧迁移，孵化后 34 天右眼迁移到左侧，生活方式逐渐转变为底栖型。根据大菱鲆右眼从背部迁移到左侧发生时间，将其变态反应分为：变态反应前期（孵化后 3~18 天）、变态反应早期（孵化后 22 天）、变态反应高峰期（孵化后 26 天）、变态反应晚期（孵化后 30 天）（图 2-5）。

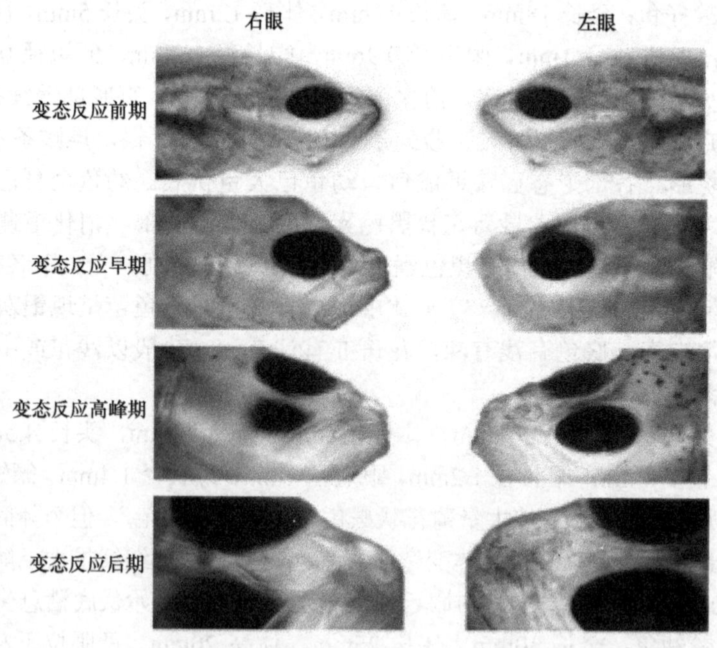

图 2-5　大菱鲆仔鱼变态反应阶段眼睛迁移过程（彩图可扫描封底二维码获取）

对鱼类的研究表明，甲状腺素参与调控了仔鱼变态反应过程（Schreiber，2013；Laudet，2011；Manchado et al.，2009）。相关研究发现，外源性甲状腺素能诱导牙鲆仔鱼骨骼肌细胞形态发生改变，使肌钙蛋白和肌球蛋白空间结构提早转变为成体型，以适应仔鱼从浮游型生活向底栖型生活转变，同时外源性甲状腺素能使体内血红细胞从幼体型转变为成体型，促进胃上皮细胞增殖分化，进而提前分泌胃蛋白酶原（de Jesus et al.，1993）。在牙鲆仔鱼变态早期应用甲状腺素抑制剂硫脲可显著抑制右眼迁移和体轴变化，得到对称体态的幼鱼，而用甲状腺素处理后，则显著促进后期仔鱼提前变态并提高了变态成活率（Zhang et al.，2011；张俊玲等，2011）。甲状腺激素主要包括甲状腺素（thyroxine，T4）和三碘甲腺原氨酸（3,5,3-triiodothyronine，T3）。T4 是甲状腺主要的分泌物，由血液中活性碘与甲状腺球蛋白上的酪氨酸残基作用形成，T4 进入血液后，大部分与血液内的运载蛋白相结合进入其他组织中，而少量游离的 T4 直接进入组织内。由于 T4 自身的生物活性较低，在进入肝脏等外周组织后，通过脱碘酶的外脱碘作用形成活性较强的 T3。T3 与核内受体结合，形成的复合物作为基因表达的转录因子，调控特定基因的表达，从而影响着机体生长、发育和繁殖等生理过程。虽然 T4 的生理活性弱于 T3，但 T4 的半衰期远比 T3 的半衰期长。在石斑鱼上的研究发现，T4 能显著促进斜带石斑鱼卵黄囊期仔鱼的消化道发育并提高其存活率（McMenamin and Parichy，2013）。在大菱鲆仔鱼变态反应阶段，T4 浓度随变态反应进行呈先逐渐升高后逐渐下降趋势，且在变态反应高峰期浓度达到最大，显著高于变态反应其他各个阶段，变态反应早期和末期无显著差异（图 2-6），这表明在大菱鲆变态反应阶段 T4 参与调控了仔鱼早期变态发育。

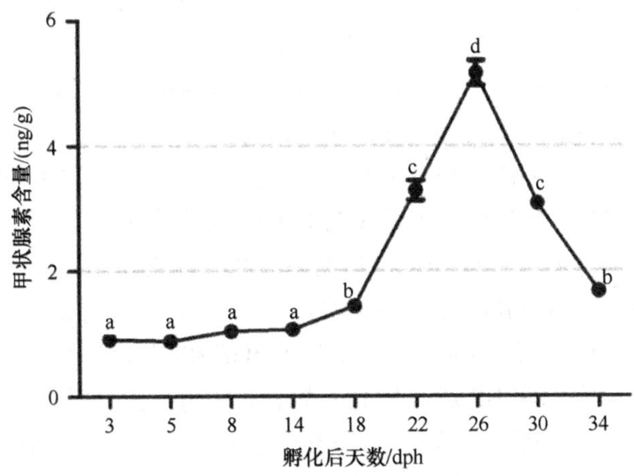

图 2-6　大菱鲆仔幼鱼变态反应阶段甲状腺素（T4）浓度

不同字母表示差异显著（$P<0.05$）

仔幼鱼的变态反应是一个复杂的动态生理过程，除了甲状腺素外，其他激素和局域性内分泌因子也参与调控变态反应。其中胰岛素样生长因子（insulin-like growth factor，IGF）在鲆鲽鱼类变态反应过程发挥重要的调控作用（de Jesus et al.，1993；Hildahl et al.，2008；Power et al.，2008）。IGF 是一类在结构和功能上与胰岛素类似的多肽蛋白物质，主要由肝脏分泌，同时在肝脏外组织也有表达，是一种多功能的细胞增殖因子，通过内分泌、自分泌和旁分泌的方式在细胞的分化、增殖、个体的生长发育过程中发挥重要调控作用。IGF 系统主要由配体（IGF-Ⅰ，IGF-Ⅱ）、IGFBP 及受体（IGFR）组成。IGF-Ⅰ主要是在鱼类的胚后发育过程中发挥促生长作用，IGF-Ⅱ则主要在胚胎发育过程中发挥作用（Bikle et al.，2015；Beckman，2011；Duan et al.，2010；Wood et al.，2005；Dupont and Holzenberger，2003；Baker et al.，1993；Powell-Braxton et al.，1993），而在罗非鱼和斑马鱼中发现了另外一种鱼类特异的 IGF 的配体 IGF-Ⅲ，该配体只在性腺中表达，在卵巢的滤泡细胞和精巢的间质细胞中特异表达，参与调控鱼类性腺的发育（Berishvili et al.，2010；Wang et al.，2008）。IGF 通过与细胞膜上的特异性受体结合后激活相关信号通路，发挥其生理调控作用。IGF 受体有两种，即 IGFR-Ⅰ和 IGFR-Ⅱ，对其生物信息学分析表明，IGFR-Ⅰ属于酪氨酸激酶亚家族成员，同胰岛素受体结构类似，而 IGFR-Ⅱ则无酪氨酸激酶活性，属于六磷酸甘露糖受体家族；IGFR 可同配体 IGF-Ⅰ、IGF-Ⅱ和胰岛素结合，但胰岛素与 IGFR 结合的活性最低，且 IGFR-Ⅰ同 IGF-Ⅰ、IGFR-Ⅱ同 IGF-Ⅱ结合的活性要显著高于 IGFR-Ⅰ同 IGF-Ⅱ、IGFR-Ⅱ同 IGF-Ⅰ结合的活性，但是在斑马鱼上研究表明，IGF-Ⅰ、IGF-Ⅱ同 IGFR-Ⅰ结合的活性并无显著性差异，这表明 IGFR 与配体结合既具有高度的特异性，又存在种属间差异（Zou et al.，2009）。IGF-Ⅰ与 IGFR-Ⅰ结合后，通过激活一系列磷酸化信号转导通路，增强了蛋白质和核酸合成，抑制了蛋白质降解，促进了细胞增殖和分化；而 IGF-Ⅱ与 IGFR-Ⅱ结合后，则直接通过细胞内吞作用被降解掉，未激活相关信号转导通路，同时敲除 IGF-Ⅰ与 IGFR-Ⅰ小鼠生长显著下降，体长只有正常组小鼠的 45%，且子代在出生后不能存活，这表明 IGF-Ⅰ与 IGFR-Ⅰ在调控生长发育过程中扮演着重要角色（Lupu et al.，2001）。IGFBP 是整个 GH/IGF 轴的关键性调控因子，它通过与 IGF 结合和解离，调控 IGF 在体内分布和其生物活性。在哺乳动物和鱼类上研究表明，IGFBP 由 6 个亚型组成（IGFBP-1~IGFBP-6），主要由肝脏分泌，同时在肝脏外其他组织也有表达，通常血液中大部分的 IGF 与 IGFBP 以无活性复合物的形式存在，在受到内外源刺激后，IGFBP 通过与 IGF 聚合、解离产生生理响应，其表达变化直接影响 IGF 生理功能发挥，但是关于 IGFBP 与 IGF 聚合、解离调控机制尚不明确。IGFBP 通过 IGF 间接参与不同的生理调控过程，其中 IGFBP-1 在摄食营养物质分解代谢过程中发挥作用，IGFBP-2 和 IGFBP-3 则分别抑制和促进了动物生长发育，而 IGFBP-5 则可直接参与有丝分裂和细胞迁移等生理过程调控（Jones and Clemmons，1995）。以上表明 IGF 作为 GH/IGF 轴下游调控因子，介导了生长激素

（GH）生理功能正常发挥，同时对 GH 具有生理性负反馈调控作用，作为 GH/IGF 轴下游重要组成部分，IGF 系统在介导 GH 促生长发育过程中起到重要媒介作用。对鲆鲽鱼类研究发现，在其仔鱼变态反应阶段，GH 含量呈逐渐升高变化趋势，在变态反应后期达到最高，但 GH 对仔鱼变态反应具体调控机制尚不明确。IGF-Ⅰ和 IGF-Ⅱ在脊椎动物胚胎和胚后发育过程中呈现不同表达模式，同时存在种属间差异。

Wen 等（2015）发现，大菱鲆 IGF-Ⅰ和 IGF-Ⅱ mRNA 表达从受精卵到仔鱼阶段呈逐渐上升趋势，而在幼鱼阶段显著下降，但是并未检测大菱鲆变态反应各个阶段 IGF-Ⅰ和 IGF-Ⅱ mRNA 表达变化。对大菱鲆仔幼鱼研究发现，孵化后仔鱼即有 IGF-Ⅰ和 IGF-Ⅱ mRNA 表达。IGF-Ⅰ mRNA 在变态反应前期表达无显著差异，而在变态即将到来的 18 天仔鱼其 mRNA 表达逐渐升高，在变态反应早期达到最高（孵化后 22 天），随后其表达逐渐降低，在变态反应末期 mRNA 表达水平降至最低（图 2-7A）。同 IGF-Ⅰ mRNA 表达恰恰相反，IGF-Ⅱ mRNA 表达水平在仔鱼孵化后即呈逐渐升高趋势，在孵化后第 8 天达到最高，随后其表达水平呈逐渐下降趋势，在变态反应高峰期下降到最低，之后虽略有上升，但直至变态反应后期其表达水平与变态反应高峰期无显著差异（图 2-7B）。同样，在塞内加尔鳎和大西洋庸鲽变态反应过程中也发现了 IGF-Ⅰ和 IGF-Ⅱ表达有类似的变化趋势（Hildahl et al.，2007；Funes et al.，2006）。对鲆鲽鱼类研究表明，仔幼鱼变态发育的各个阶段伴随着明显的外部形态学改变。眼睛成功地转移到一侧是鲆鲽鱼类完成变态反应的显著标志，而眼睛转移涉及头部骨骼发育和重建。研究表明，在骨骼发育和重建过程中，IGF-Ⅰ是骨骼生长发育重要的自分泌和旁分泌调控因子。IGF-Ⅰ参与调控长骨的骨化、软骨的发生及肌肉和骨骼之间的相互作用；同时在牙鲆眼睛转移过程中发现，右眼下方成纤维细胞大量增殖，形成很厚一层细胞层，随后该细胞层逐步钙化，同时额骨、侧筛骨等头部骨骼不断延长，推动右眼向头部左侧迁移，在此过程中也检测到 IGF-Ⅰ在成纤维细胞上的表达（Okada et al.，2001）。IGF-Ⅱ则可通过调控成骨细胞凋亡改变骨骼形态，影响骨骼的发育和重建（Wang et al.，2010；鲍宝龙等，2006；Gronowicz et al.，2004）。仔幼鱼变态反应期间涉及骨骼迁移和器官重建，从生物能量角度来讲，是一个极度消耗能量的时期，而对鲆鲽鱼类研究发现，仔幼鱼在变态反应期间会减少摄食需要，同时在变态前积累较多的能量，从而帮助其顺利完成变态，与变态前早期仔鱼相比，仔鱼增重率明显降低。对塞内加尔鳎的研究发现，仔鱼在变态反应早期生长迅速，同时在组织中贮存大量能量以备变态反应过程中能量所需，同时其生长率同 IGF-Ⅱ转录水平呈显著正相关关系，且其变态早期特定生长速度显著高于变态反应阶段（Funes et al.，2006）。这表明在变态反应早期高转录水平 IGF-Ⅱ可能主要参与调控了大菱鲆仔鱼早期生长和能量贮存，IGF-Ⅰ则主要在仔幼鱼变态反应期间发挥调控作用，二者在仔幼鱼发育阶段具有阶段特异性表达。

和其他存在变态发育的鱼类类似，鲆鲽鱼类仔幼鱼变态发育过程也受到甲状

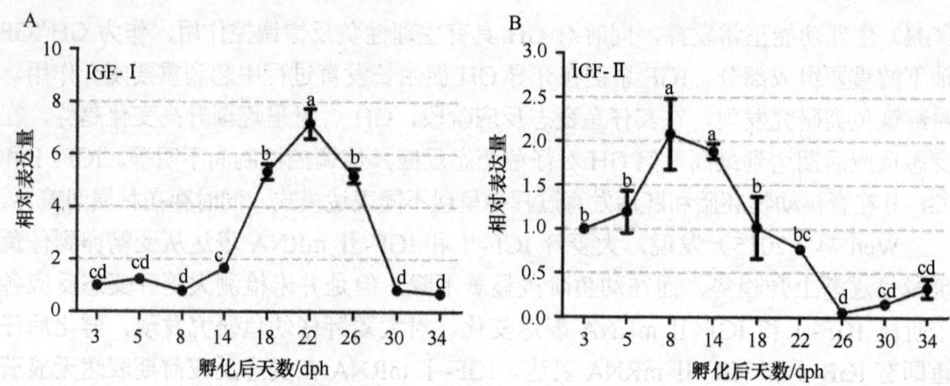

图 2-7 IGF-Ⅰ和 IGF-Ⅱ在大菱鲆仔幼鱼变态反应阶段的表达

不同字母表示差异显著（$P<0.05$）

腺素（T3 和 T4）及其受体直接调控，T3 和 T4 对变态反应起直接促进作用，而内源性甲状腺素抑制剂硫脲（TU）则显著抑制变态反应发生（Inui and Miwa，1995；Schreiber，2013；Gomes et al.，2015）。此外，生长激素胰岛素系统（GH/IGF）和其他一些激素（皮质醇、催乳素、性类固醇激素）也参与调控鲆鲽鱼类眼睛移位变态过程，对其变态发育起不同生理反馈调控作用（de Jesus et al.，1993；Yamano and Miwa，1998；Hildahl et al.，2007；Power et al.，2008）。研究表明，甲状腺素可显著刺激罗非鱼和斑马鱼肝脏 IGF-Ⅰ mRNA 表达，同时甲状腺素也可通过调控 IGF-Ⅰ介导的 β-链蛋白信号通路影响骨骺细胞分化和长骨生长（Wang and Zhang，2011；Schmid et al.，2003）。TU 则可显著抑制夏鲆的生长，而添加外源性 T4 处理后，其生长恢复正常，同对照组无显著差异（Gavlik et al.，2002）。利用外源性甲状腺素对大菱鲆变态反应早期仔鱼进行处理后发现，甲状腺素剂量依赖性提高大菱鲆变态反应期间 IGF-Ⅰ mRNA 表达，硫脲则显著抑制 IGF-Ⅰ mRNA 表达，而甲状腺素和硫脲对菱鲆变态反应期间 IGF-Ⅱ mRNA 表达无显著影响（图 2-8）。同时，硫脲可显著抑制甲状腺素诱导的 IGF-Ⅰ mRNA 表达上调（图 2-9）。此外，变态反应期间，大菱鲆仔鱼受到外源性甲状腺素刺激和硫脲抑制后体内甲状腺素浓度呈剂量依赖性提高和降低，同时硫脲显著抑制了外源性甲状腺素刺激后仔鱼体内甲状腺激素浓度的上升。

鲆鲽鱼类变态反应过程涉及大量基因表达和内分泌系统调控，以上结果表明，IGF-Ⅰ和 IGF-Ⅱ在大菱鲆仔幼鱼变态发育阶段具有不同的表达模式和生理调控功能，其中 IGF-Ⅱ在变态反应前参与仔鱼生长，IGF-Ⅰ则在仔鱼眼睛移位变态反应阶段发挥主要调控作用。

（4）幼鱼发育阶段营养调控

对大多数鱼类而言，在其孵化后早期发育阶段，卵黄为其贮存了充足的营养，但当卵黄被吸收完毕，鱼类必须从外界摄食生物饵料、获取新的能量才能生存。

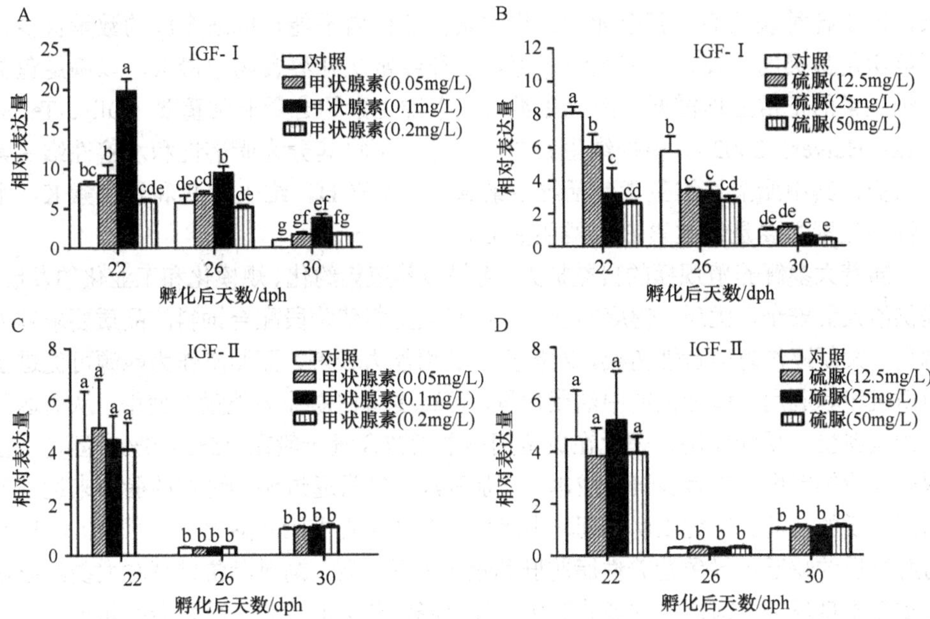

图 2-8 不同浓度甲状腺素和硫脲处理后大菱鲆仔幼鱼变态反应阶段 IGF-Ⅰ和 IGF-Ⅱ表达

不同字母表示差异显著（$P<0.05$）

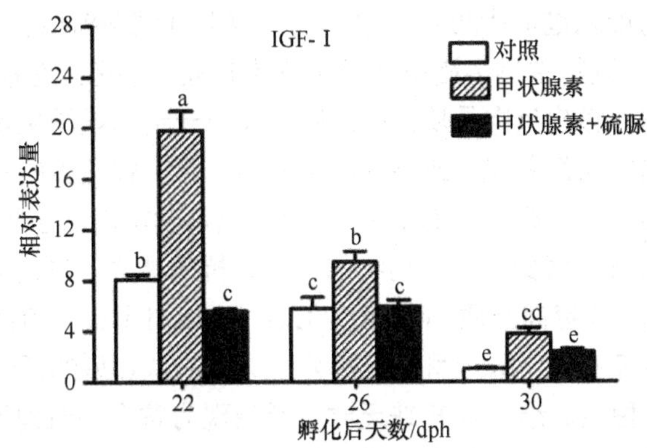

图 2-9 硫脲处理后大菱鲆仔幼鱼变态反应阶段 IGF-Ⅰ的表达

不同字母表示差异显著（$P<0.05$）

能量可由食物转化获得，食物在鱼体内被分解成各种有用成分和被吸收利用。其中，蛋白质、脂类和糖类为鱼类能量供给的主要来源，鱼类因种属的差异，对蛋白质、脂类和糖类需求有所不同，只要保持蛋白质和能量的平衡，建立食物适宜蛋白质能量比，即可保证鱼类生长过程中正常能量需求（Pohlenz and Gatlin，2014）。而维生素作为一类低分子有机化合物，既不是构成机体的主要物质，又需要量甚微，但是其营养作用和发挥的生理功能却是蛋白质、脂类和糖类等营养物质所不能替代的。研究表明，长期缺乏某种维生素，就会造成代谢失调，影响生长，产生各种缺乏症，甚至死亡。维生素在鱼体内不能合成或合成的数量甚少，不能满足鱼类的需要，不能大量贮存，必须经常从外界食物中摄取，以满足鱼类对维生素的正常生理需要，因此鱼类日粮中维生素的含量非常重要（Oliva-Teles，2012；Halver，2002）。根据维生素的溶解性质可将其分为脂溶性和水溶性维生素两大类，其中脂溶性维生素包括维生素 A、维生素 D、维生素 E 和维生素 K，水溶性维生素主要是维生素 B 和维生素 C。

随着大菱鲆养殖规模的日益扩大，为保障养殖集约化、规模化和工业化的发展，提供给人们安全、优质、健康的食品，对其成鱼养殖阶段配合饲料的品质要求越来越高。大菱鲆作为肉食性鱼类，对糖类的利用能力较差，而脂肪作为能源可促进蛋白质沉积和利用，增加饲料中油脂含量，可减少蛋白质作为能量的使用，从而达到节约饲料蛋白质的作用，因此在成鱼饲料中脂肪含量一般在 15%~30%。但是，在国内商业饲料中，为减少饲料成本，增加利润，经常通过添加过量的脂肪来达到节约蛋白质的目的。研究表明：饲料中脂肪过多（含必需脂肪酸比例不平衡）和抗脂肪肝物质的缺乏可导致营养性脂肪肝和鱼肉品质下降。饲料脂肪过高对大菱鲆成鱼增重有不良反应。饲料中过多的脂肪不仅会降低鱼类的生长，而且会引起鱼体内脂肪的沉积和肉品质的下降。相关研究发现，饲料中高脂肪含量（20%~25%）导致大菱鲆鱼体脂肪出现大量沉积，尤其在裙边和皮下脂肪含量最高（Regost et al.，2001）。这可能是因为动物摄入过多脂肪时，鱼体会将一部分脂肪转化为体脂，贮存在肝脏、肌肉中。研究表明，饲料中过多脂肪会增加鱼体肝脏、内脏及鱼体组织中脂肪含量，导致脂肪大量沉积，影响鱼肉品质，在饲料中添加一定剂量维生素和脂肪调节剂可以显著降低鱼体的脂肪沉积量，改善其肌肉品质，并缓解鱼类的营养性脂肪肝症状（Ruff et al.，2003）。其中维生素 E 具有调节脂肪代谢作用，还能防止脂肪在肝脏、肾脏中积累和发生组织病变，增强动物的体质和抗病能力，同时能降低饲料消耗，提高动物生产能力，改善肉品质（Kiron，2012；Amlashi et al.，2011；Hamre，2011）。自然界中的维生素 E 有 α、β、γ 和 δ 4 种类型，其中以 α 型的活性最强且在空气中不易被氧化，表现稳定。维生素 E 缺乏时鱼类表现为贫血、肌肉退化、腹水、饲料转化率低、肌肉营养不良、性腺成熟指数降低、生长阻滞、体脂肪氧化增加。在大菱鲆成鱼养殖过程中，在粗脂肪含量为 14.38%的饲料中添加 480mg/kg 的维生素 E，可显著提高养殖大菱鲆饲料转化率、特异生长率，降低肝体比和脏体比。

鱼类生活的水体环境，是一个充满细菌、病毒和原生动物的复杂生物系统。当鱼类经过了死亡率极高的胚胎发育期，仔幼鱼期，逐渐发育到成鱼期时，其体内也逐渐形成了较为完善的特异性免疫和非特异性免疫应答机制（Zhu et al.，2013）。其中非特异性免疫应答可在第一时间抵御病原微生物的入侵和环境胁迫带来的应激损伤，比起反应缓慢的特异性免疫系统，非特异性免疫在鱼类生长过程中发挥重要保护作用（Anderson，1992）。溶菌酶是鱼类体内重要的特异性免疫因子之一，它由中性粒细胞和巨噬细胞产生，进入血液循环或者黏液中，通过破坏细菌细胞壁上肽聚糖造成细胞裂解，发挥其生物效应（Saurabh and Sahoo，2008）。溶菌酶活性受到许多外源性因子影响，其中对营养素对鱼类溶菌酶活性的影响进行了广泛研究。相关研究发现，饲料中添加适量维生素 E 可显著提高牙鲆溶菌酶活性（Wang et al.，2006），同时在鲤科和鲷科鱼类上研究也表明，维生素 E 也参与维持吞噬细胞功能、细胞膜脂稳定性和流动性，抵御可能的氧化损伤，可有效增加吞噬细胞数量、提高其免疫活性（Li et al.，2014；Peng et al.，2009；Montero et al.，2001）。在大菱鲆上研究发现，饲料中添加 480mg/kg 的维生素 E 可显著提高大菱鲆成鱼血清中溶菌酶活性，增强吞噬细胞活力和抗氧化能力（图 2-10）。补体系统是鱼类体内最重要的非特异性免疫因子，无论通过抗体决定的经典途径，还是非抗体决定的替代途径，都需要激活补体 C3（Herwald and Egesten，2014；Boshra et al.，2006）。补体 C3 主要在肝脏表达，肝脏又是脂肪代谢沉积的主要器官，因此外源性营养素引起的肝脏脂肪代谢改变，必然会影响补体 C3 的活性。饲喂富含维生素 E 的饲料显著提高了虹鳟补体 C3 活性，而饲喂缺乏维生素 E 的饲料其补体 C3 活性显著下降（Puangkaew et al.，2004；Pearce et al.，2003）。在大菱鲆幼鱼研究中发现，饲料中添加 480mg/kg 的维生素 E，饲喂 15 周后，结果发现同对照组相比，维生素 E 添加组显著提高肝脏、头肾和脾脏等免疫器官中补体 C3 转录表达水平（图 2-11）。

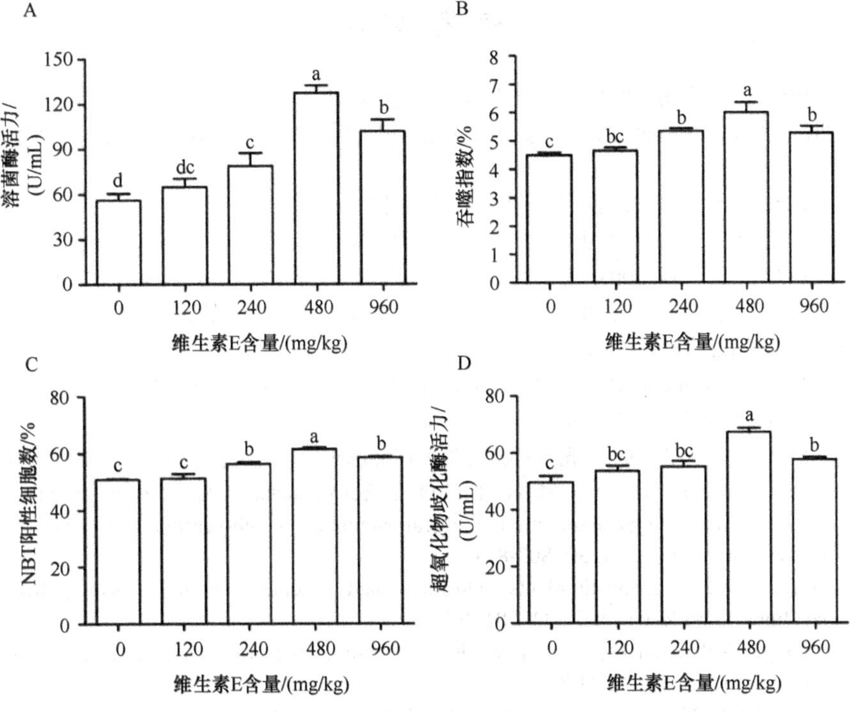

图 2-10　维生素 E 对大菱鲆血清非特异性免疫和酶氧化活性的影响

不同字母表示差异显著（$P<0.05$）

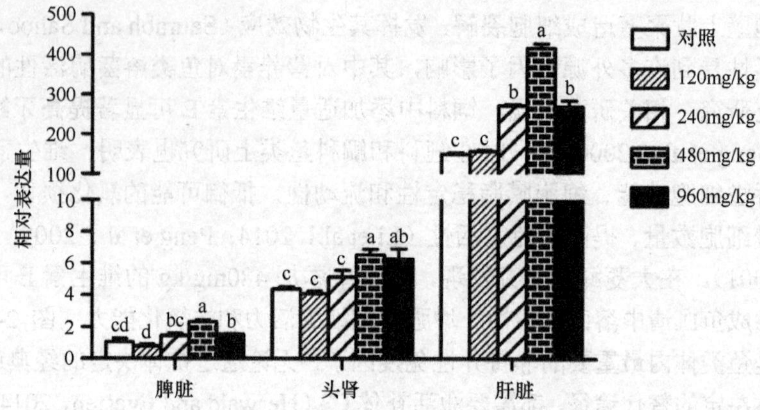

图 2-11 维生素 E 对大菱鲆补体 C3 表达的影响

不同字母表示差异显著（$P<0.05$）

因此，大菱鲆幼鱼发育阶段要注意饲料营养配方，在维持总能量需求前提下，选择合适的蛋白质和能量比例，减少蛋白质饲料添加，增加脂肪替代蛋白质比例，积极开展替代蛋白源和脂肪源的开发，同时加强抗氧化添加剂在高脂肪饲料中应用的研发工作。

参 考 文 献

鲍宝龙, 杨桂梅, 任大明. 2006. 牙鲆变态过程中的细胞凋亡. 动物学报, 52(2): 355-361

郭黎. 2012. 大菱鲆在不同温度、盐度及其交互作用下机体生理生化指标. 上海: 上海海洋大学硕士学位论文

雷霁霖. 2005. 海水鱼类养殖理论与技术. 北京: 中国农业出版社

雷霁霖, 等. 2016. 中国现代农业产业可持续发展战略研究-鲆鲽类分册. 北京: 中国农业出版社

马彩华, 陈大刚, 沈渭铨. 2003. 大菱鲆摄食量与排空率的初步研究. 水产科学, 22(5): 5-8

张俊玲, 施志仪, 付元帅, 等. 2011. 牙鲆变态中 IGF-Ⅰ基因表达及甲状腺激素对其的调节作用. 水生生物学报, 35(2): 355-359

张彦姣. 2010. 盐度和温度对大菱鲆非特异性免疫力的影响及淡水螯虾相关免疫因子研究. 青岛: 中国海洋大学博士学位论文

周显青, 牛翠娟, 李庆芬. 1999. 光照对鱼类生理环境影响的研究. 生态学杂志, 18(6): 59-61

Amlashi AS, Falahatkar B, Sattari M, et al. 2011. Effect of dietary vitamin E on growth, muscle composition, hematological and immunological parameters of sub-yearling beluga *Huso huso* L. Fish Shellfish Immunology, 30: 807-814

Anderson DP. 1992. Immunostimulants, adjuvants, and vaccine carriers in fish: application to aquaculture. Annu Rev Fish Dis, 2: 281-307

Baker J, Liu JP, Robertson EJ, et al. 1993. Role of insulin like growth factors in embryonic and postnatal growth. Cell, 75: 73-82

Beckman BR. 2011. Perspectives on concordant and discordant relations between insulin-like growth factor 1 (IGF1) and growth in fishes. Gen Comp Endocrinol, 170: 233-252

Berishvili G, Baroiller JF, Eppler E, et al. 2010. Insulin-like growth factor-3 (IGF-3) in male and female gonads of the tilapia: development and regulation of gene expression by growth hormone (GH) and 17α-ethinylestradiol (EE2). Gen Comp Endocrinol, 167(1): 128-134

Bikle DD, Tahimic C, Chang W, et al. 2015. Role of IGF-Ⅰ signaling in muscle bone interactions. Bone, 80: 79-88

Boshra H, Li J, Sunyer JO. 2006. Recent advances on the complement system of teleost fish. Fish Shell Immunol, 20: 239-262

de Jesus EG, Hirano T, Inui Y. 1993. Flounder metamorphosis: its regulation by various hormones. Fish Physiol Biochem, 11: 323-328

Duan C, Ren H, Gao S. 2010. Insulin-like growth factors (IGFs), IGF receptors, and IGF-binding proteins: roles in skeletal muscle growth and differentiation. Gen Comp Endocrinol, 167: 344-351

Dupont J, Holzenberger M. 2003. Biology of insulin-like growth factors in development. Birth Defects Res C, 69: 257-271

FAO. 2012. Fisheries Department, Fishery Information, Data and Statistics Unit. Fishstat Plus: Universal software for fishery statistical time series. Version. 2.3 2000: FAO Aquaculture Production (Quantities and values) 1950-2010 (Release date: April 2010)

Fuentes EN, Valdés JA, Molina A, et al. 2013. Regulation of skeletal muscle growth in fish by the growth hormone insulin like growth factor system. Gen Comp Endocrinol, 192: 136-148

Funes V, Asensio E, Ponce M, et al. 2006. Insulin-like growth factors Ⅰ and Ⅱ in the sole *Solea senegalensis*: cDNA cloning and quantitation of gene expression in tissues and during larval development. Gen Comp Endocrinol, 149: 166-172

Gavlik S, Albino M, Specker JL. 2002. Metamorphosis in summer flounder: manipulation of thyroid status to synchronize settling behavior, growth, and development. Aquaculture, 203: 359-373

Gomes AS, Alves RN, Rønnestad I, et al. 2015. Orchestrating change: the thyroid hormones and GI-tract development in flatfish metamorphosis. Gen Comp Endocrinol, 220: 2-12

Gronowicz GA, McCarthy MB, Zhang H, et al. 2004. Insulin-like growth factor Ⅱ induces apoptosis in osteoblasts. Bone, 35: 621-628

Halver JE. 2002. The vitamins. *In*: Halver JE, Hardy RW. Fish Nutrition. San Diego: Academic Press: 61-141

Hamre E. 2011. Metabolism, interactions, requirements and functions of vitamin E in fish. Aquac Nutr, 17: 98-115

Herwald H, Egesten A. 2014. Unexpected and novel functions of complement proteins. J Innate Immunol, 6(4): 405-406

Hildahl J, Galay-Burgos M, Sweeney G, et al. 2007. Identification of two isoforms of Atlantic halibut insulin-like growth factor-Ⅰ receptor genes and quantitative gene expression during metamorphosis. Comp Biochem Physiol B, 147: 395-401

Hildahl J, Power DM, Bjornsson BT, et al. 2008. Involvement of growth hormone-insulin-like growth factor Ⅰ system in cranial remodeling during halibut metamorphosis as indicated by tissue- and stage-specific receptor gene expression and the presence of growth hormone receptor protein. Cell Tiss Res, 332: 211-225

Inui Y, Miwa S. 1985. Thyroid hormone induces metamorphosis of flounder larvae. Gen Comp Endocrinol, 60: 450-454

Jones JI, Clemmons DR. 1995. Insulin-like growth factors and their binding proteins: biological actions. Endocrinol Rev, 16: 3-34

Kiron V. 2012. Fish immune system and its nutritional modulation for preventive health care. Anim Feed Sci Technol, 173: 111-133

Laudet V. 2011. The origins and evolution of vertebrate metamorphosis. Curr Biol, 21: 726-737

Li J, Liang XF, Tan QS, et al. 2014. Effects of vitamin E on growth performance and antioxidant status in juvenile grass carp *Ctenopharyngodon idellus*. Aquaculture, 430: 21-27

Li X, Chi L, Tian HQ, et al. 2016. Colour preferences of juvenile turbot (*Scophthalmus maximus*). Physiol Behav, 156: 64-70

Lupu F, Terwilliger JD, Lee K, et al. 2001. Roles of growth hormone and insulin-like growth factor 1 in mouse postnatal growth. Dev Biol, 229: 141-162

Manchado M, Infante C, Rebordinos L, et al. 2009. Molecular characterization, gene expression and transcriptional regulation of thyroid hormone receptors in *Senegalese sole*. Gen Comp Endocrinol, 160: 139-147

McMenamin SK, Parichy DM. 2013. Metamorphosis in teleosts. Curr Top Dev Biol, 103: 127-165

Meng Z, Hu P, Lei JL, et al. 2016. Expression of insulin-like growth factors at mRNA levels during the metamorphic development of turbot (*Scophthalmus maximus*). Gen Comp Endocrinol, 235: 11-17

Montero D, Tort L, Robaina L, et al. 2001. Low vitamin E in diet reduces stress resistance of gilthead seabream (*Sparus aurata* L.) juveniles. Fish Shell Immunol, 11: 473-490

Nissling A, Florin AB, Thorsen A, et al. 2013. Egg production of turbot, *Scophthalmus maximus*, in the Baltic Sea. J Sea Res, 84: 77-86

Okada N, Takagi Y, Seikai T, et al. 2001. Asymmetrical development of bones and soft tissues during eye migration of metamorphosing Japanese flounder, *Paralichthys olivaceus*. Cell Tiss Res, 304(1): 59-66

Oliva-Teles A. 2012. Nutrition and health of aquaculture fish. J Fish Dis, 35: 83-108

Pearce J, Harris JE, Davies SJ. 2003. The effect of vitamin E on the serum complement activity of the rainbow trout, *Oncorhynchus mykiss* (Walbaum). Aquac Nutr, 9: 337-340

Peng S, Chen L, Qin JG, et al. 2009. Effects of dietary vitamin E supplementation on growth performance, lipid peroxidation and tissue fatty acid composition of black sea bream (*Acanthopagrus schlegeli*) fed oxidized fish oil. Aquac Nutr, 15: 329-337

Pohlenz C, Gatlin DM. 2014. Interrelationships between fish nutrition and health. Aquaculture, 431: 111-117

Powell-Braxton L, Hollingshead P, Warburton C, et al. 1993. IGF-Ⅰ is required for normal embryonic growth in mice. Genes Dev, 7: 2609-2617

Power D, Einarsdottir I, Pittman K, et al. 2008. The molecular and endocrine basis of flatfish metamorphosis. Rev Fish Sci, 16: 93-109

Puangkaew J, Kiron V, Somamoto T, et al. 2004. Nonspecific immune response of rainbow trout (*Oncorhynchus mykiss* Walbaum) in relation to different status of vitamin E and highly unsaturated fatty acids. Fish Shell Immunol, 16: 25-39

Regost C, Arzel J, Cardinal M, et al. 2001. Dietary lipid level, hepatic lipogenesis and flesh quality in turbot (*Psetta maxima*). Aquaculture, 193: 291-309

Reindl KM, Sheridan MA. 2012. Peripheral regulation of the growth hormone insulin like growth factor system in fish and other vertebrates. Comp Biochem Physiol A, 163: 231-245

Reinecke M, Bjornsson BT, Dickhoff WW, et al. 2005. Growth hormone and insulin-like growth factors in fish: where we are and where to go. Gen Comp Endocrinol, 142: 20-24

Ruff N, Fitzgerald RD, Cross TF, et al. 2003. The effect of dietary vitamin E and C level on market-size turbot (*Scophthalmus maximus*) fillet quality. Aquac Nutr, 9: 91-103

Saurabh S, Sahoo PK. 2008. Lysozyme: and important defence molecule of fish innate immune system. Aquac Res, 39: 223-239

Schmid AC, Lutz I, Kloas W, et al. 2003. Thyroid hormone stimulates hepatic IGF-Ⅰ mRNA expression in a bony fish, the tilapia *Oreochromis mossambicus, in vitro* and *in vivo*. Gen Comp Endocrinol, 130: 129-134

Schreiber AM. 2006. Asymmetric craniofacial remodeling and lateralized behavior in larval flatfish. J Exp Biol, 209: 610-621

Schreiber AM. 2013. Flatfish: an asymmetric perspective on metamorphosis. Curr Top Dev Biol, 103: 167-194

Wang DS, Jiao B, Hu C, et al. 2008. Discovery of a gonad specific IGF subtype in teleost. Biochem Biophys Res Commun, 367: 336-341

Wang L, Shao YY, Ballock RT. 2010. Thyroid hormone-mediated growth and differentiation of growth plate chondrocytes involves IGF-Ⅰmodulation of b-catenin signaling. J Bone Min Res, 5: 1138-1146

Wang Y, Zhang S. 2011. Expression and regulation by thyroid hormone (TH) of zebrafish IGF-Ⅰ gene and amphioxus IGFl gene with implication of the origin of TH/IGF signaling pathway. Comp Biochem Physiol A, 160: 474-479

Wang ZL, Mai KS, Liufu ZG, et al. 2006. Effect of high dietary intakes of vitamin E and *n*-3 HUFA on immune responses and resistance to *Edwardsiella tarda* challenge in Japanese flounder (*Paralichthys olivaceus* Temminck and Schlegel). Aquacult Res, 37: 681-692

Wen HS, Qi Q, Hu J, et al. 2015. Expression analysis of the insulin-like growth factors Ⅰ and Ⅱ during embryonic and early larval development of turbot (*Scophthalmus maximus*). J Ocean Univ China, 14: 309-316

Wood AW, Duan C, Bern HA. 2005. Insulin-like growth factor signaling in fish. Int Rev Cytol, 243: 215-285

Yamano K, Miwa S. 1998. Differential gene expression of thyroid hormone receptor alpha and beta in fish development. Gen Comp Endocrinol, 109: 75-85

Zhang JL, Shi ZY, Cheng Q, et al. 2011. Expression of insulin-like growth factor Ⅰ receptors at mRNA and protein levels during metamorphosis of Japanese flounder (*Paralichthys olivaceus*). Gen Comp Endocrinol, 173(1): 78-85

Zhu LY, Nie L, Zhu G, et al. 2013. Advances in research of fish immune-relevant genes: a comparative overview of innate and adaptive immunity in teleosts. Dev Comp Immunol, 39: 39-62

Zou S, Kamei H, Modi Z, et al. 2009. Zebrafish IGF genes: gene duplication, conservation and divergence, and novel roles in midline and notochord development. PLoS One 9, e7026

第三章　大菱鲆生殖生理学特性

生物通过生殖实现亲代与后代个体之间生命的延续，遗传信息决定了后代延承亲代的特征，但遗传必须通过生殖实现。从生理学角度来看，生殖是生物体基本特征之一，物种的延续必须依赖于生殖。亲代遗传信息在生殖传递过程中，通过变异与环境的选择相互作用，在保证物种稳定遗传基础上不断发生进化，因此生殖本身除了是生物由一代延续到下一代的重要生命现象外，与遗传进化，甚至生命起源的问题紧密相关。生殖生物学是研究与生物生殖相关的各个层次的结构、功能、行为及其与周围环境关系的学科，包括生殖轴调控，功能性细胞间旁分泌和自分泌调控及相关信号转导通路，生殖细胞的发育、成熟、排放，胚胎发育和性别决定的分子基础及相关调控机制。鱼类生殖生物学作为一门系统学科，主要研究鱼类性腺结构及发育规律、生殖生理和内分泌调控机制、外源性环境因子与生殖调控关系等。

第一节　生殖方式和生殖周期

一、鱼类生殖概述

迄今为止，已知有超过 2 万种鱼类生活在江河、湖泊、港湾和海洋等不同类型的水域之中，它们都是在水体中以有性生殖方式繁衍后代的水生动物。有性生殖是指亲本通过减数分裂形成雌性配子和雄性配子，雌雄配子受精后形成合子，随后合子分裂、分化而发育成为新的个体，这是最重要、最常见的生殖方式。鱼类的繁殖是一个复杂的生命活动过程，从仔幼鱼期开始伴随着生长、发育，由性腺的未成熟阶段达性腺成熟阶段称为性成熟。当鱼类性成熟、第一次产卵或排精后，性腺发育会随着季节的推移发生周期性变化，称为性周期，鱼类因种属差异，每年性周期都不尽相同。

鱼类种属多样性和生态环境特异性决定了其生殖方式的多样性，经过世代遗传和环境选择，鱼类形成了各自的性腺发育规律和相对固定的生殖方式。有的鱼类，如日本鳗鲡，在淡水中生长，但到繁殖时则要降海进行长距离洄游，至波涛汹涌的大海深处产卵；而另一些鱼类，如鲑鳟鱼类，生活于大海中，在繁殖时却要历尽千辛万苦溯河洄游到江河上游（甚至小溪）中产卵繁衍后代；还有一些鱼类，如赤点石斑鱼，雌雄同体，雌性先熟，异体受精，而黑鲷属于雌雄同体，但是雄性先熟，性成熟后，精巢逐渐萎缩，卵巢逐渐发育，表现为雌性，异体受精；

也有少数鱼类是雌雄同体，精巢和卵巢同时发育，同时成熟，而且能够发生自体受精（林浩然，2011；雷霁霖，2005）。鱼类在生殖方式上也有很大不同，如有卵生、卵胎生和胎生之别，但绝大多数鱼类为卵生。鱼类的受精大多数是在体外进行，但也有一些种类在雌鱼体内受精。

鱼类的有性繁殖是其生活史中一个重要环节，与其他生命环节一起保证了鱼类种族的繁衍与发展。尽管鱼类的种类繁多，栖息环境多样，生殖方式各有不同，每种鱼都有其独特的繁殖特性，但是它们的繁殖基本原理是相似的。同陆生的脊椎动物类似，其生殖调控主要通过下丘脑–垂体–性腺轴来实现，但是由于鱼类特殊的水生生态环境，其生殖活动又受到外界环境影响。鱼类的感觉器官可以将外界环境刺激（光照、温度、水流等）传送到脑，使下丘脑分泌促性腺激素而激发脑垂体分泌促性腺激素，它作用于性腺并促进性腺分泌性类固醇激素，进而调控性腺发育成熟（林浩然，2011）。因此，鱼类繁殖主要受到光周期和温度的季节变化调节，感觉器官受体接受光照、温度等环境信息后，通过神经传导到达中枢神经的脑部，在下丘脑转化为激素调控，通过促性腺激素释放激素促使脑垂体分泌促性腺激素，进而作用于性腺，同性腺生殖体细胞表面特异性受体结合后，启动细胞内信号转导，促进细胞增殖、分化、凋亡，进而影响性腺的发育成熟，下丘脑–垂体–性腺轴构成鱼类整个繁殖内分泌调控的核心，与生殖调控密切相关。

二、大菱鲆生殖方式

鱼类生殖方式多种多样，大多数鱼类在其一生中可繁殖多次，但也有些鱼类一生只繁殖一次，产卵后就死亡。根据鱼卵的卵质密度、卵膜性质不同和黏性强弱等特性，将鱼卵划分为浮性卵、黏性卵、沉性卵和漂浮卵。大菱鲆属于雌雄异体鱼类，体表缺乏第二性征，雌性和雄性终生保持着明显不同的性别，在整个生命周期中不存在性别转换和反转现象，雌雄区别主要通过周期性性腺发育过程逐步显现出来，一般雌性个体较大，产卵前身体的肥满度增大，卵巢部位明显突出于体表，头部较圆钝；雄性个体相对较小，成熟期身体的肥满度一般，性腺部位不突出，头部相对较尖。作为一种底栖型海水鱼类，在自然条件下其繁殖产卵行为尚不明确，在人工养殖条件下，雌雄亲鱼在繁殖季节不能自发排卵受精，需要采取人工挤卵、体外受精方式来完成苗种培育。大菱鲆人工养殖条件下 2 年即可性成熟，但是年龄偏低和个体偏小的首次性成熟的雌鱼，其产卵的数量和质量都不会理想，雄性成熟较早，腹部不突出；雌性成熟较晚，腹部隆起随着卵巢的发育而不断膨大，一年一个繁殖周期，在同一个繁殖周期内可分批产卵，每次产卵 8 万~10 万粒，卵排出后可浮于水面，属于典型浮性卵。在人工养殖条件下，性成熟的雌雄亲鱼无明显的副性征和生殖行为，至今尚未发现雌雄亲鱼追逐交配、自然排卵受精的现象，所以人工采卵受精仍是当前大菱鲆人工繁殖育苗过程中一种常规操作手段。在大菱鲆人工繁育过程中，常采用激素诱导方法对大菱鲆雌性亲鱼进行催熟和催产，以保证同期产卵受精，产卵量与性成熟雌性亲鱼个体大小密切相关，平均每千克体质量可产卵 80 万~100 万粒。

三、大菱鲆生殖周期

鱼类生殖活动基本上都遵循季节性变动，产卵时间依据所处生态环境和经纬度不同而有所差异。一般而言，温带的鱼类在春、夏季节产卵，冷水性鲑鳟鱼类在秋季产卵，热带地区鱼类则多是在雨季产卵，鱼类生殖周期的精确时间性确保了其种族繁衍更替。大菱鲆在自然条件下，繁殖季节在 5~8 月，作为深水底栖型鱼类，对其自然繁殖习性了解不多，人工尚难模拟。一般而言，大菱鲆亲鱼在全人工光、温调控条件下可实现一年多批次产卵育苗目的。在大菱鲆亲鱼培育期间，光照时间可由短光照向长光照过渡，并配合水温控制进行连续调控，即可达到分期分批成熟和产卵的效果。4 龄大菱鲆雌性亲鱼（4.11kg±0.09kg）于繁殖产卵期在不利用激素催产情况下可平均排卵 9~12 次，排卵频率为 70~90h，同时大菱鲆雌性亲鱼排卵节律受到光照、温度和营养因子的控制。根据其排卵频率将其繁殖周期划分为初期、中期和晚期三个阶段，初期为 1~2 周，产卵量少，卵质较差；中期为 4 周左右，产卵量大，卵质佳；晚期 2~3 周，产卵量减少，白浊卵增多，卵质下降。进入繁殖产卵期后，雌雄亲鱼摄食量明显减少，活动减弱，在经过激素人工诱导同批产卵、完成周期性繁殖活动后，雌雄亲鱼繁殖活性明显降低，此时需要将其转移到另外的养殖池中休养，隔季使用。

大菱鲆亲鱼为连续多批次产卵鱼类，在其生殖周期内，饲料营养对亲鱼产卵的影响很大，饲料中营养组分变化会随时影响到卵子构成。为促进雌雄亲鱼的性腺发育和精卵细胞的连续成熟，在生殖周期内稳定获得优质、量大的精子和卵子进行人工授精，所以从亲鱼培育开始，就必须特别重视有利于性腺发育的营养强化。通过优质饲料的强化饲育，促进亲鱼积极摄食，提高摄食总量，积累自身营养，最终达到肥育和顺利产卵的效果。为此，在培育期间应当尽早投喂含高蛋白质、高度不饱和脂肪酸的饲料，并适量添加维生素 E、维生素 C 及其他微量元素等物质。

第二节　性别决定和性别分化

性别决定（sex determination）和性别分化（sex differentiation）是生物发育的重要环节，两者既相互联系又有所区别。性别决定是确定性别分化方向的方式，其物质基础是受精卵的染色体组成。性别分化则是指具有双向分化潜力的原始性腺经过程序性发生的一系列事件发育成精巢或卵巢的过程，分化方向受遗传和环境因素的综合调控。

鱼类生态类型繁多，作为低等的变温脊椎动物，处于脊椎动物进化承前启后的关键地位，性别决定机制原始、多样、易变，受染色体、内分泌及环境三方面因素综合调控的性别分化，诚然也类型多样（Penman and Piferrer，2008；Piferrer and Guiguen，2008），大多数是雌雄异体的，还有一部分是雌雄同体的，有些生活史中还存在性反转。因此，对鱼类性别决定机制和性别分化的研究是对脊椎动物性别决定机制及其演化的重要补充，同时可实现人为的鱼类性别控制以提高养殖经济效益，对生命科学的基础理论研究和鱼类人工养殖业的发展都具有重要意义。

总体上，鱼类性别决定机制包括遗传型性别决定（genetic sex determination，GSD）和环境型性别决定（environmental sex determination，ESD）（Devlin and Nagahama，2002；Oldfield，2005；王德寿和吴天利，2000），前者胚胎性别主要是由性染色体或者染色体上的性别决定基因（主效基因或多基因）决定；后者胚胎性别除受遗传因素影响外，尚受环境因素如鱼类行为、水温、pH 和光照等影响（Baroiller et al.，2009），其中温度依赖型性别决定（temperature-dependent sex determination，TSD）机制在多种雌雄异体鱼类普遍存在。

尽管温度能影响多种鱼类的性别分化方向，但迄今为止，在自然界中仅有原银汉鱼属（*Menidia*）的大西洋美洲原银汉鱼（*M. menidia*）和潮间美洲原银汉鱼（*M. peninsulae*）（Conover and Kynard，1981；Lagomarsino and Conover，1993）两物种存在明显的温度依赖型性别决定（TSD）机制。对于其他存在 TSD 机制的鱼类，尚不能明确该性别决定机制是否为其生活史的一部分，还是仅仅发生在人工或者试验条件下，如极端高温/低温或者恒温条件下可以诱导产生异常的性别比例，而该温度条件在野生种群发育早期或者性腺分化敏感时期并不存在。此外值得注意的是，即使是遗传型性别决定类型比较明确的种类，甚至是具备异型性染色体的种类，温度仍能影响其性别分化，甚至超过基因型的作用（GSD 或者 GSD+温室效应）。因此，对于试验物种，正确辨别是否确实存在 ESD/TSD 机制，需要明确该物种自然种群在其性别分化关键时期生活水温的温度变化范围，但这对于全年产卵或者产卵期较长的鱼类来说很难确定，对于分布范围广泛的海水鱼类显得尤为困难；另外，在人工试验条件下需要精确地模拟自然界生活水温的变化。然而，多数种类性别分化关键时期并不明确，其性别决定机制仍需要采用不同的温度进行检验，以排除 ESD/TSD 机制的存在。

鱼类的温度依赖型性别决定机制，尽管被认为是生态学或者进化理论的概念（Ospina-Álvarez and Piferrer，2008），但对于揭示脊椎动物性别决定的进化和调节机制具有十分重要的理论意义，对于水产养殖业则具有重要的应用价值，通过调节温度、温度处理起始时间和持续时间与苗种性别比例间的关系，有望获得表型为全雌/全雄群体及性反转个体，实现单性苗种的培育。鲆鲽类作为重要的海水鱼类养殖对象，多数品种表现出典型的雌性生长优势，因此对其性别决定机制及性别分化影响因素的研究成为热点。

一、鲆鲽类性别决定机制

1. 鲆鲽类性别决定的遗传学基础

普遍认为雌雄异体硬骨鱼类以遗传型性别决定机制为主，而环境因素或性别相关微效多基因通过改变性腺分化方向来影响子代性别。雌核发育诱导技术有助于明确雌雄异体硬骨鱼类性别决定的染色体类型，通过雌核发育子代苗种的性别比例可以揭示母本为同配型（XX 型，子代 100%雌性）还是异配型（ZW 型，子代 50%雌性或者 0%雌性），对于子代苗种性别比例出现波动的结果，则说明 ESD 机制或者微效多基因作用的存在。

通过雌核发育人工诱导技术，现已明确黄盖鲽（*Limanda yokohamae*）（Kakimoto et al.，1994）、褐牙鲆（*Paralichthys olivaceus*）（Yamamoto，1999）、大西洋庸鲽（*Hippoglossus hippoglossus*）（Tvedt et al.，2006）和半滑舌鳎（*Cynoglossus semilaevis*）（Chen et al.，2009）的染色体性别决定类型。但由于环境因素或者性别相关微效多基因的影响，雌核发育诱导子代苗种的性别比例往往呈现较大的波动，不同的研究者或者不同的试验条件得到不同性别比例的子代苗种，制约了对鲆鲽类其他品种染色体性别决定类型的研究（表 3-1）。

表 3-1　鲆鲽类性别决定机制及环境因素对性别分化的影响（Luckenbach et al.，2009）

品种	学名	环境影响	遗传类型
褐牙鲆	*Paralichthys olivaceus*	WT	XX-XY
漠斑牙鲆	*Paralichthys lethostigma*	WT，TC，LI	XX-XY[b]
大西洋牙鲆	*Paralichthys dentatus*	WT	未定
大西洋庸鲽	*Hippoglossus hippoglossus*	nt	XX-XY
黄盖鲽	*Limanda yokohamae*	WT	XX-XY
欧鲽	*Pleuronectes platessa*	na[a]	na
美洲拟鲽	*Pseudopleuronectes americanus*	na[a]	na
条斑星鲽	*Verasper moseri*	WT	XX-XY[b]
大菱鲆	*Scophthalmus maximus*	na	未定
欧鳎	*Solea solea*	na	未定
半滑舌鳎	*Cynoglossus semilaevis*	WT	ZW-ZZ

注：WT. 水温；TC. 池壁颜色；LI. 光照强度；nt. 温度无影响；na. 未描述；a 表示养殖群体性别失衡；b 表示推测结果

2. 温度对鲆鲽类性别决定的影响

温度对鱼类性别决定的影响主要有 3 种类型（图 3-1），鲆鲽类不同品种也呈现不同的表现形式。

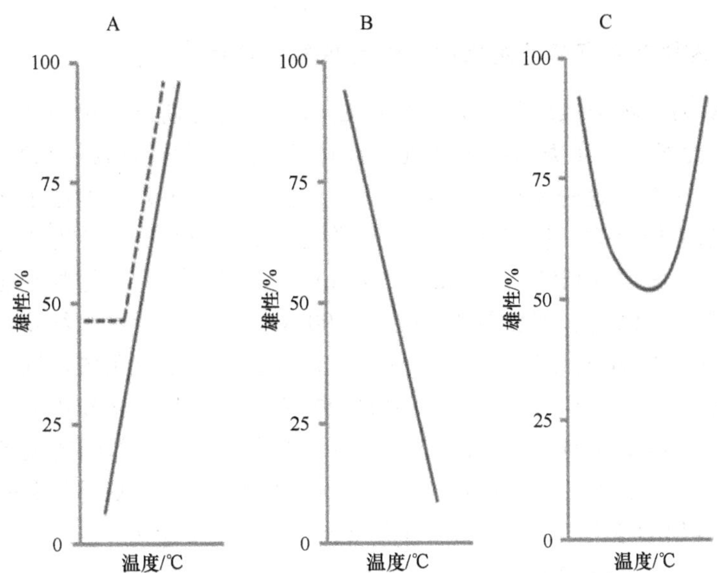

图 3-1　鱼类温度依赖型性别决定方式（摘自 Ospina-Álvarez and Piferrer，2008）

牙鲆属的褐牙鲆（Yamamoto，1999）和漠斑牙鲆（*Paralichthys lethostigma*）（Luckenbach et al.，2003）呈现典型的图 3-1C 的 TSD 机制，高温（27.5℃和 28℃）诱导的雄性化效果好于低温（15℃和 18℃）诱导。无论在何种温度下，褐牙鲆和漠斑牙鲆普通二倍体群体的雌性比例均不高于 50%，也暗示遗传型雄鱼（XY♂）的性别决定不受温度影响，性腺均分化为雄性，相反，遗传型雌鱼（XX♀）则受温度影响，可发生性反转呈现生理型雄鱼（XX♂）。

鲽科的条斑星鲽（Goto et al.，1999）和黄盖鲽（Goto et al.，2000）在试验温度范围内表现为图 3-1A 的 TSD 机制。条斑星鲽苗种孵化后 34~95 日龄，在 14℃培养条件下苗种性别比例为 50%♀∶50%♂，在 18℃培养条件下则获得 100%的雄性群体。黄盖鲽苗种始终维持在（15±2）℃的条件下，获得性比为 1∶1 的群体，而在平均全长为 25mm（受精后 115 日龄）时将温度升高至 25℃，获得 82.1%的雄性群体。条斑星鲽和黄盖鲽都仅进行了高温诱导试验，而低温对其性别决定的影响并未进行研究。

鲆鲽类中尚有一些品种在试验温度范围内并未出现性别比例的偏差（性别均为 1∶1），如大菱鲆孵化后 35~100 日龄时，在 15℃、17℃和 24℃培养条件下各温度组性别比例均未表现出明显的差异（Haffray et al.，2009）；大西洋庸鲽平均全长 21~80mm 时，在 7℃、12℃和 15℃试验条件下性比均未偏离 1∶1（Hughes et al.，2008）。暗示二者性别决定机制均以 GSD 机制为主，但温度处理起始时间和更高的温度处理条件对其性别分化的影响尚需进一步研究，以明确温度是否影响其性别决定。

3. 自然种群分布纬度变化对鲆鲽类性别决定的影响

通常认为具环境依赖型性别决定机制的鱼类其性别决定相关基因由微效多基因组成，而对大西洋美洲原银汉鱼的研究表明，温度对新斯科舍（Nova Scotia）自然种群的性别决定基本没有影响，该种群性别决定主效基因在子代中的分离符合孟德尔遗传定律，说明新斯科舍种群主要表现为遗传型性别决定机制；高温（21℃）对南卡罗来纳州（South Carolina）种群的性别决定影响显著，24 个家系均获得较高比例的雄性群体（接近 100%），说明南卡罗来纳州种群主要表现为典型的图 3-1A 的 TSD 机制。因此，大西洋美洲原银汉鱼的性别决定受性别决定主效基因、微效多基因和温度的协同调控，而 3 种因素作用的大小则受自然种群分布纬度的影响，高纬度种群主要受性别决定主效基因的调控，而其他因素影响较小，呈现典型的 GSD 机制；低纬度种群则由于缺乏相关基因的调控而呈现 TSD/ESD 机制（Conover and Kynard，1981；Lagomarsino and Conover，1993）。此外已有研究表明，自然种群分布在中纬度的鱼类，其性别决定机制较为复杂，既表现出 GSD 机制，其子代性别比例又受温度的影响（Lagomarsino and Conover，1993）。

鲆鲽类中大西洋庸鲽是分布纬度最高的品种，该品种性别决定机制以 GSD 机制为主，受温度影响较小。条斑星鲽主要分布于日本茨城县以北到鄂霍茨克海以南海域，受冷气流的影响较大；褐牙鲆主要分布于北太平洋西部，中国黄海和渤海产量较多；漠斑牙鲆则主要分布于美国北卡罗来纳州至佛罗里达州南部海湾，这 3 个物种呈现典型的温度依赖型性别决定机制。鲆鲽类伪雄鱼诱导温度也受分布纬度的影响，相对较低的温度（18℃）即可诱导获得条斑星鲽全雄群体，而较高的温度（28℃）才能诱导获得雄性比例达 96%的漠斑牙鲆群体。不同地理种群的褐牙鲆在同样温度下性别比例有较大偏差（Yamamoto，1999），暗示该品种性别决定可能存在可遗传的温度敏感机制。上述结果表明，鲆鲽类 TSD 机制与自然种群的分布纬度密切相关，因此，开展温度对不同分布纬度自然种群性别决定影响的研究，将有助于揭示鲆鲽类不同品种间或者同一品种不同地理种群的性别决定机制的差异。

4. 生长速度对鲆鲽类性别决定的影响

具 TSD 机制的大西洋银汉鱼低纬度种群繁殖季节早期孵化的仔鱼往往表现为雌性，繁殖季节晚期孵化的仔鱼则表现为雄性。繁殖季节早期孵化的仔鱼由于生长周期较长，个体较大，因此表现为雌性，被认为是其对栖息环境的一种重要的适应机制(Lagomarsino and Conover, 1993)。对于 TSD 机制的适应意义，Charnov 和 Bull 提出了“ESD 机制假说”，认为如果某物种早期发育阶段的环境变化会影响其生长潜能的发挥，个体对环境变化的适合度又呈现性别间差异的话，个体通过改变性腺分化方向发挥最大的生长潜能，以适应环境变化（Charnov and Bull，1977），揭示生长速度同样影响鱼类性别决定。

漠斑牙鲆 TSD 机制的试验温度范围代表了其野生种群早期发育阶段所经历的温度（18~28℃），结果表明温度不仅对鱼类性别决定有影响，还影响其生长，生长速度与性别决定之间表现出一定的关联性。漠斑牙鲆在 23℃培养条件下苗种生长速度最快，同时最早发生性别分化，至孵化后 245 日龄，苗种的平均体质量(71.36g±3.92g)、全长（176.47mm±3.28mm）均显著高于 18℃（158.38mm±3.74mm 和 47.08g±2.70g）和 28℃（125.83mm±3.74mm 和 28.21g±2.44g）培养条件下。23℃培养条件下，苗种雌性比例接近 50%，而 28℃高温和 18℃低温条件下，苗种雌性比例分别仅有 4% 和 22%，说明漠斑牙鲆生长速度与性别决定间存在相关性（Luckenbach et al.，2003）。同多数鲆鲽类一样，漠斑牙鲆雌性成体大于雄性成体，生长速度较快的温度条件下雌性比例最高，而生长速度较慢的温度条件下获得高比例的雄性群体，漠斑牙鲆 TSD 机制的适应意义验证了 Charnov 和 Bull 的假说。此外，同一温度条件下，雌性、雄性漠斑牙鲆在试验周期内并未表现出显著的生长差异，大西洋银汉鱼的研究也表明雌性性别决定温度条件下群体生长速度快且雌雄性别间未表现出显著的生长差异，在其他鱼类也存在该现象（Lawrence et al.，2008；Piferrer et al.，2005）。由此推测生长速度也可以决定鱼类性别分化方向，从而提出了“生长依赖型性别分化（growth-dependent sex differentiation）”学说（Kraak and De Looze，1992），但该学说尚缺乏直接的试验结果支撑。

胰岛素样生长因子（insulin-like growth factor，IGF）是联系生长轴和生殖轴的关键因子，既调控身体的生长，又调控性腺的发育（Reinecke，2010；Wang et al.，2008；杨慧荣等，2013）。其基因表达水平的变化可作为鱼类生长状态和性腺分化的标记，用于研究鱼类 ESD 机制的适应意义（Berishvili et al.，2006）。漠斑牙鲆的研究表明，Igf1 在不同温度及营养状态下的表达水平变化反映了其生长速度的差异，高温（28℃）降低了血浆 Igf1 蛋白浓度和肌肉 igf1 mRNA 的表达，同时群体生长速度也低于 23℃培养条件下（Aiko，2004；Luckenbach et al.，2007）。因此，研究鱼类 IGF 及生长激素受体（growth hormone receptor，GHR）对其性别决定的影响，将有助于揭示内分泌–生长轴在环境依赖型性别决定机制鱼类中的作用机制，进而阐明生长速度与性别决定间的相互关系。

5. 性别分化和性别决定基因

鲆鲽类作为重要的海水鱼类养殖对象，明确其性别决定机制及性别分化的影响因素将为单性苗种培育奠定基础，具有重要的应用前景。鲆鲽类性别决定机制形式多样，同时受遗传因素和多种环境因素共同调控（Luckenbach et al.，2009；Shao et al.，2009；Turner，2008；邓思平等，2007），但各种环境因素影响性别分化的分子调控机制仍未明确。褐牙鲆和漠斑牙鲆的研究表明，卵巢性芳香化酶基因（*cyp19a1a*）是性别分化的关键控制基因（Kitano et al.，1999，2000；Luckenbach et al.，2005），抑制其表达可诱导性反转，温度或其他环境因子通过影响 *cyp19a1a*、*foxl2*、*fshr* 基因表达水平的变化来影响性别分化方向；牙鲆体外卵巢组织培养研究发现，高温诱导 XX 牙鲆性反转过程中性腺内维 A 酸（retinoic acid，RA）降解酶 Cyp26b1 表达升高，同时 Cyp19a1a 表达被抑制，减数分裂推迟，表明 Cyp26b1 通过调控减数分裂的启动时间参与性腺分化过程（Yamaguchi and Kitano，2012）；在牙鲆和漠斑牙鲆的研究中，均发现胁迫因子如皮质醇影响其性别分化方向（Turner，2008；Yamaguchi et al.，2010），皮质醇直接抑制 *cyp19a1a* 基因表达，诱导性反转，因此影响性别分化和决定的环境因子均可视为"胁迫因子"，通过一定的机制抑制 *cyp19a1a* 基因表达。为探明环境因子如何调控 P450 酶基因的表达，需要对鲆鲽类 *cyp19* 基因启动子、调控区及其甲基化进行研究。此外，尽管对性腺分化相关基因的时空表达规律进行了广泛研究，但其基因表达的级联调控网络迄今尚未明确，需要借助于基因组学和转录组学进行深入研究。

脊椎动物中，已证实哺乳动物性别决定基因为 *Sry*，鸟类为 *DMRT Ⅰ*，两栖类为 *DM-W*，青鳉作为重要的模式物种，其性别决定机制为 GSD 类型，性别决定基因为 *Dmy*。在鱼类中已发现 4 种性别决定基因，分别为银汉鱼（*Patagonian pejerrey*）*amhy* 基因、吕宋青鳉（*Oryzias luzonensis*）*Gsdf* 基因、红鳍东方鲀（*Takifugu rubripes*）*Amhr2* 基因、虹鳟（*Oncorhynchus mykiss*）*sdY* 基因（Kikuchi and Hamaguchi，2013；Myosho et al.，2012）。鲆鲽类品种中迄今尚未发现性别决定基因，存在异型性染色体的品种如半滑舌鳎，将是开展性别决定基因研究的良好试验材料。此外，鲆鲽类中除半滑舌鳎（Chen et al.，2012，2007，2009）外，其他品种尚未有稳定遗传的性别特异分子标记的报道，制约了雌核发育子代苗种遗传型性别比例的鉴定，无法简单地通过雌核发育的方法明确其性别遗传决定机制。因此，对于鲆鲽类重要养殖品种，尤其是性别决定机制存在争议的品种，如大菱鲆，应尽快开发性别特异分子遗传标记及遗传性别鉴定技术。

二、大菱鲆性腺分化的组织学特征

硬骨鱼类性腺没有双重起源及生活环境的差异，决定了其性别类型多种多样。硬骨鱼类性腺分化有许多类型，根据性腺功能可分为雌雄同体、雌雄异体和性反转 3 种类型。雌雄异体型，指的是个体发育成熟后，仅含有一种类型的性腺（精巢或卵巢），是鱼类中最常见的类型，又可根据早期性腺发育阶段是否形成卵巢状结构，分为雌雄异体直接分化型（直接分化成精巢或卵巢）和雌雄异体间接分化型（未分化性腺先分化成卵巢状结构）；雌雄同体型，指的是个体发育成熟之后，在一个个体中同时具有功能性的精巢和卵巢；性反转类型，指的是个体发育至一定阶段，性腺发生性反转现象。

鱼类的性腺分化一般在细胞学和组织学两个方面进行。细胞学方面，指从原始生殖细胞向卵原细胞和卵母细胞或者精原细胞和精母细胞的减数分裂分化，以及其生殖细胞的早期发生、密度和出现时间，一般认为，细胞学上作为分化标志的是减数分裂的启动，即初级性母细胞的出现。组织学方面，指将性腺的形态作为性腺分化标志，即卵巢腔的形成、输精管的出现、微血管的位置、原始性腺和生殖细胞外部形态差异等。

1. 大菱鲆原始性腺的形成和发育

孵化后 5~10 日龄，仔鱼全长 3.40~6.14mm，在中肾管下方和肠管之间的体腔膜附近观察到原始生殖细胞（primordial germ cell，PGC）（图 3-2A，图 3-2B）。原始生殖细胞呈椭圆形，体积大，长径为 5.1~6.5μm；细胞质呈嗜弱酸性，细胞核大且着色较深，核膜清晰，核仁明显，直径为 2.4~3.3μm。

孵化后 15~20 日龄，稚鱼全长 8.41~14.55mm，生殖嵴发育为原始性腺，并扩大、变长，内含 6~8 个原始生殖细胞和少量的体细胞，原始生殖细胞呈圆形或椭圆形，HE 染色核仁清晰，核质着色程度与细胞质接近，核膜可见，直径 6.7~13.3μm，细胞核直径 5.7~6.7μm（图 3-2C，图 3-2D）。

孵化后 25~30 日龄，稚鱼全长 17.76~24.21mm，原始性腺逐渐扩大、增长，并向体腔下方转移，一端固定于体腔下缘，另一端通过性腺系膜与紧贴肾脏的体腔膜相连。原始性腺中 PGC 数目增多，核仁着色较深，核膜清晰，直径 6.7~15.9μm，细胞核直径 3.8~6.3μm（图 3-2E，图 3-2 F）。

2. 大菱鲆卵巢分化的组织学和细胞学特征

卵巢腔的形成和输精小管的出现分别是大菱鲆卵巢和精巢分化的解剖学证据，而初级性母细胞的出现则是性腺分化的细胞学证据。

孵化后 25~35 日龄，幼鱼全长 17.50~26.07mm，原始性腺体积进一步增大，大菱鲆经过原始性腺时期后（图 3-3A，图 3-3B）进入性分化阶段。全长 30.53mm（40dph）时，性腺中开始出现成簇的 PGC 群，同时靠近腹腔壁一侧下端体细胞开始增殖，向外突出并弯曲与腹腔壁体细胞融合围成一个空腔，形成卵巢腔原基，这是向着卵巢分化的最初标志（图 3-3C）。到全长 37.43mm（45dph）时，形成完整卵巢腔（图 3-3D），同时，卵原细胞开始形成，细胞呈圆形，体积小于原始生殖细胞。随着性腺的不断发育，卵巢腔不断扩大，卵原细胞数目增加，卵巢形成（图 3-3E）。至全长 52.16mm（65dph）时，出现初级卵母细胞，细胞呈卵圆形，体积大于卵原细胞，标志着生殖细胞减数分裂的开始（图 3-3F）。

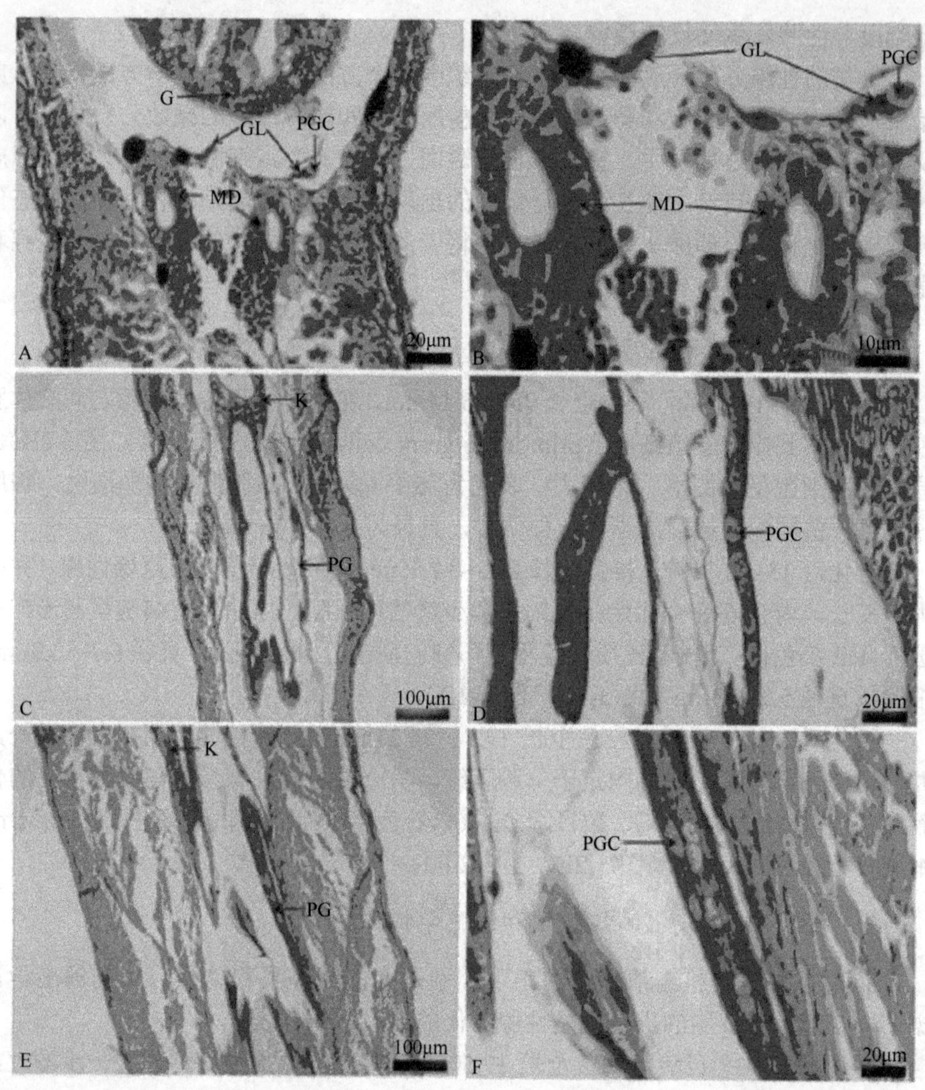

图 3-2 大菱鲆原始性腺的发育（彩图可扫描封底二维码获取）

A. TL（全长）=6.14mm（10dph），横切示生殖嵴（GL）、原始生殖细胞（PGC）、肠（G）和中肾管（MD）；B. TL=6.14mm（10dph），示 A 25 倍放大；C. TL=14.55mm（20dph），横切示原始性腺（PG）和肾脏（K）；D. TL=14.55mm（20dph），示 C 25 倍放大；E. TL=17.76mm（25dph），横切示原始性腺（PG）和肾脏（K）；F. TL=17.76mm（25dph），示 E 25 倍放大

3. 大菱鲆精巢分化的组织学和细胞学特征

孵化后 35~45 日龄，幼鱼全长 25.58~29.34mm，没有形成卵巢腔原基的原始性腺，性腺内细胞数量增多，主要以体细胞为主，原始生殖细胞逐渐转移至性腺边缘位置。大菱鲆幼鱼全长 42.83mm（55dph）时，性腺柄部形成裂缝状的输精小管，原始生殖细胞发育形成精原细胞，精原细胞呈圆形或卵圆形，中央有一个圆

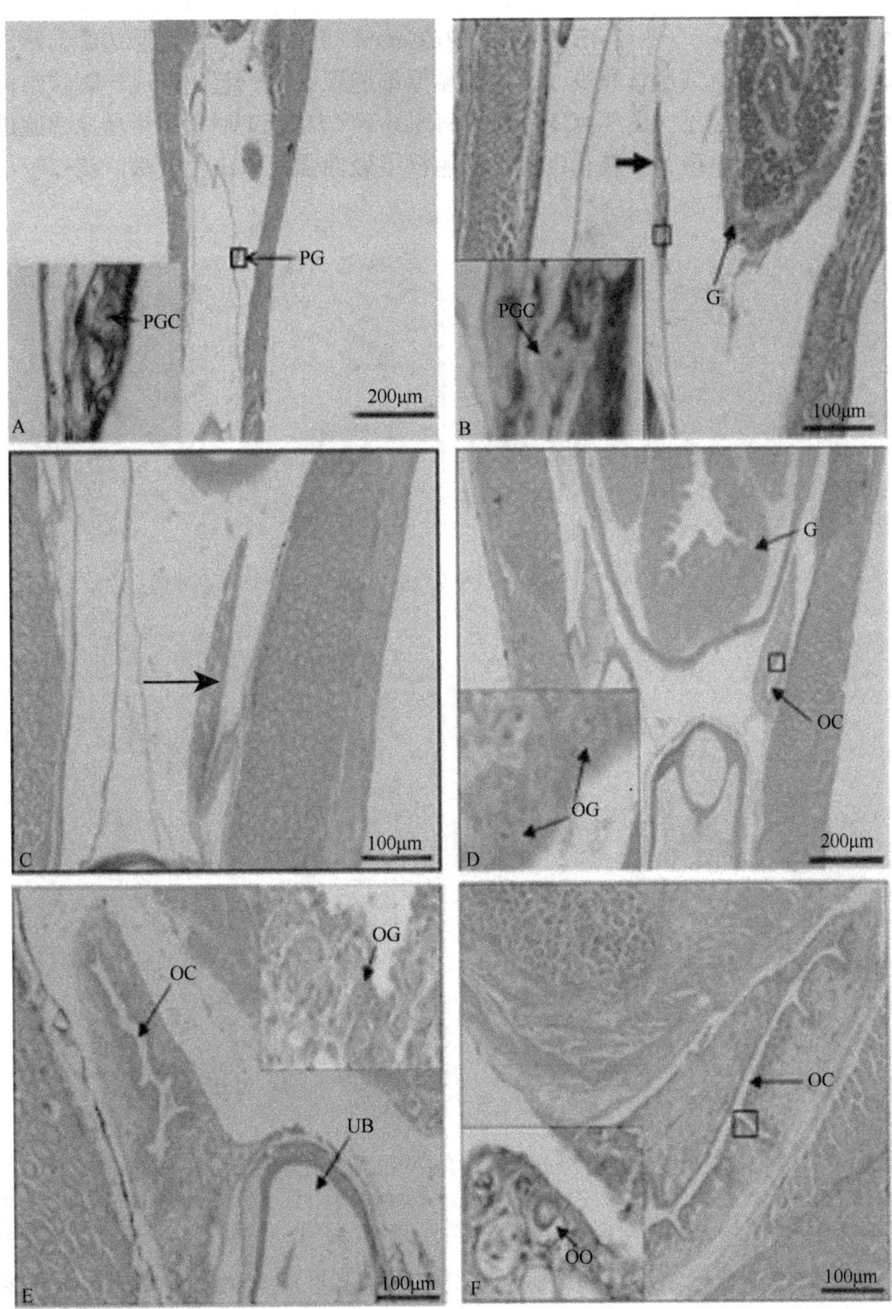

图 3-3　大菱鲆卵巢的分化和发育（彩图可扫描封底二维码获取）

A.TL（全长）=17.50mm（25dph），示原始性腺（PG）和原始生殖细胞（PGC）；B. TL=26.07mm（35dph），示原始性腺（G）和原始生殖细胞（PGC）；C. TL=30.53mm（40dph），示正在形成的卵巢腔；D. TL=37.43mm（45dph），示形成的完整卵巢腔（OC）和卵原细胞（OG）；E. TL=47.23mm（55dph），示卵巢腔（OC）、卵原细胞（OG）和膀胱（UB）；F. TL=52.16mm（65dph），示卵巢腔（OC）和卵母细胞（OO）

形细胞核（图 3-4A，图 3-4B）。全长 50.39mm（65dph）时，性腺边缘的精原细胞数量增加，精原细胞体积变小，同源精原细胞聚集在一起，形成一囊状结构，精小叶结构清晰可见（图 3-4C）。全长 64.52mm（75dph）时，少量精原细胞进入减数分裂时期，出现初级精母细胞，细胞核嗜碱性强，核染色较深，核仁较小不明显（图 3-4D）。

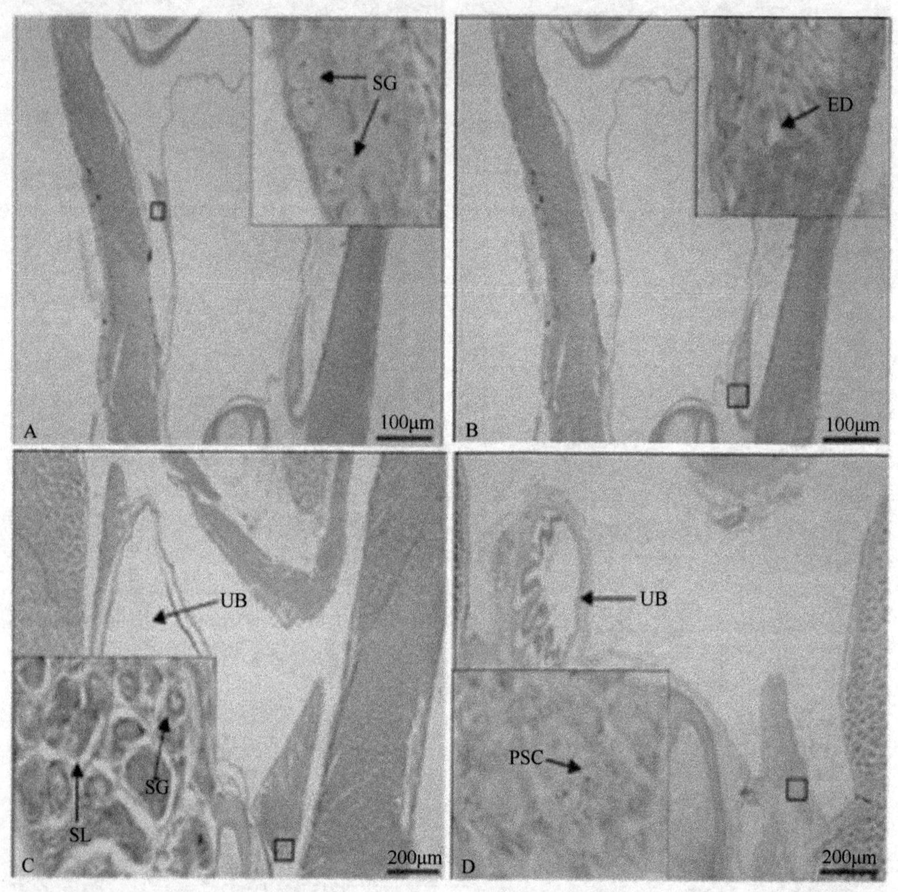

图 3-4　大菱鲆精巢的分化和发育（彩图可扫描封底二维码获取）

A，B. TL（全长）=42.83mm（55dph），示精原细胞（SG）和输精小管（ED）；C. TL=50.39mm（65dph），示精原细胞（SG）、精小叶（SL）和膀胱（UB）；D. TL=64.52mm（75dph），示初级精母细胞（PSC）和膀胱（UB）

大菱鲆性腺分化组织学和细胞学研究表明，其性腺分化属于雌雄异体直接分化类型，且卵巢分化早于精巢，卵巢分化的组织学标志是卵巢腔的形成，最早出现卵巢腔原基的个体全长为 30.53mm（40dph），全长为 37.43mm（45dph）时形成完整的卵巢腔，全长达 52.16mm（65dph）时出现初级卵母细胞；精巢分化的组织学标志是输精管的出现，最早观察到输精管的苗种全长为 42.83mm（55dph），全长达 64.52mm（75dph）时出现初级精母细胞。

大菱鲆性腺发育和分化过程同鲆鲽类多数品种类似，雌性性别分化起始的标志都是卵巢腔的出现，且卵巢的分化早于精巢，如牙鲆性别分化组织学出现时期为全长 27~37mm，生殖细胞减数分裂起始时间分别为全长 69mm（卵母细胞）和 129mm（精母细胞）（Tanaka，1987；Yamamoto，1999）；漠斑牙鲆卵巢分化时期为全长 75~100mm，精巢分化时期为全长约 100mm，生殖细胞减数分裂起始时间为全长约 120mm（Luckenbach et al.，2003）；半滑舌鳎卵巢分化时期为全长 50.4mm，精巢分化时期为全长 62.0mm，生殖细胞减数分裂起始时间为全长 97.5mm（马学坤，2006；马学坤等，2006）；条斑星鲽卵巢分化起始时间为全长 35mm（Goto et al.，1999）；大西洋庸鲽卵巢分化起始时间为全长 38mm（Hendry et al.，2002）。值得注意的是，鱼类性腺分化起始时间与个体大小和日龄有关（Nakamura，2013；Nakamura et al.，1998），而对于分化起始时间较晚的种类，个体大小成为主要的决定因素（Blázquez et al.，1999；Díaz et al.，2011，2013；Luckenbach et al.，2003）。

三、温度对大菱鲆性别决定的影响

随机取来源于同一养殖池的试验苗种（温度 18℃±0.5℃），从 5 个不同规格（平均 TL≈10mm、20mm、30mm、40mm、50mm）起始高温诱导（25℃），对照组（TL≈10mm）始终维持在 18℃培育，每组设 3 个平行样，置于 3 个相邻水槽（图 3-5），90dph（TL＞70mm）时，停止高温诱导，转入自然水温培育（18~21℃），至 180 日龄时，通过解剖观察（大菱鲆卵巢和精巢表型有差异）和组织学切片（对于个体较小、性腺表型差异不明显的个体）相结合的方法，鉴定全部存活苗种性别比例，并统计各组成活率，实际操作如下。

A 组：至 TL=12.30mm±1.45mm（20dph）以 18℃±0.5℃培育至 90dph（TL＞70mm）（下同），起始养殖密度为 90 尾/100L。

B 组：至 TL=12.30mm±1.40mm（20dph）起始高温诱导（25℃±0.5℃），温度在 3 天内由 18℃升至 25℃（下同），起始养殖密度为 90 尾/100L。

C 组：至 TL=20.05mm±1.24mm（28dph）起始高温诱导（25℃±0.5℃），起始养殖密度为 90 尾/100L。

D 组：至 TL=30.11mm±2.15mm（40dph）起始高温诱导（25℃±0.5℃），起始养殖密度为 90 尾/100L。

E 组：至 TL=43.00mm±3.64mm（54dph）起始高温诱导（25℃±0.5℃），起始养殖密度为 80 尾/100L。

F 组：至 TL=51.53mm±2.34mm（65dph）起始高温诱导（25℃±0.5℃），起始养殖密度为 80 尾/100L。

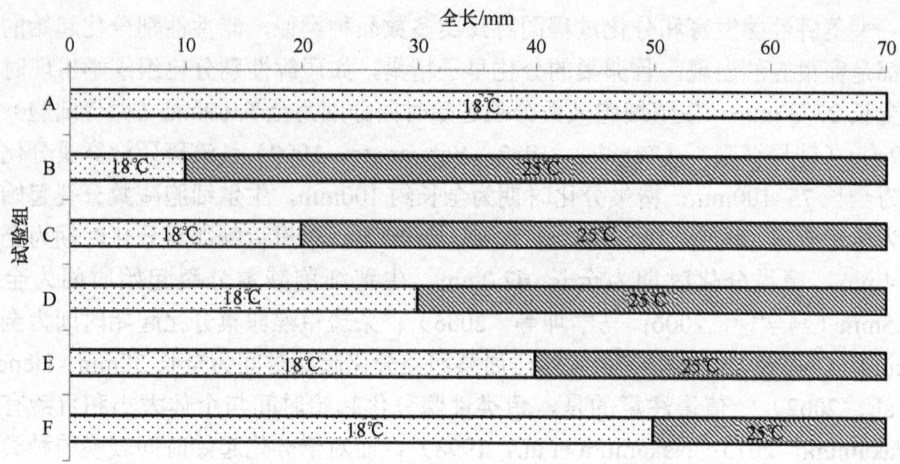

图 3-5 大菱鲆不同规格苗种高温诱导试验设计

温度试验采用小试验系统（水槽容积 100L/个）（图 3-6），由冷暖机调控高、低温两个水源，通过流量计调控进水量，精确控制水槽水温，试验期间每天按时记录各试验组水温值，使水温严格控制在±0.5℃内。

图 3-6 用于温度影响试验的养殖水槽试验系统（彩图可扫描封底二维码获取）

1. 高温对不同初始规格大菱鲆性别分化的影响

对同一批次不同规格的大菱鲆苗种（TL≈10mm、20mm、30mm、40mm、50mm）起始高温诱导（25℃±0.5℃），至 90 日龄（TL＞60mm）时停止高温诱导，对照组则在此期间始终培育在 18℃±0.5℃条件下。试验结果表明（图 3-7），对照组（A 组）雄鱼比例为 46.94%±3.24%，平均全长为 12.30mm±1.45mm（20dph）（B 组）和 20.05mm±1.24mm（28dph）（C 组）起始高温诱导组，雄鱼比例分别为 73.43%±3.88%、

74.40%±6.36%，显著高于其他各试验组（P<0.05），平均全长为 30.11mm±2.15mm（40dph）（D 组）起始高温诱导组，雄鱼比例为 58.18%±1.62%，显著高于对照组（A 组），与 E 组（53.60%±1.60%）、F 组（53.06%±5.25%）间差异不显著（P>0.05），同时后三者间雄性比例无显著性差异（P>0.05）。对各试验组性别比例是否偏离 1∶1 的 χ^2检验表明，B 组、C 组性别比例显著偏离 1∶1（P<0.01），A 组、D 组、E 组和 F 组性别比例均未明显偏离 1∶1（P>0.05）。

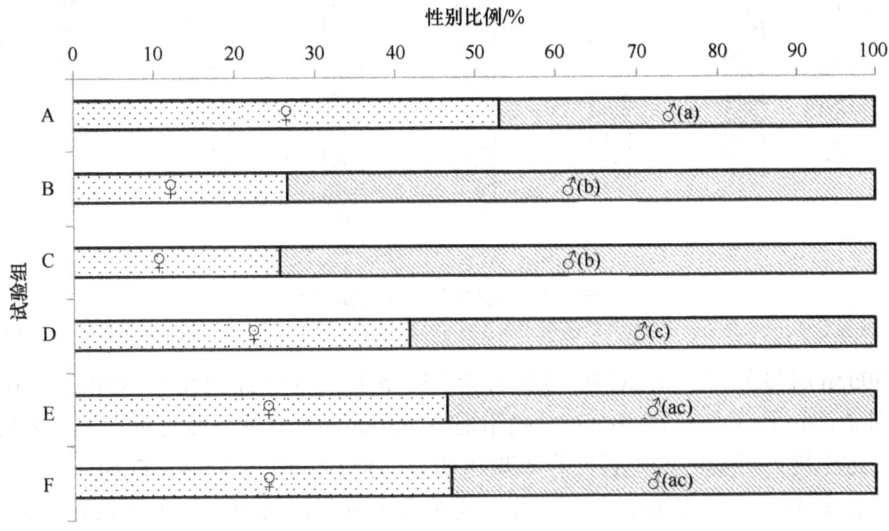

图 3-7　高温对不同初始规格大菱鲆性别分化的影响

图中标有不同小写字母的表示组间差异显著（P<0.05），标有相同小写字母的表示组间差异不显著（P>0.05）

2. 高温对各试验组苗种成活率的影响

各试验组苗种成活率呈现随苗种规格增加而逐渐升高的趋势。统计分析结果表明（图 3-8），对照组（A 组）（63.33%±4.84%）、B 组（64.07%±3.90%）、C 组（66.30%±1.70%）、D 组（75.19%±3.90%）苗种成活率差异不显著（P>0.05）；后两者与 E 组（79.17%±14.22%）间无显著性差异（P>0.05），但显著低于 F 组（91.25%±8.75%）（P<0.05）；E 组与 F 组间无显著差异（P>0.05）。

3. 高温对各试验组苗种生长率的影响

各试验组自起始诱导到诱导结束（90dph）时，每间隔一段时间随机测量 30 尾个体全长，至 150dph 检测性别比例时，测量苗种全长，以观察高温对不同规格初始苗种生长的影响。结果表明（图 3-9），起始规格约为 10mm（B 组）、20mm（C 组）的苗种在早期阶段（60dph 前）高温（25℃）能有效地促进其生长，在后期阶段（60dph 后）对生长表现出明显的抑制作用，具体表现在 B 组苗种平均全长在 30dph、45dph 和 60dph 时均显著高于对照组（A 组，18℃）（P<0.05），C 组则

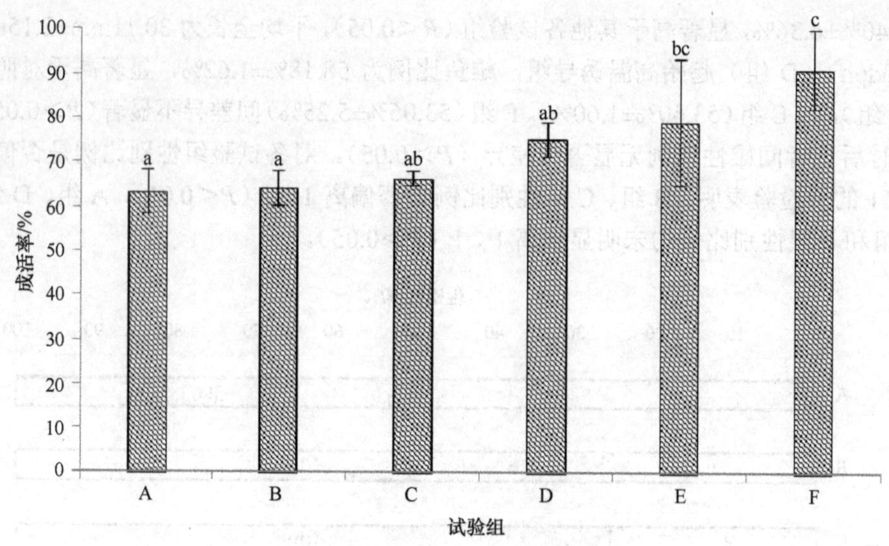

图 3-8　各试验组的苗种成活率

图中标有不同小写字母的表示组间差异显著（$P<0.05$），标有相同小写字母的表示组间差异不显著（$P>0.05$）

在 60dph 时显著高于 A 组（$P<0.05$），至 75dph 时二者与 A 组相当，90dph、150dph 时则显著低于 A 组（$P<0.05$）；起始规格>30mm 的苗种高温对早期生长未表现出促进作用，对其后期生长同样表现出明显的抑制作用，表现在 D 组、E 组和 F 组苗种平均全长在 75dph 前与 A 组均无显著差异（$P>0.05$），在 90dph、150dph 时显著低于 A 组（$P<0.05$）。

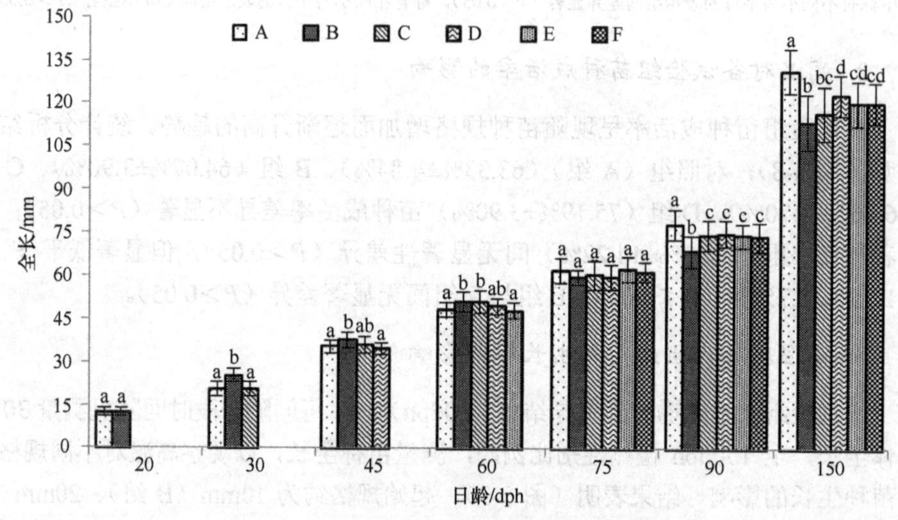

图 3-9　高温对各试验组苗种生长率的影响

图中同一日龄标有不同小写字母的表示组间差异显著（$P<0.05$），标有相同小写字母的表示组间差异不显著（$P>0.05$）

温度对存在 TSD 机制鱼类的性别决定的影响主要取决于起始诱导时间、诱导温度和诱导持续时间 3 个主要因素，鲆鲽类作为重要的海水养殖经济鱼类，多数表现出典型的生长性别差异，成为该领域的研究热点。有研究报道，大菱鲆孵化后 35~100 日龄在 15℃、17℃和 24℃培养条件下，各温度组性别比例大多未表现出明显差异，只有 24℃诱导条件下有 2 组雌性比例显著高于其他组，1 组低于其他组，推测大菱鲆性别决定主要受遗传因素调控，温度对其性别决定无影响或影响较小（Haffray et al.，2009）。其他鲆鲽类品种则大多存在典型的温度依赖型性别决定机制，如高温（27.5℃和 28℃）和低温（15℃和 18℃）能分别诱导牙鲆和漠斑牙鲆获得较高比例的雄性化群体（70%~100%），比较而言，高温诱导的雄性化效果好于低温诱导（Luckenbach et al.，2003；Yamamoto，1999）。条斑星鲽苗种孵化后 34~95 日龄在 18℃培养条件下获得 100%的雄性群体，14℃时性别比例为 1∶1；黄盖鲽苗种始终维持在 15℃±2℃条件下则获得性比为 1∶1 的群体（Goto et al.，1999），而在平均全长为 25mm（受精后 115 日龄）时将温度升高至 25℃获得 82.1%的雄性群体（Goto et al.，2000）。大菱鲆不同规格苗种的高温诱导试验结果同样暗示大菱鲆性别决定受高温影响，尽管各试验组均未获得 100%的雄性群体，25℃培育温度也显著高于其自然生存水温，但对明确大菱鲆性别分化起始时期和性别决定机制具有重要意义。Nakamura 等（Nakamura，2013；Nakamura et al.，1998）认为在诱导雌雄异体鱼类早期性反转的过程中存在一个关键时期，而该时期早于性腺分化组织学标志的出现，高温诱导试验证实高温诱导大菱鲆性反转的关键时期为平均全长 20~30mm（28~40dph）时，恰好早于卵巢腔最早出现时期平均全长 30.53mm（40dph）时，因此，在性别分化的关键时期（TL=20mm）设置多个温度梯度，有助于进一步明确影响大菱鲆性别决定的温度阈值及温度对大菱鲆性别决定的影响。

具 TSD 机制的鱼类，温度除了影响性别分化外，还影响其生长速度和成活率。初始规格为 10mm（B 组）、20mm（C 组）和 30mm（D 组）起始高温诱导组（25℃）与培育温度始终保持在 18℃的对照组（A 组）间苗种成活率差异不显著，E 组和 F 组成活率则显著高于 A 组，说明各试验组苗种成活率的差异并非由温度导致，而是由大菱鲆自身初始苗种规格不同、各阶段死亡率不同所致。各试验组苗种生长差异分析表明，B 组苗种生长速度在 60dph 前显著高于同期 18℃培育组（A 组），60dph 后生长受到抑制，至高温诱导结束时（90dph）和 150dph 时 18℃培育组（A 组）苗种平均全长显著高于其他各试验组，说明尽管 25℃可以促进早期苗种生长，但结合 18℃组性别比例为 1∶1 的试验结果，苗种培育早期始终维持 18℃的水温既可以保证性别比例不受影响，又可以获得最佳的生长速度，可能是未来培育全雌苗种的理想条件。

四、大菱鲆性别遗传决定类型

鱼类性别遗传决定（GSD）机制复杂多样（Piferrer，2001；Tave，1993；董在杰等，2004），传统的研究方法包括染色体核型分析、种间杂交、性反转和染色体操作技术等，随着分子生物学的发展，性别连锁分子标记、性别连锁数量性状基因定位（quantitative trait locus，QTL）、性别决定相关基因、转录组测序乃至全基因组测序等均应用于鱼类 GSD 机制的研究（Devlin and Nagahama，2002）。

大菱鲆性别遗传决定类型已采用多种技术开展研究。Baynes 等（2006）、Cal 等（2006）和 Haffray 等（2009）对商业化生产和小试验大菱鲆性别比例的跟踪调查结果表明，雌雄比例基本为 1∶1，说明大菱鲆的性别决定遗传机制比较单纯，即为雌性同配型（XX-XY 型）和雌性异配型（ZW-ZZ 型）中的一种。染色体核型分析证实大菱鲆性染色体处于进化的原始状态，在有丝分裂染色体形态、带型及减数分裂同源染色体联会复合体等方面与常染色体无法区分（Bouza et al.，1994; Cuñado et al.，2001）。大菱鲆与光菱鲆（*Scophthalmus rhombus*）正反交得到性别完全相反的单性子代群体，意味着菱鲆属不同物种间存在不同的性别决定机制（Purdom and Thacker，1980）。性反转个体与正常个体杂交后代的性别比例存在 3 种情况，部分家系符合 XX-XY 型，部分家系符合 ZW-ZZ 型，其余部分两种性别决定类型都符合，但是总体而言符合 ZW-ZZ 型的家系显著多于符合 XX-XY 型的家系，并据此推测大菱鲆性别决定机制为雌性异配型（ZW-ZZ 型）（Haffray et al.，2009）。染色体操作技术诱导获得减数分裂型雌核发育和三倍体群体，其子代性别比例波动较大，Cal 等（2006）认为是 XX-XY 型，而 Baynes 等（2006）认为是 ZW-ZZ 型。Martínez 等（2009）通过中等精度的基因组扫描微卫星遗传图谱确定了性别决定主效区域（SDg）位于 LG5 连锁群上，通过对其与距离最近的微卫星分子标记间（SmaUSC-E30）在子一代的分离分析，表明大菱鲆性别决定机制符合 ZW-ZZ 型，同时明确 SDg 与着丝粒间遗传距离为 32.2cM，理论上减数分裂型雌核发育诱导过程中母本同源染色体非姐妹染色单体间存在 32.2%的遗传交换率，并据此推测子代雌雄比例理论值为 82.2% F（17.8% WW+64.4% ZW）∶17.8% M（17.8% ZZ）。Haffrray 等和 Martínez 等在推测大菱鲆性别遗传决定机制为 ZW-ZZ 型的同时，同样证实其他遗传或环境因素能够影响其性别决定。此外，近年来 Casas 等采用 RAPD 标记技术（Casas et al.，2011）、Taboada 等采用 cDNA-AFLPS 技术中转录组分析（Taboada et al.，2012）、Viñas 等通过性别相关分子标记的基因组扫描和多个性别决定及性别分化相关基因表达分析（Viñas et al.，2012）、Vale 等通过减数分裂型雌核发育子代性别相关 RAPD 标记筛选及其连锁基因分析，均偏向于支持大菱鲆性别遗传决定机制为 ZW-ZZ 型的推论，但基于性反转和分子生物学技术推测的性别决定机制尚不能提供直接的证据。

雌核发育技术尤其是有丝分裂型雌核发育诱导，为多种鱼类性别遗传决定机制的明确提供了最直接的试验证据（Arai，2001；Hulata，2001；Komen and Thorgaard，2007）。

通过分析减数分裂型、有丝分裂型雌核发育和减数分裂型雌核发育子代成熟“雄鱼”反交子代的性别比例来初步推测大菱鲆性别遗传决定机制。结果表明（表 3-2），4 个批次减数分裂型雌核发育子代（Ⅰ~Ⅳ）苗种雌性比例分别为 82.86%、85.00%、76.67%、75.81%，极显著偏离 1∶1 的性别比例（$P<0.01$），但未偏离 Martínez 等提出的大菱鲆性别遗传决定机制为雌性异配型（ZW-ZZ 型），减数分裂型雌核发育子代因遗传重组苗种性别比例为 82.2% F∶17.8% M 理论值的推测（$P>0.05$）；获得 1 批次有丝分裂型雌核发育子代苗种 94 尾，检测 30 尾子代，性别比例为 1∶1，符合雌性异配型（ZW-ZZ 型）的有丝分裂型雌核发育子代苗种性别比例为 1∶1（ZZ∶WW=1∶1，WW 能成活）的推断；减数分裂型雌核发育子代正常发育的“雄鱼”分别与 1 尾雌鱼卵子受精生产的子代苗种，雌性比例分别为 64%和 52.9%，二者均未偏离 1∶1 的性别比例（$P>0.05$），也暗示“雄鱼”遗传型性别为 ZZ 型，同样符合雌性异配的性别遗传决定机制的推断。

表 3-2　不同批次大菱鲆雌核发育群体及子代雄鱼反交苗种的性别比例

组别	雌性	雄性	合计	性比 1∶1 的 χ^2检验	4.6F∶1M 的 χ^2检验
减数分裂型Ⅰ	58	12	70	ES	NS
减数分裂型Ⅱ	51	9	60	ES	NS
减数分裂型Ⅲ	46	14	60	ES	NS
减数分裂型Ⅳ	47	15	62	ES	NS
有丝分裂型	15	15	30	NS	—
“杂交”Ⅰ[a]	32	18	50	NS	—
“杂交”Ⅱ[a]	27	24	51	NS	—

注：a 表示减数分裂型雌核发育子代雄鱼（♂）与正常雌鱼（♀）受精生产的子代；ES.差异极显著（$P<0.01$）；NS.无显著性差异（$P>0.05$）；“—”表示未统计

大菱鲆性别遗传决定机制的明确，尚需通过测交检验雌核发育雌鱼（包括有丝分裂型雌核发育雌鱼和减数分裂型雌核发育雌鱼）生产子代苗种的性别比例。但初步试验结果支持大菱鲆性别遗传决定机制为雌性异配型（ZW-ZZ 型），有丝分裂型雌核发育子代雌性理论上为 WW 遗传型个体，诱导其性腺发育成熟和配子发生，可为建立稳定的大菱鲆全雌苗种生产技术体系奠定基础。

第三节　性腺结构和发育特征

同高等哺乳动物类似，鱼类的性腺起源于最初的原始生殖细胞，经过不同的迁移方式进入生殖嵴后，形成原始性腺，在生殖微环境作用下，性别分化后，原始性腺逐步发育并分化形成卵巢和精巢（Dodd，1972）。

一、大菱鲆卵巢和卵母细胞的发育成熟

卵巢是雌性生殖腺，具有产生卵子和分泌雌性激素的功能。大多数鱼类有一对卵巢，位于鳔腹面的两侧。未成熟的卵巢呈条状，成熟的卵巢充满卵粒，并伴随卵粒的生长而逐渐膨大，最后可占据体腔的大部分。

1. 卵巢的形态结构

大菱鲆卵巢属于囊状性卵巢，成对存在，被一层卵巢壁和卵巢腔及大量卵子发生层所覆盖，卵巢腔与输卵管相连，两侧卵巢的输卵管合并在一起开口于生殖孔。按照卵母细胞的发育情况可将鱼类卵巢分为完全同步型、部分同步型和不同步型三种（Lubzens et al.，2010）。大菱鲆卵巢属于非同步型，卵巢内含有各个发育阶段的卵母细胞，繁殖周期内通常产卵数次，生殖周期长，属于多次产卵类型。

2. 卵巢的分期

I 期：该期卵巢呈透明细线状，紧贴于鳔和体壁的交界处，肉眼不能分辨雌雄。组织学上处于由卵原细胞向初级卵母细胞过渡阶段，核很大，圆形，占细胞的一半左右，染色时着色浅，为弱嗜碱性。卵巢腔开始出现，结缔组织与血管不发达。此期大菱鲆卵原细胞经有丝分裂增殖形成卵原细胞簇，是卵巢分化的细胞学证据，同时随着卵巢腔不断扩大，卵巢形成，至幼鱼全长 69.3mm 时，大菱鲆卵巢开始形成向尾部肌肉延伸的突起；幼鱼全长 113.4mm 时，卵巢中观察到 I 时相卵原细胞，卵巢分化完成。

II期：初次性成熟大菱鲆个体的II期卵巢一般为肉红色，仍呈透明细带状，肉眼看不见卵粒或可见极少卵粒，雌雄性别可明显区分。组织学上观察发现，此期卵母细胞以小生长阶段的初级卵母细胞为主。低倍镜下卵母细胞紧密排列于产卵板上，呈不规则圆形，细胞核大。细胞质和核质具强嗜碱性，核仁具嗜酸性，边缘排列，卵母细胞外具一层滤泡膜，II 期卵巢既可以是直接发育而来，又可以是产过卵或退化到II期的卵巢。重复性成熟的卵巢显著较大，呈空囊状，卵母细胞排列不甚紧密，血管和结缔组织多，卵巢壁厚。

III期：卵巢呈扁筒状，体积显著增大，长度占体腔的一半，解剖后肉眼可见已积累卵黄的卵粒，但彼此不能分离。组织学上观察发现，此期卵母细胞处于初级卵母细胞的大生长阶段，细胞核呈圆形或椭圆形，细胞膜外出现薄的卵黄膜，其外出现有双层细胞结构的滤泡膜。胞质仍属弱嗜碱性，边缘部分生成一层小型液泡。随着发育，液泡逐步扩大，数目和层次亦增多，核仁可扩散到核的中部。只有性成熟后的鱼，卵巢才能发育到这一期。

Ⅳ期：卵巢呈长囊状、橘黄色，占腹腔的 2/3 左右或几乎充满整个体腔，血管发达；卵粒大而明显，卵粒易分离。组织学上观察发现，此期卵母细胞以处于大生长阶段后期的初级卵母细胞为主，细胞体积增大，在其边缘的液泡中出现嗜酸性颗粒，卵黄膜增厚，且辐射纹生成；最后卵黄颗粒充满核外空间，卵黄颗粒间夹杂着许多小油滴，余下少量胞质仍属嗜碱性并增强。细胞核体积亦增大，呈椭圆形，核膜变为波浪形，核仁亦呈嗜碱性，染色体不显著，为刷状结构，染色颗粒连串成线。此期是大菱鲆初级卵母细胞卵黄颗粒积累至卵黄生成阶段，此时卵巢若由于环境条件或鱼体本身原因不能继续发育、成熟排卵，卵子将发生闭锁，并被吸收，卵巢也将退化。

Ⅴ期：卵巢极度膨大、松软，成熟卵子充满整个腹腔，卵粒透明，呈游离状态，从滤泡排出到卵巢腔内，完成排卵过程。此时轻压腹部，卵便流出体外。组织学上观察发现，此期系由初级卵母细胞经成熟分裂向次级卵母细胞过渡阶段，也就是临界成熟的卵粒。细胞质中充满粗大的卵黄颗粒，在成熟过程中相互融合；边缘仍有液泡；细胞核偏位，而显出卵黄与原生质的极化。核膜溶解，核仁向中心移动，并由实心粒状变为环状，随核膜消失，核仁亦分解，染色体显著。这样进入第一次成熟分裂，排出极体，此时卵已排出卵巢，游离于卵巢腔中或经输卵管排出体外。如果排卵后卵子不能马上产出，便会过熟而降低或失去受精能力。

Ⅵ期： 卵巢显著萎缩，呈厚囊状，充血呈深红或紫红色，其中可见未产退化、待吸收的残卵，为产卵后不久卵巢。组织切片中有许多排空的滤泡囊壁，结缔组织和血管较多，尚有少量残留透明卵，卵子无核，卵黄粒胶液化，卵黄膜萎缩、发生皱褶、渐而消失，随着空滤泡和残留卵的被吸收，卵巢转入再发育的Ⅱ期。

3. 卵母细胞的发育成熟

大菱鲆卵母细胞的发育成熟主要包括卵母细胞增殖期、生长期和成熟期。增殖期主要是指初级卵原细胞有丝分裂增殖阶段。生长期则是卵原细胞发育为初级卵母细胞阶段，卵母细胞内卵黄积累，卵母细胞体积显著增大，此期卵母细胞开始出现双层滤泡细胞结构，紧贴于卵黄膜的滤泡细胞经增殖后形成一层连续的滤泡细胞层（颗粒细胞层），与之相连的周围基质（结缔组织）形成滤泡膜外层细胞，称为膜细胞（或称鞘细胞）层。在促性腺激素的诱导下，膜细胞层能将胆固醇转变为睾酮，然后睾酮在颗粒细胞层由促性腺激素诱导转变为17β-雌二醇，通过旁分泌方式调控卵母细胞生长和成熟。成熟期发生在卵黄生成完成之后，卵母细胞完成了卵黄营养积累，在促性腺激素促黄体素（LH）峰的作用下，细胞核（又称生发泡）移向动物极，卵黄与原生质极化，核膜穿孔溶解消失，核仁分解，生发泡破裂（GVBD），排除第一极体，第一次减数分裂重新启动，随后发育至卵母细胞第二次减数分裂，在排卵受精前被阻滞于第二次减数分裂中期。

在大菱鲆卵母细胞发育成熟阶段，卵黄生成是影响其发育进程的关键因素。卵黄蛋白原是大多数卵生动物合成卵黄物质的前体，由雌性个体在卵黄形成期雌激素的刺激下通过肝细胞合成与分泌，并经循环系统转运至卵巢，在组织蛋白酶作用下，裂解形成卵黄蛋白（yolk protein，YP），再经卵母细胞微绒毛的微胞饮作用进入卵母细胞，最后合成卵黄颗粒，作为胚胎发育的主要营养源。对大菱鲆卵子发育研究表明，在其繁殖期内能够到达卵黄发生阶段的卵母细胞数量有限，而卵黄的募集受到卵黄蛋白原含量和表达的调控，因此卵黄蛋白原间接调控卵母细胞的成熟，影响卵子质量（Jia et al.，2015，2014）。同时大菱鲆卵黄蛋白原合成受 17β-雌二醇的调节，雌激素在卵黄生成中有重要的生理调控作用。

二、大菱鲆精巢和精子的发育成熟

精巢是雄性生殖腺，具有产生精子和分泌雄激素的功能。依据精巢中生精细胞的排列方式和精巢发育特点，将鱼类精巢分为管状和叶状两种类型，大多数鱼类的精巢为叶状型，只有少数鱼类为管状型。

1. 精巢的形态结构

大菱鲆精巢体积较小，位于体腔背面、肾脏后方，成对存在，呈长形，前端窄小，后端逐渐变宽大，背侧的精巢要比腹侧稍大，属于典型的叶状型精巢。

精巢内部有多管状精小叶分布，精小叶排列变化很大，在精小叶里面，原始精原细胞通常经多次有丝分裂后形成了许多含多个精原细胞的小囊，在成熟过程中，在同一个小囊内的生精细胞大致都处在发育的同一阶段，而不同的精小囊中生精细胞发育不一定同期。随着精子发生和精子形成，精小囊体积明显增大，囊壁逐渐变薄，小囊内充满成熟的精子时，小囊扩大而破裂，把精子释放到和输精管相连接的精小叶腔内。精巢前端有贮精囊，性成熟后，贮精囊内充满精子，变得非常饱满，剪开时可见到乳白色的精液流出。大菱鲆精巢分化要晚于卵巢分化，大菱鲆幼鱼在全长 47.6mm 时，出现了包裹数个精原细胞的囊状结构——精小囊，至全长 55.2mm 时，精小囊清晰可见，为精巢内的主要结构，全长 64.2mm 时，精原细胞小型化明显，达到增殖末期，开始向精母细胞转化，在之后的精巢发育过程中没有发现明显的结构特征变化。

2. 精巢的分期

根据精巢发育过程中大菱鲆精细胞的形态结构及精巢本身的组织特点，将其精巢分为 5 期。

Ⅰ期：精巢呈细线状，半透明，肉眼不能辨别雌雄，精巢中存在分散的精原细胞，原生殖细胞数目占据优势。

Ⅱ期：精巢呈细带状，半透明，肉眼可以分辨雌雄，此期精巢内精原细胞增多，成群排列，聚集在一起的精原细胞之间相互联系，发育都是同步进行，每一簇聚集的精原细胞之间有一定间隙，其间隙部分由间质细胞填充。此时精原细胞不再是分散分布的状态，而是呈包裹数个精原细胞的囊状结构，形成精小囊。

Ⅲ期：精巢变长，内含由精原细胞和初级精母细胞形成的精小囊，之间由结缔组织或间隙相隔开，此时精小囊内的精原细胞形态大小差异明显，不再是同步发育，精原细胞已转化为精母细胞，大量进行减数分裂，可观察到大量的初级精母细胞；精巢内的结缔组织间有微小裂缝，在裂缝内可观察到精原细胞和初级精母细胞的存在。

Ⅳ期：精巢袋状，乳白色，精巢中有初级精母细胞、次级精母细胞、精子细胞。

Ⅴ期：精巢块状，丰满，乳白色，其中充满大量精子及部分变态期的精子细胞，轻压腹部，有大量乳白色精液流出。

3. 精子的发育成熟

精子发育成熟包括精子发生和成熟两个阶段，大菱鲆精巢同卵巢类似，也存在两种合成类固醇激素的细胞。其中位于精巢小叶之间的间质细胞，细胞较大，呈多角形，细胞核着色深，球形，有显著核仁，细胞膜不着色或微弱染色，胞质透亮，具有发达的光滑型内质网和许多管嵴线粒体，具有3β-羟基类固醇脱氢酶活性，同哺乳类精巢间质细胞细胞同源，是合成雄激素的主要场所。位于精巢小叶边缘的细胞，核椭圆形，具偏心核仁，胞质含有大量细和粗脂滴颗粒，也具有3β-羟基类固醇脱氢酶活性。研究表明，在早期未成熟的精巢中可检测到人类固醇激素生成，随着精巢发育，血液中雄激素含量逐渐增多，当精子发育成熟和排精时，血液中雄激素含量达到高峰，且同雄鱼性腺系数呈正相关关系，而此时雌激素在雄性精巢内含量很低，注射或者长时间饲喂低剂量雌二醇饲料，可显著抑制精子发生和成熟。

精子的发生和成熟受激素调节，相关研究证实脑垂体促性腺激素和雄激素共同调控鱼类精子发生，鱼类切除脑垂体后，精巢发生退化，功能消失，但精巢退化的时间存在种属间差异，如鰕虎鱼属的石鰕虎鱼（*Gobius paganellus*）脑垂体切除168天后精巢才退化，异囊鲇（*Heteropneustes fossilis*）需136天，底鳉只需30天左右，花鳉仅需约10天。退化的精巢中只保留原始精原细胞，这种精原细胞对促性腺激素的敏感性的下降程度随不同种类而异（Schulz et al.，2010）。精巢切除后精原细胞的分裂和从精原细胞转变为精母细胞的活动停止，但现在还不清楚在所有鱼类精子发生的成熟分裂和精子形成过程中是否必须有脑垂体参与。用替代疗法进一步证实脑垂体参与调节早期精子发生。同时，用放射免疫测定法发现虹鳟在排精时脑垂体促性腺激素含量上升，在排精过程中血浆促性腺激素下降，同时血浆雄激素水平达最高值。人工养殖虹鳟用人工挤压方式只能收集到5%~20%

精液，通常采用促性腺激素刺激虹鳟排精，但其排精液数量提高是有限和暂时的，大量精子仍然存在于精巢中。对大菱鲆精子发生和成熟调控研究表明，外源性环境内分泌干扰物可降低精子肌酸激酶和NADP氧化辅酶活性，从而影响精子活力（赵燕等，2006）。但有关大菱鲆精子发生发育的神经内分泌调控机制，现在尚无系统性研究报道。对大菱鲆精子的研究，多集中在精子冷冻保存和外源性环境因子对其活性影响上。

4. 精子的冷冻保存

大菱鲆性成熟后，雌雄个体差异大，且在人工繁殖过程中雌雄亲鱼性腺发育存在不同步现象，生殖调控过程中常常会出现雌鱼卵巢发育成熟而雄鱼处于排精末期或者无精现象，在很大程度上影响苗种生产的正常进行。因此利用超低温冷冻技术将大菱鲆精子冷冻保存，或者对精子进行短期低温保存，可极大保证苗种生产过程中精液的充足供给。相关研究表明，正常条件下大菱鲆新鲜精子的活力可在体外保持10min左右，利用TS-19作为稀释液，6% DMSO作为抗冻剂，在4℃保存大菱鲆精子3h之后，发现精子成活率仍高达80%，且保存3h的精液其受精率、仔鱼孵化率与新鲜精子无显著差异。此外，将精液分别与15%丙二醇和15% DMSO按1∶3的体积比均匀混合，将混合液置于2mL的冷存管后转入程序降温仪，按照预设程序进行冷冻处理后，50%左右精子保持正常形态，以此精液进行受精，受精率和孵化率虽低于新鲜精子，但是在进行相关科学试验和大批量生产时可有效降低试验背景噪声。

第四节　性腺发育内分泌调控机制

鱼类性腺成熟时间和生殖系统功能的发育及生殖行为是由其遗传特性所决定的，同时受到内源性激素和外源性环境因子调控，其主要是通过下丘脑–垂体–性腺轴（生殖轴）来实现对性腺发育成熟、排卵诱导和排精等生殖行为的调控。

一、下丘脑–垂体–性腺轴

1. 组成和作用通路

下丘脑、垂体和性腺是调控鱼类繁殖行为的核心要素。下丘脑是间脑的组成部分，位于间脑的腹面、大脑的后方，其构成第三脑室的下壁和侧壁的下部。下丘脑前方是视交叉，向后延续为视束，后方有一圆形或椭圆形漏斗，漏斗的下端通过垂体茎与脑垂体相连。在性腺发育、成熟和排卵过程中，下丘脑可接受中枢神经系统传递而来的外界环境刺激信息（光照、温度、盐度和水流等）和机体通过远距离分泌、自分泌、旁分泌传递来的激素信息，经过分析应答，下丘脑将这些神经信息转换为激素释放到垂体，调控垂体及整个内分泌系统活动。研究表明，下丘脑神经内分泌细胞通过分泌 9 种激素控制着腺垂体内细胞的分泌活动，这些激素有的是抑制激素，有的是释放激素。其中下丘脑分泌产生的释放激素和抑制激素分别调节控制腺垂体所分泌的生长激素（GH）、催乳激素（PRL）和黑色素刺激素（MSH）3 种激素；而促性腺激素（GtH）、促甲状腺激素（TSH）和促肾上腺皮质激素（ACTH）等则分别受到下丘脑分泌产生的相应的释放激素所调节控制。下丘脑的神经分泌细胞既能传导神经冲动，又有分泌激素的功能。

垂体是悬垂于间脑腹面的一个无管腺，位于视神经交叉的正后方，借漏斗与下丘脑相连。鱼类的垂体多呈半圆形或卵圆形，亦有心脏形或纺锤形，大菱鲆脑垂体呈半圆形。鱼类脑垂体是鱼类最重要的内分泌腺，产生的促肾上腺皮质激素、促甲状腺激素、促性腺激素（gonadotropic cell）、促生长激素（GH）、促乳激素（prolactin）、促黑色素刺激素（MSH）等多种激素，通过血液循环作用于鱼体的各组织，对许多生理机能起调控作用。垂体分泌激素可调控性腺、甲状腺、肾上腺发育和营养物质代谢，影响鱼体的生长和变色。

虽然鱼类的下丘脑、垂体和性腺在生殖活动中的功能各有不同，但它们的关系极为密切，与性腺组成了下丘脑–垂体–性腺调控轴，对鱼类繁殖行为进行精微调控。首先是鱼类的中枢神经系统通过外感受器官——视觉、触觉和侧线等器官接受外界环境因子（如光照、温度、盐度、潮汐、性信息素和异性等）的刺激后，激发神经分泌细胞释放多巴胺、去甲肾上腺素和羟色胺等一类小分子神经介质，它们经神经末梢突触间隙将信号传递给下丘脑。下丘脑接受刺激后，其神经分泌细胞被激发而产生促性腺激素释放激素（GnRH）和促性腺激素释放激素抑制激素(GRIH)，它们通过血管或神经纤维被传递至垂体，根据生殖活动的需要，GnRH 和 GRIH 调控（促进或抑制）脑垂体分泌细胞中 GtH 的分泌。GtH 通过血液循环传递给性腺，促进性腺发育和成熟。同时性类固醇激素通过调节 GnRH 对 GtH 的释放作用来起正或负生理性反馈调节作用，使得下丘脑–垂体–性腺轴的各个部分在生殖过程中的作用协调、同步。

2. 生殖轴相关激素

鱼类生殖活动主要通过下丘脑–垂体–性腺轴这一重要生殖调控轴来实现，其中生殖激素间的级联放大偶联效应是确保生殖内分泌活动正常进行的关键。

（1）促性腺激素释放激素（GnRH）和促性腺激素抑制激素（GnIH）

GnRH 是一种由 10 个氨基酸组成的神经肽，其中第 1 位谷氨酸、第 4 位丝氨酸、第 9 位脯氨酸和第 10 位甘氨酸具有极高保守性。研究表明，同高等哺乳动物类似，鱼类下丘脑中至少合成两种 GnRH，其中一种作用于垂体刺激 GtH 释放，表现出明显种属特异性，命名为 GnRH-Ⅰ，其他的一两种由下丘脑以外的脑区分泌，不直接作用于垂体，间接参与调控 GtH 合成与分泌，命名为 GnRH-Ⅱ和 GnRH-Ⅲ，一般而言，进化上相对高级的种类一般含有 3 种 GnRH，进化上相对低级的种类一般含有 2 种。GnRH 通过调控 GtH 在脑垂体的合成和释放来调控性腺发育，GnRH 表达缺失和编码其受体基因的突变都可导致不育和不能性成熟。许多鱼类 GnRH 及其受体 cDNA 序列被克隆和分析，采用免疫组化和原位杂交技术定位分析产生 GnRH 神经内分泌细胞所在位置和所分泌类型。养殖鲆鲽类中，对半滑舌鳎和牙鲆在 GnRH 克隆表达及生物埋植方面进行了较为深入研究，对大菱鲆尚未进行有关 GnRH 分子克隆和原位表达方面的研究（柳学周和庄志猛，2014）。

GnIH 是日本学者于 2000 年从鹌鹑脑中分离出的一种新型下丘脑神经肽，因其具有抑制垂体 GtH 分泌的功能故命名为促性腺激素抑制激素，这是首次在脊椎动物中鉴定出具有抑制生殖功能的下丘脑神经肽（Tsutsui et al.，2000）。随后，在其他脊椎动物中也鉴定出了 GnIH 的同源基因，并对其结构与功能的多样性开展了大量的研究，鱼类的 GnIH 最初是从金鱼脑中鉴定出来的（Sawada et al.，2002），随后在斑马鱼、罗非鱼及斜带石斑鱼中相继获得 GnIH 的同源基因（Wang et al.，2015；Biran et al.，2014；Zhang et al.，2010）。而其受体 GnIH-R，鱼类最初是从斑马鱼脑中鉴定出来，有 3 种亚型：GnIH-RⅠ、GnIH-RⅡ和 GnIH-RⅢ，其中 GnIH-RⅠ主要在脑和卵巢中表达，GnIH-RⅡ主要在脑和精巢中表达，而 GnIH-RⅢ在各个组织中广泛分布（Zhang et al.，2010）。从蛋白质结构分析来看，GnIH-R 属于典型的 G 蛋白偶联受体，包括胞外 N 端区、七次跨膜区和胞内 C 端区。作为一种多功能神经肽，GnIH 在小丘脑、垂体、性腺水平参与了生殖调控，同时对鱼类摄食也有积极促进作用。

（2）促性腺激素（GtH）

促性腺激素是由脊椎动物垂体前叶细胞合成与分泌的一类糖蛋白激素。鱼类存在两种典型的 GtH，即 GtH-Ⅰ和 GtH-Ⅱ，分别对应于哺乳类的促卵泡激素（FSH）和促黄体素（LH），它们都是以共价键相连接的二聚体结构，由相同的含抗原决定簇的 α 亚基和激素特有的 β 亚基组成。GtH 在鱼类发育过程中发挥重要调控作用，GtH-Ⅰ在性腺发育早期，即卵黄发生和精子生成阶段由脑垂体大量分泌，刺激性腺组织分泌雌二醇和睾酮等性类固醇激素，调节精子和卵子发生发育；GtH-Ⅱ在性腺发育后期和成熟期及排精排卵时由垂体大量分泌，通过刺激 17α,20β-双羟孕酮生成来诱导卵母细胞和精子细胞的最后成熟（Levavi-Sivan et al.，2010）。

（3）性类固醇激素

性类固醇激素主要包括雌激素、雄激素和孕激素。类固醇均可由精巢和卵巢上特异细胞合成分泌。鱼类精巢上产生类固醇激素的细胞主要是间质细胞和塞托夫式细胞；卵巢中卵母细胞排卵前的双层滤泡膜结构是产生性类固醇的部位，膜细胞层在 GtH 作用下将胆固醇合成睾酮，然后转移到颗粒细胞层，在芳香化酶作用下催化形成 17β-雌二醇。大量研究已经证明，性类固醇激素通过调节 GnRH 对 GtH 的释放作用来起正或负反馈调节作用；在鱼类卵巢的生长发育阶段，GtH 刺激卵母细胞滤泡的膜细胞和颗粒细胞共同合成雌二醇，诱导卵母细胞卵黄生成；而在卵巢成熟阶段，GtH 刺激卵母细胞滤泡的膜细胞和颗粒细胞共同合成 17α，20β-双羟孕酮，诱导卵母细胞最后成熟和排卵。对虹鳟研究表明，雌激素能够激活垂体多巴胺能神经元，对促性腺激素释放起负反馈调控作用，而肌肉注射睾酮可增加虹鳟垂体 GtH 含量，口服 17α-甲基睾酮可刺激未成熟精巢的精子发生和精子释放（Zohar et al.，2010）。

二、促性腺激素及其受体在大菱鲆卵母细胞发育过程中的功能

1. 促性腺激素结构和功能

鱼类促性腺激素有两种，GtH-Ⅰ和 GtH-Ⅱ，分别对应哺乳动物的 FSH 和 LH，但同哺乳动物有所不同，鱼类 GtH-Ⅰ和 GtH-Ⅱ都由一个相同的 α 亚基（GtH-α）、不同的 β 亚基构成（FSHβ 和 LHβ）。对鲆鲽鱼类研究表明，在塞内加尔鳎仔鱼发育阶段即可检测到 FSHβ 和 LHβ 表达，且 FSHβ 转录水平是 LHβ 的 10 倍，而 LHβ 则在 1 龄后塞内加尔鳎成鱼大量表达，同时在大西洋庸鲽雄鱼上发现，LHβ 和 GtH-α 在仔鱼发育阶段表达微弱（Weltzien et al.，2003；Guzmán et al.，2009）。在性成熟阶段，FSHβ 主要在卵黄生成阶段大量表达，而 LHβ 则在卵母细胞排卵阶段达到峰值，这表明鱼类 GtH-Ⅰ和 GtH-Ⅱ在性腺不同发育阶段扮演不同角色，对卵母细胞的发生、发育起关键性调控作用。在大菱鲆促性腺激素研究方面，迄今尚未有关于其结构和功能的系统报道。

2. 促性腺激素受体在卵巢发育过程中作用

鱼类的生殖周期受下丘脑–垂体–性腺轴精微调控。下丘脑通过接受内外源性刺激激发垂体分泌促性腺激素，而后作用于性腺，参与诱导配子发生、发育和性类固醇激素分泌，因而促性腺激素在硬骨鱼类乃至脊椎动物的生殖调控中起着非常重要的作用。促性腺激素主要包括两种：卵泡刺激素（follicle stimulating hormone，FSH）和促黄体激素（luteinizing hormone，LH）。FSH 和 LH 的主要功能是促进生殖细胞生长、发育、成熟、释放，而 FSH 和 LH 必须与靶细胞表面特异性受体（luteinizing hormone receptor，LHR 和 follicle stimulating hormone receptor，FSHR）结合后，通过各自受体介导才能行使其相应的生物学功能。FSHR 和 LHR 属于 G 蛋白偶联受体（G protein-coupled receptor，GPCR）超家族成员，具有一个典型的 N 端胞外区域（extracellular domain，ECD），7 个跨膜螺旋区（transmemhrane helix domain，TMD）和一段细胞内 C 端胞内控制区。当 ECD 对

LH进行特异性识别和结合后，诱导LHR构象活化，引起TMD重新排列，在C端胞内控制区通过与G蛋白的偶联，在细胞内产生第二信使环腺苷酸（cyclic adenosine monophosphate，cAMP），经过一系列的酶促级联反应，将细胞外信号传递到细胞内，调控细胞的分化、增殖和凋亡，在内外因素的影响下，促性腺激素受体FSHR和LHR在靶细胞上分布表达变化影响到细胞功能的发挥。FSHR和LHR主要分布于性腺组织，对哺乳动物研究表明，FSHR和LHR在卵泡发育早期就已存在，随着有腔卵泡的发育，FSHR和LHR表达逐渐增高，在成熟卵泡颗粒细胞和膜细胞中均有高度表达，而在未成熟卵泡中仅在膜细胞中少许表达，FSHR和LHR表达的提高，增强了卵泡对FSH和LH的反应性，最终诱导卵泡成熟和排卵（杨增明等，2005）。对硬骨鱼类研究也初步证实，FSHR和LHR主要分布于排卵前发育成熟的卵母细胞滤泡的膜细胞和颗粒细胞中，与卵母细胞的最后成熟和排卵密切相关（Levavi-Sivan et al.，2010）。在大菱鲆等海水鱼类人工繁养殖过程中，促性腺激素广泛应用于亲鱼的繁（选）育，在雌性亲鱼的繁殖产卵期，注射促性腺激素促进卵母细胞的成熟和释放，从而达到对卵子催熟和同步产卵的效果，而促性腺激素必须与其受体相互作用后才能行使其刺激卵母细胞生长、发育、成熟和排卵的生物功能。因此，从分子水平研究大菱鲆FSHR和LHR的基因序列结构、生物信息学特征及其在繁殖周期内表达分布，为进一步阐明FSHR和LHR的遗传特性及相关生理功能提供理论依据，同时为深入了解促性腺激素在鱼类生殖周期调控中生物学功能提供重要参考。

（1）FSHR的基因cDNA序列克隆和生理功能分析

根据鱼类FSHR保守序列，利用CodeHop原理设计简并引物FSHRF0和FSHRR0，进行PCR扩增反应，克隆大菱鲆FSHR部分CDS序列。根据获取的片段，利用Primer 5.0设计特异性引物FSHRGSP1（5′RACE）和FSHGSP2（3′RACE），进行全长扩增（表3-3）。结果表明：大菱鲆FSHR的基因cDNA序列全长3824bp，此序列编码733个氨基酸，包含5′非编码区661bp和3′非编码区961个开放阅读框2202bp（图3-10）。对其结构分析发现，FSHR属于GPCR家族成员，具有一个典型的N端胞外区域，7个跨膜螺旋区和一段C端胞内控制区，在ECD区编码387个氨基酸，包含具18个氨基酸的信号肽、3个氮糖基化位点，在第3和第4跨膜螺旋区存在的两个半胱氨酸残基（Cys477和Cys552）起到连接细胞外螺旋环作用，C端胞内控制区有3个丝氨酸和2个苏氨酸磷酸化位点（图3-11）。这些功能性结构，保证了配体结合紧密性，同时在激素识别、受体激活相关信号转导通路的调控上起到关键性作用。登录NCBI经Blast比对，大菱鲆FSHR序列与其他鱼类FSHR序列有较高同源性，这表明这一序列属于FSHR家族；同时大菱鲆与GenBank上其他动物的FSHR编码序列比较发现，近C端区域内的序列高度保守，表明该区域可能对FSHR发挥有效生理功能有着重要作用（图3-11）。

表 3-3　大菱鲆 FSHR 的基因克隆分析引物

引物	引物序列	目的
FSHRF0	AGCCGCTCCAAACTGACTGGAG	cDNA fragment of FSHR
FSHRR0	TGAGGTAACAGCCACACATGAG	cDNA fragment of FSHR
Long primer	CTAATACGACTCACTATAGGGCAAGCAGTGGTATCAACG CAGAGT	RACE
Short primer	CTAATACGACTCACTATAGGGC	RACE
FSHRGSP1	CAGGGTGATCGCTGTTAATGTG	5′RACE
FSHRGSP2	TGGATCTTCTCATCTCTTGCCG	3′RACE
FSHRF	CGTATCAAAGTCGCAAGAA	qRT-PCR
FSHRR	TGCAGTTCGACAATAAAGT	qRT-PCR
β-actin F	TGAACCCCAAAGCCAACAGG	qRT-PCR
β-actin R	CAGAGGCATACAGGGACAGCAC	qRT-PCR
FSHR-EcoRI	GGTGAATTCATGATGATGAGTCTGACGGT	功能分析
FSHR-BamHI	GGTGGATCCAAACGCTACAGGTTGTTTT	功能分析

根据大菱鲆和其他物种 FSHR 的基因编码的氨基酸序列构建系统进化树，结果显示系统进化树可分为两大支，哺乳类、两栖类和鸟类聚为一支；所有鱼类聚为一支，其中大菱鲆处于鱼类这一分支，且与大西洋庸鲽合为一个小的分支，亲缘性最近（图 3-12）。这些结果表明大菱鲆 FSHR 序列属于典型的跨膜 G 蛋白偶联受体（GPCR），在结构和功能上同鱼类和哺乳类 FSHR 类似，进化上具有高度保守性，同大西洋庸鲽同源性最高，这也表明了鱼类在进化过程中具有种属内高度保守性。

FSHR 是促性腺激素受体家族重要成员，在脊椎动物卵子发育过程中扮演着重要角色。对硬骨鱼类研究表明，FSHR 受体主要分布于卵巢组织，通过介导卵母细胞和周围滤泡细胞之间物质、能量和信息交流，参与调控卵巢类固醇激素分泌、卵黄蛋白合成，影响卵母细胞的最后成熟和排卵。荧光定量 PCR 结果显示：FSHR 的基因在大菱鲆卵巢组织中表达水平最高，同时在其他组织中也有表达，但都显著低于卵巢组织，这表明 FSHR 在卵巢组织高表达，促进了大菱鲆雌性亲鱼卵巢的发育（图 3-13A）。鱼类物种多样性决定了其繁殖策略具多样性，FSHR 在非性腺组织中也有表达，但存在种属间差异，如大西洋鲑和黑鲈在非性腺组织检测不到 FSHR 表达，而大西洋庸鲽非性腺组织垂体中 FSHR 表达量最高。大菱鲆 FSHR 在非性腺组织也有表达，特别是肝脏组织，这预示 FSHR 除了参与卵巢的发育外，也可能对其他组织的发育有调控作用，但其作用机制需要进一步研究。同时 FSHR 在卵巢组织中表达量要显著高于精巢组织，这表明 FSHR 在大菱鲆卵巢发育过程中发挥重要调控作用（图 3-13B）。

```
   1 agggcgctga tgaaaggatg gcaggtgtgt cagcgggcgg ttagcgttag cattagcgtt agcattagcg gtccgtgaaa gtttcatggc cggatcccgc cgccagcacc 110
 111 tctcgtcgcg cacattcctc caccggtcaa aagagcgcga gcagcatgtg gtgcagaaca agcagacacc gatgaatcca caaatccata tctcatatca acacacacac 220
 221 acacacacgg atgcggcgca tcgtcctcct caccgcttca cttcccaccg cccggcgcac ccgcgtccct ctctgtcgct ccgattcact ctctctctct ctctctctct 330
 331 ctctctctct ctctcgctct ctctctcttt ctctctctct ctctctctct ctctctcact ctttctctcc aacacacaca cacacacaca cagagagaga gagagagaga 440
 441 cctcccacat cctcgtgcat gcataaaggt tttcacaagt ccccaccgtt aaccactgca tgagggcacc aaagcacctg gcaagggaaa caattagatc gtaaaagtga 550
 551 aaatcttaag tcgcgaccat gtggactgcg acgaggacga ggacggcgac ggcgacaacg aaggcagcgg cggtgacggc gacggcggcg gcggcgatga ggacgttggt 660
 661 a atg atg atg agt ctg acg gtg ttg ttg atg att gtg gcg aca acc gcc tcg ggg cct ggc tcc gag atg gac atc aaa gct gga gtt  748
    *
     M   M   M   S   L   T   V   L   L   M   I   V   A   T   T   A   S   G   P   G   S   E   M   D   I   K   A   G   V   29
 749 gag acc agc ttg gcc aaa ccg acc acg ctc tcc tgc tgc cgg ctg aga gcc ggg gtc aca gag att ccc tct aac atc tcg agc gac acc  838
     E   T   S   L   A   K   P   T   T   L   S   C   C   R   L   R   A   G   V   T   E   I   P   S   N   I   S   S   D   T   59
                                                                                             ▲
 839 cga tgc ctg gaa att agg cag acg cag atc aga gtg att ccg cag ggc gca gtc agc tac ctg aag ttc ctc aag ata ctt gtc ata gtg  928
     R   C   L   E   I   R   Q   T   Q   I   R   V   I   P   Q   G   A   V   S   Y   L   K   F   L   K   I   L   V   I   V   89
 929 gag aac gac atg ctg gag agc gtc gcg gcg ttt gct ttc acc aac ctc cct cag ctc tct gat atc ttc atc tct gaa aat aaa gct ttg  1018
     E   N   D   M   L   E   S   V   A   A   F   A   F   T   N   L   P   Q   L   S   D   I   F   I   S   E   N   K   A   L   119
1019 aaa aga atc ggg gct ttt gct ttc tcc gat ctc ccc gga ctc att cag ata acc gta tca aag tcg caa gaa ctg agt tac atc gat cgg  1108
     K   R   I   G   A   F   A   F   S   D   L   P   G   L   I   Q   I   T   V   S   K   S   Q   E   L   S   Y   I   D   R   149
1109 gat gca ttc agg aac cta ata aaa ctg cag tat ctt ttt ttt ttt ttt tgt ttg gtt aaa tct gca cat tgc agg acc atc tcc aac acc  1198
     D   A   F   R   N   L   I   K   L   Q   Y   L   F   F   F   F   C   L   V   K   S   A   H   C   R   T   I   S   N   T   179
1199 gga ctc aaa atg att ccg gac ttc agc aag atc cac tcc atg gcc tac aac ttt att gtc gaa ctg cag gag aac agc aag atc gcg aga  1288
     G   L   K   M   I   P   D   F   S   K   I   H   S   M   A   Y   N   F   I   V   E   L   Q   E   N   S   K   I   A   R   209
1289 gtc cac gcc aat gcc ttc aga ggc ctc tgc act caa act atc agg gag ata cgg ctc ccc aga aat ggc atc aag gag gtg gcg agt gac  1378
     V   H   A   N   A   F   R   G   L   C   T   Q   T   I   R   E   I   R   L   P   R   N   G   I   K   E   V   A   S   D   239
1379 gcc ttc aac ggc acg aag atg tac aga ttg acc cta aaa ggc aac aat ctg ctt act cgc atc agt ccc gac gcc ttt gtg gat tcc agt  1468
     A   F   N   G   T   K   M   Y   R   L   T   L   K   G   N   N   L   L   T   R   I   S   P   D   A   F   V   D   S   S   269
             ▲
1469 gac ttg gtg gca ctg gac atc tcc ctg act gcc ctc agc tcc ctg ccg gac tcc atc ctc ggt gga ctc cag agg ctg agc gca gag tct  1558
     D   L   V   A   L   D   I   S   L   T   A   L   S   S   L   P   D   S   I   L   G   G   L   Q   R   L   S   A   E   S   299
1559 gcc ctc caa ctg aaa aag ctt ccc aat ctg cag ctc ttc acc aac ctg aac cac gcc agg ctg acg tac ccg tcc cac tgc tgc gcc ttc  1648
     A   L   Q   L   K   K   L   P   N   L   Q   L   F   T   N   L   N   H   A   R   L   T   Y   P   S   H   C   C   A   F   329
1649 cag aac gca cac agg aac agg ttg aag tgg aac ccc ctg tgc tcg cac ccc gaa gct ctg gac cac acc aac ttc ttc aga gac tac tgc  1738
     Q   N   A   H   R   N   R   L   K   W   N   P   L   C   S   H   P   E   A   L   D   H   T   N   F   F   R   D   Y   C   359
1739 cac aac tcc acg tcc atc acc tgc agc acg atg cca gat gag ttc aac ccc tgt gag gac gtc atg tcc acc gtc ttc ctg agg gtc ctc  1828
                                                                                                              TMⅠ
     H   N   S   T   S   I   T   C   S   T   M   P   D   E   F   N   P   C   E   D   V   M   S   T   V   F   L   R  [V   L]  389
         ▲
1829 atc tgg atc atc tct atc ctc gcg ctg ctg ggg aac agc ctg gtt ctc ctt ggg tta tta ggc aac ccc tcc aaa ctg acc gtt cct cgt  1918
    [I   W   I   I   S   I   L   A   L   L   G   N   S   L   V   L   L   G   L   L   G]  N   P   S   K   L   T   V   P   R   419
1919 tta gcc gct cca aac tga ctg gag tcc atc gtg tgt ggc tgt tac ctc atg tgt cac ttg gcc ttt gcc gac ctc tgc atg ggg atc tac  2008
                                               TMⅡ
     L   A   A   P   N   P   L   E   S   I   V  [C   G   C   Y   L   M   C   H   L   A   F   A   D   L   C   M   G   I   Y]  449
2009 ctg atc gtc ata gcc agc gta gac gtg ctc acc cgc ggc cga tat tac aac tac gcc atg gac tgg cag aag ggc ctg ggc tgc ccc tcc  2098
                                                                                                           TMⅢ
    [L   I   V   I]  A   S   V   D   V   L   T   R   G   R   Y   Y   N   Y   A   M   D   W   Q   K   G   L   G   C  [P   S]  479
                                                                                                           ●
2099 gcg ggc ttc att acg gtg ttt gcc agc gag ctg tcg gtg ttc aca tta aca gcg atc acc ctg gag cgc tgg cac acc atc acg tac gct  2188
    [A   G   F   I   T   V   F   A   S   E   L   S   V   F   T   L]  T   A   I   T   L   E   R   W   H   T   I   T   Y   A   509
2189 ctg cgg ctg gac cgc aag atc cgc ctg aga cac gcg tgt atc gtc atg acg gcc ggc tgg atc ttc tca tct ctt gcc gcg ttg ctg ccc  2278
                                         TMⅣ
     L   R   L   D   R   K   I   R   L   R  [H   A   C   I   V   M   T   A   G   W   I   F   S   S   L   A   A   L   L   P   539
2279 aca ctc ggg gtc agc agc tac agc aag gtg agt atc tgc ctg ccc atg gac gtg gag tta ctg gag tct cag gtc ttt gtt gtg tcc ctg  2368
                                                                                         TMⅤ
     T   L   G]  V   S   S   Y   S   K   V   S   I   C   L   P   M   D   V   E   L   L   E  [S   Q   V   F   V   V   S   L   569
                                                     ●
2369 ctc ctc ctc aac atc ctg gcc ttc ttc tgc gtg tgt ggc tgt tac ctc atg tgt ggc tgt tac ctc atg tgt ggc tgt tac ctc agc atc  2458
     L   L   L   N   I   L   A   F   F   C   V   C   G   C   Y]  L   M   C   G   C   Y   L   M   C   G   C   Y   L   S   I   599
2459 tat ctg act gtc cgc aac ccc tcg tcg gcg ccg gcc cac gcc gac act cgc gtg gcc cag cgc atg gcc atc ctc atc ttc act gac ttc  2548
                                                                                     TMⅥ
     Y   L   T   V   R   N   P   S   S   A   P   A   H   A   D   T   R   V   A   Q   R  [M   A   I   L   I   F   T   D   F   629
             △                       △
2549 atc tgc gtg gcc ccc atc tcc ttt ttt gcc atc tcc gcc gcc ctc aag cac cct ctc atc acc gtg tca gac tcc aaa ctg ctg ctg gtc  2638
                                                                                                           TMⅦ
     I   C   V   A   P   I   S   F   F   A   I   S   A   A]  L   K   H   P   L   I   T   V   S   D   S   K   L   L  [L   V   659
2639 ttc ttt tac ccg atc aac tcg tgc gcc aac ccc ttc atg tac gcc ttc ttc aac cgc tcc ttc agg cgg gac ttc ttc ctc ctt gcg gcg  2728
     F   F   Y   P   I   N   S   C   A   N   P   F   M   Y   A   F]  F   N   R   S   F   R   R   D   F   F   L   L   A   A   689
                                                                         △
2729 cgc ttc ggc ctg ttc aag gcc cag gcg cag att tac aag acg gag agt tgt cct gtc agt agc cgg cgg gga aaa caa aga gca gtc acg  2818
     R   F   G   L   F   K   A   Q   A   Q   I   Y   K   T   E   S   C   P   V   S   S   R   R   G   K   Q   R   A   V   T   719
                                                             △                                                           △
2819 ata aca cgt aca aat ggg gag caa aaa caa cct gta gcg ttt tga aagagagtct gcaattcttg tttttgctca ccattccatg ggatttggtc      2913
     I   T   R   T   N   G   E   Q   K   Q   P   V   A   F   *                                                             733

2914 aacatcatgt tatagttttt tgttttttta atgcatctca aatatgttgc caatatcctt agccggaaaa tcagccgctg actctttaga ctcaacatgt gcaccacaac 3023
3024 aattctacca tgtgacacgt ctgtcgcaaa accatgtgac caatgggtca catctactct tagtacaata gcaagtaaag atcatcagaa acaactgcag agaaaaaatc 3133
3134 tatgtcaaat tgctgtccta tataattcct tgtttgtttt ggcttgattg gagtgccagg tgggtggggt ttatgcatca taacgacata cggtagatct caaaaagtgg 3243
3244 taacctcttg cagccacact ttattttctt ttgcttaggc agctgtttag actgaacttg attccaatca tttcttggac acattataca tacatggttc ttgtttcaaa 3353
3354 catttagttg agtacaaata atttacggga cccatgggtt ttgtttcaca tacacatact tgtttgacag tgccaatgta tctttttgta gtgccactac attctttctt 3463
3464 tctaaaatct tcttcctttg agctcaccag tgtccgaggt taagggtggg tccctcgaca cccagtgtag acgcacatct cgggtttatc gagcgctggt gcttcgaagc 3573
3574 cgtgctccgg agcctcactt gaagtgacgc tgtcatgtga cctgtgggaa acgaggcttt gtttcctcac tgaagcgtca tgcagggttc aaaaatacaa ggcgcgtcaa 3683
3684 ttgcgccgtc ccatagcagg ttcattaaat gttattgtta tatatcccat gcctttatgt tacatatttt ttgctgtgtt gtgtattttt gttcatgaaa cacttctaat 3793
3794 aaaaacaatg atgaccctga aaaaaaaaaa a                                                                                      3824
```

图 3-10　大菱鲆 FSHR 的基因 cDNA 序列及其编码氨基酸序列

ATG. 起始密码子；TGA. 终止密码子；信号肽序列. MMMSLTVLLMIVATTASG；□. 跨膜螺旋区 TMⅠ~TMⅦ；▲. N 糖基化位点；△. 磷酸化位点；●. 苏氨酸位点

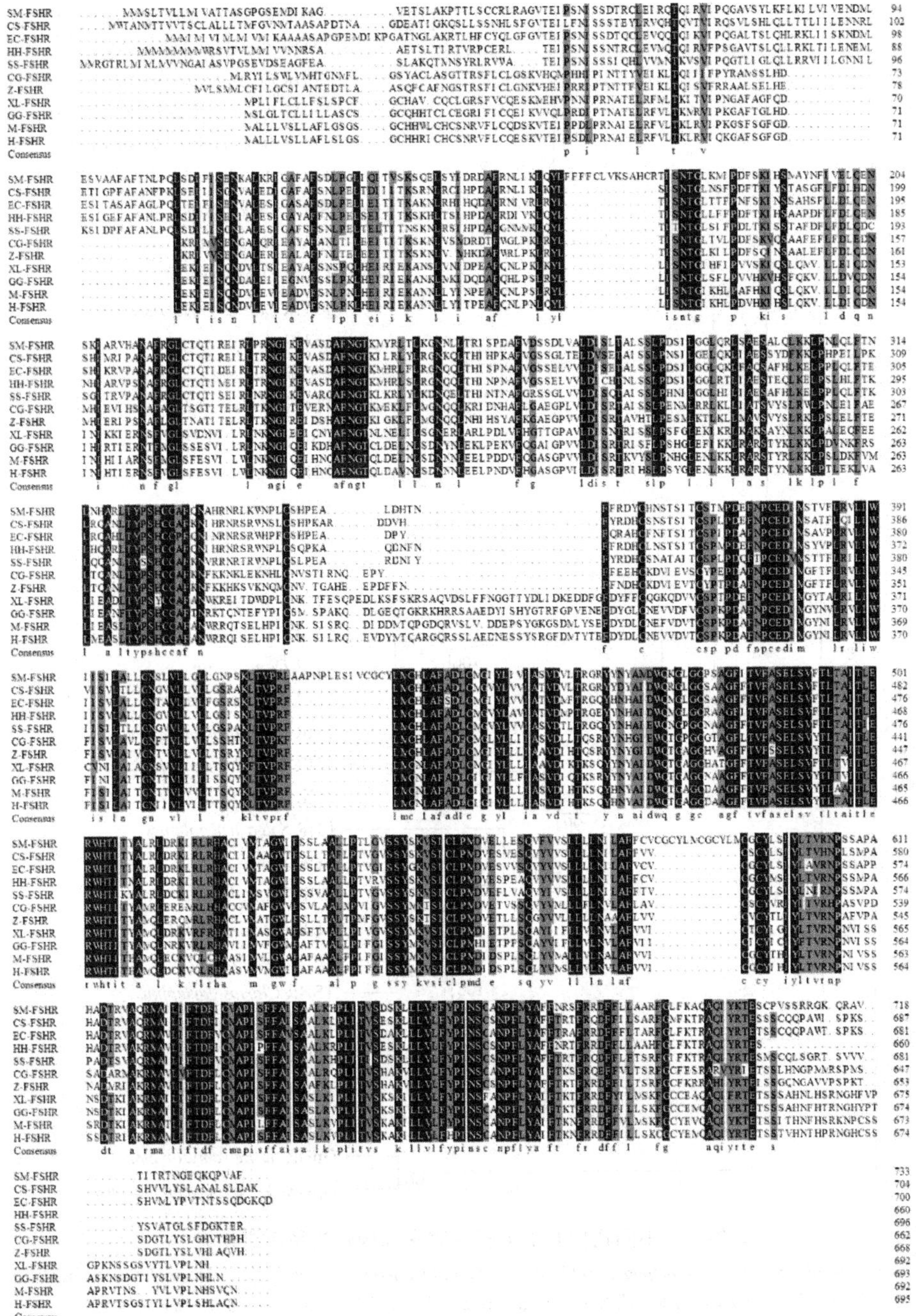

图 3-11　大菱鲆与其他物种 FSHR 氨基酸序列比对图

序列中相同氨基酸残基用黑色背景表示，同源性超过 80%用灰色背景表示；半滑舌鳎（CS）ACD39387.2，石斑鱼（EC）AEG65826.1，大西洋庸鲽（HH）ACB13177.1，塞内加尔鳎（SS）ADH51678.1，革胡子鲶（CG）AJ012647.2，斑马鱼（Z）AAP33512.1，爪蟾（XL）NM_001256260.1，家鸡（GG）NM_205079.1，家鼠（M）NM_013523.3，人（H）M65085.1

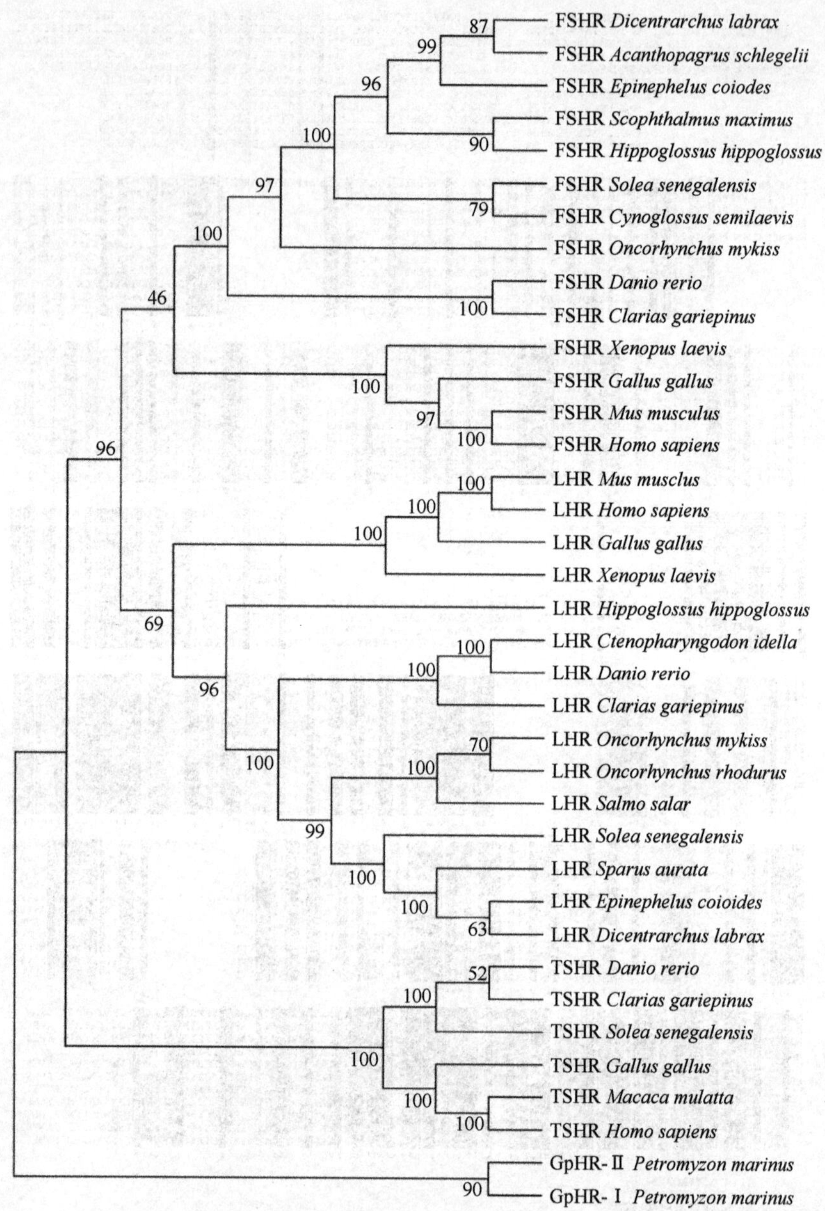

图 3-12　不同物种 FSHR 氨基酸序列构建的系统进化树

Dicentrarchus labrax.海鲈；*Acanthopagrus schlegelii*.黑鲷；*Epinephelus coioides*.石斑鱼；*Hippoglossus hippoglossus*.大西洋庸鲽；*Solea senegalensis*.塞内加尔鳎；*Cynoglossus semilaevis*.半滑舌鳎；*Oncorhynchus mykiss*.虹鳟；*Clarias gariepinus*.革胡子鲶；*Danio rerio*.斑马鱼；*Xenopus laevis*.爪蟾；*Gallus gallus*.鸡；*Humo sapiens*.人；*Mus musculus*.家鼠；*Macaca mulatta*.猴；*Ctenopharyngodon idella*.草鱼；*Oncorhynchus rhodurus*.大马哈鱼；*Salmo salar*.大西洋鲑；*Sparus aurata*.金头鲷；*Petromyzon marinus*.七鳃鳗

卵母细胞的发育是一个动态过程，对大多数哺乳动物而言，垂体分泌促性腺激素，与性腺表面受体结合后，激活相关信号转导通路，促进卵母细胞外包滤泡

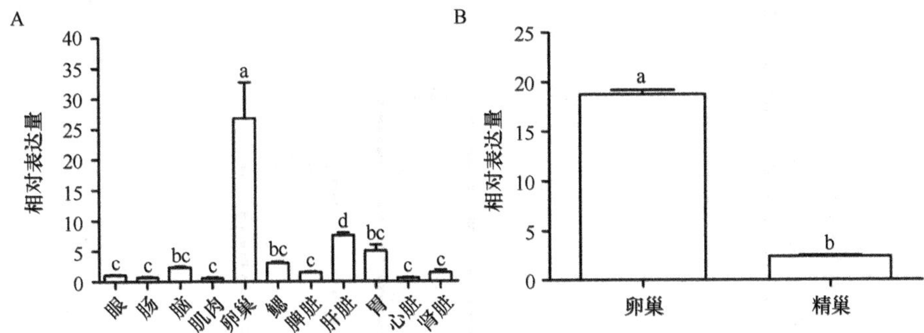

图 3-13　FSHR 在大菱鲆不同组织中的表达

图中不同字母表示差异显著（P<0.05）

细胞雌激素的合成分泌（Chaffin and Vandevoort，2013；van den Hurk and Zhao，2005）。雌激素通过局域性旁分泌、自分泌和反馈调控作用，刺激卵母细胞内卵黄蛋白原合成和体积增大，同时促性腺激素参与了卵母细胞减数分裂重启动和最后成熟。卵母细胞与其外包双层滤泡细胞之间存在复杂的激素间互作，在不同排卵类型的鱼类中表现出显著的种属差异（Menon and Menon，2012）。大菱鲆卵巢属于非同步型，繁殖周期内通常产卵数次，生殖周期长，属于多次产卵类型。对其繁殖周期内卵巢组织切片显示，卵母细胞的发育经历了卵黄蛋白原合成、皮质滤泡迁移（卵母细胞成熟）和闭锁（图 3-14）。荧光定量 PCR 结果显示：FSHR 随着卵母细胞的发育，其表达量从卵黄蛋白原合成前期到卵母细胞核迁移期呈逐渐升高趋势，且在卵黄蛋白原合成后期达到最高，在卵母细胞闭锁期 FSHR 表达量下降至最低（图 3-15）。这表明在大菱鲆繁殖周期中，FSHR 参与了卵黄蛋白原合成，促进了卵母细胞的生长和成熟。同时对繁殖周期内可多次产卵其他鱼类的研究表明，FSHR 同卵巢发育不同阶段密切关联，主要参与调控卵黄蛋白原合成。在欧洲鲈鱼中研究也发现，在其繁殖周期内 FSHR 也是主要参与了卵黄蛋白原的合成（Rocha et al.，2007）。因此，在大菱鲆繁殖周期内，FSHR 参与调控卵黄蛋白原合成和卵母细胞成熟，进而促进了其卵巢发育。

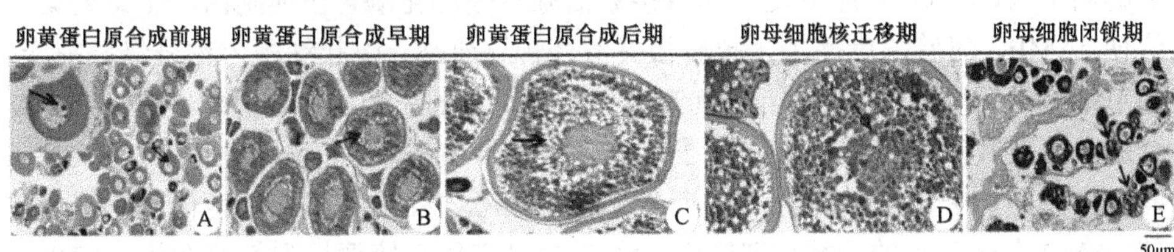

图 3-14　大菱鲆卵母细胞发育形态图（彩图可扫描封底二维码获取）

鱼类促性腺激素受体同其配体结合与哺乳动物有所不同。哺乳动物促性腺激素受体和配体结合是特异性的，FSH 只能与 FSHR 结合，而 LH 只能和 LHR 结合，配体与受体结合具有种属特异性，它们之间的交叉结合反应几乎不存在。但是，

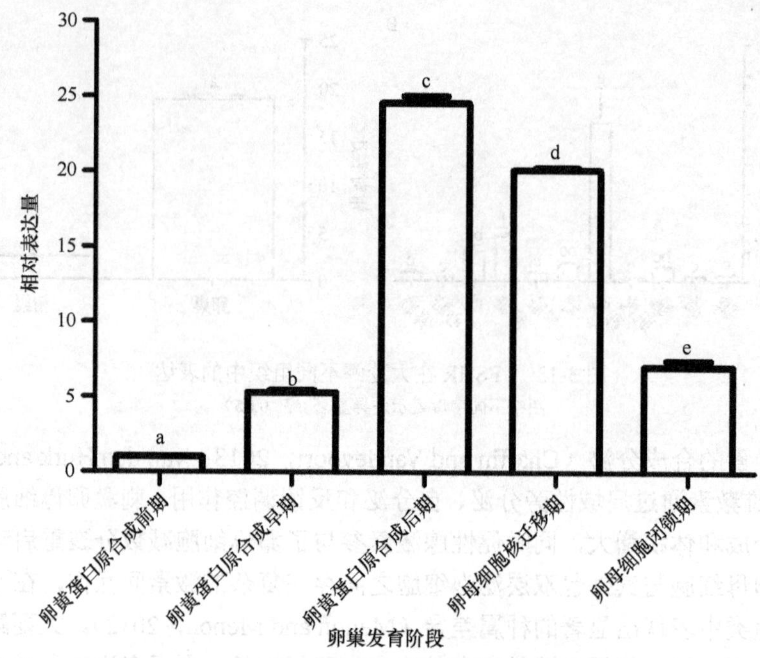

图 3-15　FSHR 在大菱鲆卵巢发育阶段的表达

图中不同字母表示差异显著（P<0.05）

硬骨鱼类促性腺激素受体和配体的结合则具有种属间选择性（Bogerd，2007）。红点鲑的 FSHR 只能特异性结合 FSH，不能与 LH 结合，LHR 则既能与 LH 结合，又能与 FSH 结合（Oba et al.，1999）；从银鲑垂体中纯化出的 LH 可以识别鲑 FSHR 和 LHR，而 FSH 只能识别 FSHR，对 LH-R 仅有轻微的反应（Yan et al.，1992）；斑马鱼中不管是同源的或是重组的 LH 都能与 LHR 和 FSHR 两种受体结合，而同源的或是重组的 FSH 只能与 FSHR 结合，而对 LHR 没有作用（So et al.，2005）。这表明鱼类促性腺激素受体与其配体间的结合存在种属间差异。当促性腺激素与其受体结合后，配体–受体复合物通过与 G 蛋白的偶联，G 蛋白 α 亚基从复合体上解离下来，与 GTP 形成复合物直接激活腺苷酸环化酶，在细胞内产生重要第二信使 cAMP，随着浓度增加，激活相关信号转导通路，引起细胞内信号级联反应，调节细胞内靶效应蛋白功能，进而影响细胞的增殖、凋亡、迁移，因此细胞内 cAMP 合成分泌及其浓度变化直接决定了调控基因的转录和表达。卵母细胞的生长、成熟和排卵是一个复杂的内分泌、旁分泌和自分泌过程，其都可以转化为对第二信使 cAMP 合成分泌的调控，细胞内 cAMP 含量变化直接调控促性腺激素对卵母细胞和滤泡细胞的功能调节，可见第二信使 cAMP 在细胞信号转导过程中起重要作用。由于鱼类促性腺激素不能轻易获得，在对鱼类促性腺激素受体功能的大量研究中，异源促性腺激素已成为普遍使用的替代品（Kwok et al.，2005）。通过构建含有大菱鲆编码片段荧光标记载体，借助脂质体 2000 将其转染进 HEK293T 细胞，发现转染 24h 后，HEK293T 细胞出现绿色荧光（图 3-16A），同时 PCR 结果显示，同对照相比，转染组 HEK293T 细胞显著表达 FSHR 编码 ORF 片段（图 3-16B）。利用羊源促性腺激素处理 24h 后发现：羊源 FSH 可显著提高表达 FSHR 的 HEK 293T 细胞系内 cAMP 水平（图 3-17A），而羊源 LH 则对表达 FSHR 的 HEK293T 细胞系内 cAMP 含量无显著影响（图 3-17B）。

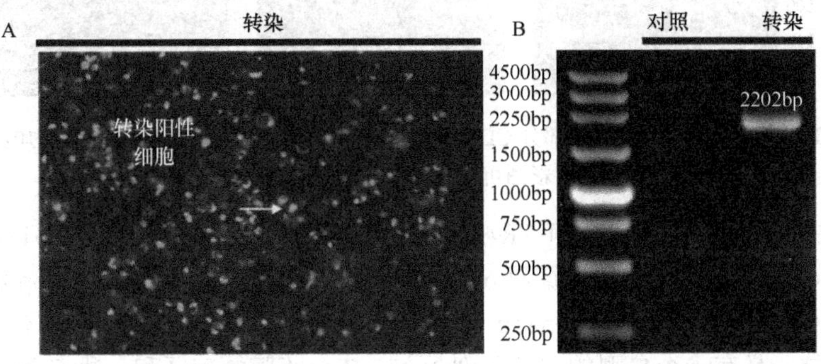

图 3-16　大菱鲆 FSHR 通过 PEGFP-N3 载体转染进 HEK293T 细胞（彩图可扫描封底二维码获取）

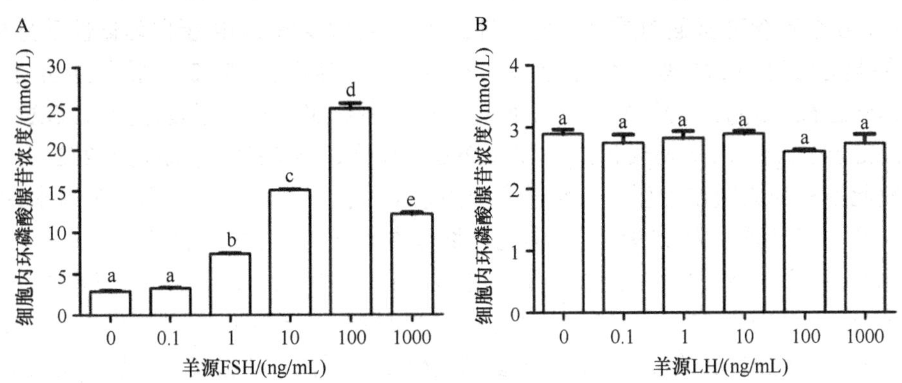

图 3-17　羊源促性腺激素对表达大菱鲆 FSHR 的 HEK293T 细胞内 cAMP 影响

图中不同字母表示差异显著（$P<0.05$），相同字母表示差异不显著（$P>0.05$）

以上研究表明，大菱鲆 FSHR 属于典型的 G 蛋白偶联受体，同大西洋庸鲽同源性最高，在卵巢组织大量表达，通过参与调控卵黄生成，促进了卵母细胞的发育、成熟，同卵巢发育密切相关，同时 FSHR 可与异源性配体特异性结合，提高细胞内第二信使 cAMP 浓度，对卵母细胞和滤泡细胞的发育、成熟起重要调控作用。相关研究内容为深入探究 FSHR 在大菱鲆性腺发育过程中的生物学功能奠定了基础，同时为大菱鲆等养殖海水鱼类标准化苗种生产提供基础数据和理论依据。

（2）LHR 的基因 cDNA 序列克隆和生理功能分析

根据鱼类 LHR 保守序列，利用 CodeHop 原理通过简并引物扩增出 434bp 长度的片段（图 3-18A）。在此序列的基础上，采用 RACE 方法扩增 3′端和 5′端序列，其中 3′RACE 产物长 1882bp（图 3-18B），5′RACE 产物长 1372bp（图 3-18C）。

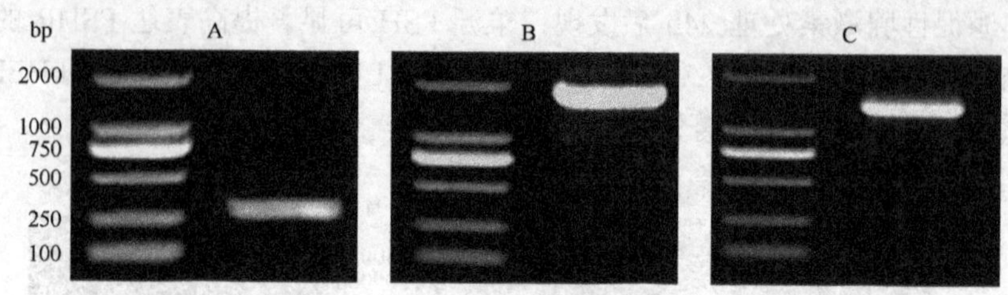

图 3-18 大菱鲆 LHR 序列部分 CDS（A）、3′RACE（B）和 5′RACE（C）的电泳图
（彩图可扫描封底二维码获取）

将中间片段、3′RACE 和 5′RACE 序列拼接后，得到大菱鲆 LHR3184bp 的全长基因 cDNA 序列，此序列编码 685 个氨基酸，包含 5′非编码区 124bp 和 3′非编码区 1002bp，开放阅读框 2058bp（图 3-19）。对其结构分析发现 LHR 属于 GPCR 家族成员，具有一个典型的 N 端胞外区域，7 个跨膜螺旋区和一段 C 端胞内控制区，在 ECD 前端含有长 18 个氨基酸（1~18aa）的信号肽结构，5 个潜在糖基化位点，6 个富含亮氨酸的重复序列（图 3-20）。对大菱鲆 LHR 蛋白理化性质分析，结果显示其蛋白质理论分子质量 76.54kDa，等电点 7.22。蛋白质分子式 $C_{3455}H_{5441}N_{895}O_{972}S_{46}$，总原子数 10 809，不稳定参数 37.72，属于稳定蛋白，GRAVY（grand average of hydropathicity）为 0.296，由于 GRAVY 值的范围为–2~2，正值表明此蛋白质为疏水性蛋白，负值表明为亲水性蛋白，因此该蛋白质为疏水性蛋白，摩尔消光系数为 65 915，在哺乳动物体内半衰期为 30h，酵母体内大于 20h，细菌内大于 10h。成熟蛋白共含有的负电荷残基（Asp+Glu）和正电荷残基（Arg+Lys）分别为 57 个和 57 个。同时利用 PSORT II Prediction 预测大菱鲆 FSHR 蛋白的亚细胞定位，结果显示 LHR 蛋白定位于内质网、细胞膜、空泡和线粒体的概率为 44.4%、33.3%、11.1%和 11.1%，由此推测 LHR 最可能定位于内质网和细胞膜，属于分泌性蛋白。登录 NCBI 经 Blast 比对，大菱鲆 LHR 序列与其他鱼类 LHR 的同源性在 80%以上，表明这一序列属于 LHR 家族；同时大菱鲆与其他物种 LHR 编码序列比较发现，近 C 端区域内的序列高度保守，表明该区域可能对 LHR 发挥有效生理功能有着重要作用（图 3-20）。

根据大菱鲆和其他物种 LHR 的基因编码的氨基酸序列构建系统进化树，结果显示哺乳类、两栖类和鸟类聚为一支；所有鱼类聚为一支，其中大菱鲆处于鱼类这一分支，且与大西洋庸鲽合为一个小的分支，亲缘性最近（图 3-21）。

蛋白质翻译结束后，从核糖体上释放的多肽链要经过不同方式的加工修饰才能成为具有特定结构和功能的成熟蛋白。翻译后肽链中残基修饰是一类广泛的后加工，其中糖基化和磷酸化是非常重要的侧链修饰方式，对蛋白质功能正常发挥有非常重要的调控作用。对硬骨鱼类 LHR 研究发现，大西洋庸鲽 LHR 蛋白氨基

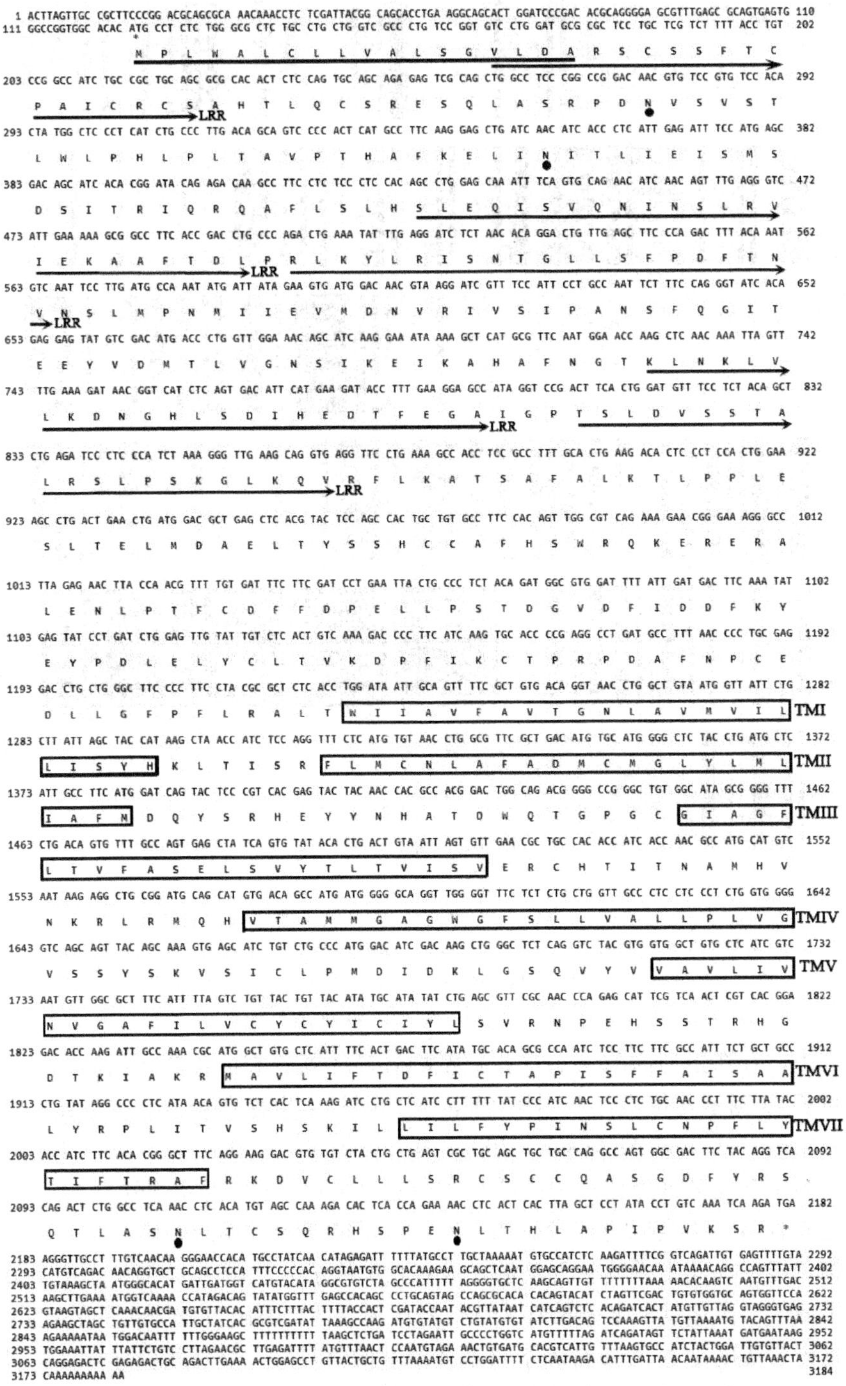

```
   1 ACTTAGTTGC CGCTTCCCGG ACGCAGCGCA AACAAACCTC TCGATTACGG CAGCACCTGA AGGCAGCACT GGATCCCGAC ACGCAGGGGA GCGTTTGAGC GCAGTGAGTG 110
 111 GGCCGGTGGC ACAC ATG CCT CTC TGG GCG CTC TGC CTG CTG GTC GCC CTG TCC GGT GTC CTG GAT GCG CGC TCC TGC TCG TCT TTT ACC TGT  202
                 *
                 M   P   L   W   A   L   C   L   L   V   A   L   S   G   V   L   D   A   R   S   C   S   S   F   T   C
 203 CCG GCC ATC TGC CGC TGC AGC GCG CAC ACT CTC CAG TGC AGC AGA GAG TCG CAG CTG GCC TCC CGG CCG GAC AAC GTG TCC GTG TCC ACA  292
     P   A   I   C   R   C   S   A   H   T   L   Q   C   S   R   E   S   Q   L   A   S   R   P   D   N●  V   S   V   S   T
     ------------------------>LRR
 293 CTA TGG CTC CCT CAT CTG CCC TTG ACA GCA GTC CCC ACT CAT GCC TTC AAG GAG CTG ATC AAC ATC ACC CTC ATT GAG ATT TCC ATG AGC  382
     L   W   L   P   H   L   P   L   T   A   V   P   T   H   A   F   K   E   L   I   N●  I   T   L   I   E   I   S   M   S
 383 GAC AGC ATC ACA CGG ATA CAG AGA CAA GCC TTC CTC TCC CTC CAC AGC CTG GAG CAA ATT TCA GTG CAG AAC ATC AAC AGT TTG AGG GTC  472
     D   S   I   T   R   I   Q   R   Q   A   F   L   S   L   H   S   L   E   Q   I   S   V   Q   N   I   N   S   L   R   V
 473 ATT GAA AAA GCG GCC TTC ACC GAC CTG CCC AGA CTG AAA TAT TTG AGG ATC TCT AAC ACA GGA CTG TTG AGC TTC CCA GAC TTT ACA AAT  562
     I   E   K   A   A   F   T   D   L   P   R   L   K   Y   L   R   I   S   N   T   G   L   L   S   F   P   D   F   T   N
     -------------------------------->LRR
 563 GTC AAT TCC TTG ATG CCA AAT ATG ATT ATA GAA GTG ATG GAC AAC GTA AGG ATC GTT TCC ATT CCT GCC AAT TCT TTC CAG GGT ATC ACA  652
     V   N   S   L   M   P   N   M   I   I   E   V   M   D   N   V   R   I   V   S   I   P   A   N   S   F   Q   G   I   T
     -->LRR
 653 GAG GAG TAT GTC GAC ATG ACC CTG GTT GGA AAC AGC ATC AAG GAA ATA AAA GCT CAT GCG TTC AAT GGA ACC AAG CTC AAC AAA TTA GTT  742
     E   E   Y   V   D   M   T   L   V   G   N   S   I   K   E   I   K   A   H   A   F   N   G   T   K   L   N   K   L   V
 743 TTG AAA GAT AAC GGT CAT CTC AGT GAC ATT CAT GAA GAT ACC TTT GAA GGA GCC ATA GGT CCG ACT TCA CTG GAT GTT TCC TCT ACA GCT  832
     L   K   D   N   G   H   L   S   D   I   H   E   D   T   F   E   G   A   I   G   P   T   S   L   D   V   S   S   T   A
     ---------------------------------------------------------------------->LRR
 833 CTG AGA TCC CTC CCA TCT AAA GGG TTG AAG CAG GTG AGG TTC CTG AAA GCC ACC TCC GCC TTT GCA CTG AAG ACA CTC CCT CCA CTG GAA  922
     L   R   S   L   P   S   K   G   L   K   Q   V   R   F   L   K   A   T   S   A   F   A   L   K   T   L   P   P   L   E
     ---------------------------------------------->LRR
 923 AGC CTG ACT GAA CTG ATG GAC GCT GAG CTC ACG TAC TCC AGC CAC TGC TGT GCC TTC CAC AGT TGG CGT CAG AAA GAA CGG GAA AGG GCC  1012
     S   L   T   E   L   M   D   A   E   L   T   Y   S   S   H   C   C   A   F   H   S   W   R   Q   K   E   R   E   R   A
1013 TTA GAG AAC TTA CCA ACG TTT TGT GAT TTC TTC GAT CCT GAA TTA CTG CCC TCT ACA GAT GGC GTG GAT TTT ATT GAT GAC TTC AAA TAT  1102
     L   E   N   L   P   T   F   C   D   F   F   D   P   E   L   L   P   S   T   D   G   V   D   F   I   D   D   F   K   Y
1103 GAG TAT CCT GAT CTG GAG TTG TAT TGT CTC ACT GTC AAA GAC CCC TTC ATC AAG TGC ACC CCG AGG CCT GAT GCC TTT AAC CCC TGC GAG  1192
     E   Y   P   D   L   E   L   Y   C   L   T   V   K   D   P   F   I   K   C   T   P   R   P   D   A   F   N   P   C   E
1193 GAC CTG CTG GGC TTC CCC TTC CTA CGC GCT CTC ACC TGG ATA ATT GCA GTT TTC GCT GTG ACA GGT AAC CTG GCT GTA ATG GTT ATT CTG  1282
     D   L   L   G   F   P   F   L   R   A   L   T  [W   I   I   A   V   F   A   V   T   G   N   L   A   V   M   V   I   L] TMI
1283 CTT ATT AGC TAC CAT AAG CTA ACC ATC TCC AGG TTT CTC ATG TGT AAC CTG GCG TTC GCT GAC ATG TGC ATG GGG CTC TAC CTG ATG CTC  1372
    [L   I   S   Y   H]  K   L   T   I   S   R  [F   L   M   C   N   L   A   F   A   D   M   C   M   G   L   Y   L   M   L] TMII
1373 ATT GCC TTC ATG GAT CAG TAC TCC CGT CAC GAG TAC TAC AAC CAC GCC ACG GAC TGG CAG ACG GGG CCG GGC TGT GGC ATA GCG GGG TTT  1462
    [I   A   F   M]  D   Q   Y   S   R   H   E   Y   Y   N   H   A   T   D   W   Q   T   G   P   G   C  [G   I   A   G   F] TMIII
1463 CTG ACA GTG TTT GCC AGT GAG CTA TCA GTG TAT ACA CTG ACT GTA ATT AGT GTT GAA CGC TGC CAC ACC ATC ACC AAC GCC ATG CAT GTC  1552
    [L   T   V   F   A   S   E   L   S   V   Y   T   L   T   V   I   S   V]  E   R   C   H   T   I   T   N   A   M   H   V
1553 AAT AAG AGG CTG CGG ATG CAG CAT GTG ACA GCC ATG ATG GGG GCA GGT TGG GGT TTC TCT CTG CTG GTT GCC CTC CTC CCT CTG GTG GGG  1642
     N   K   R   L   R   M   Q   H  [V   T   A   M   M   G   A   G   W   G   F   S   L   L   V   A   L   L   P   L   V   G] TMIV
1643 GTC AGC AGT TAC AGC AAA GTG AGC ATC TGT CTG CCC ATG GAC ATC GAC AAG CTG GGC TCT CAG GTC TAC GTG GTG GCT GTG CTC ATC GTC  1732
     V   S   S   Y   S   K   V   S   I   C   L   P   M   D   I   D   K   L   G   S   Q   V   Y   V  [V   A   V   L   I   V] TMV
1733 AAT GTT GGC GCT TTC ATT TTA GTC TGT TAC TGT TAC ATA TGC ATA TAT CTG AGC GTT CGC AAC CCA GAG CAT TCG TCA ACT CGT CAC GGA  1822
    [N   V   G   A   F   I   L   V   C   Y   C   Y   I   C   I   Y   L]  S   V   R   N   P   E   H   S   S   T   R   H   G
1823 GAC ACC AAG ATT GCC AAA CGC ATG GCT GTG CTC ATT TTC ACT GAC TTC ATA TGC ACA GCG CCA ATC TCC TTC TTC GCC ATT TCT GCT GCC  1912
     D   T   K   I   A   K   R  [M   A   V   L   I   F   T   D   F   I   C   T   A   P   I   S   F   F   A   I   S   A   A] TMVI
1913 CTG TAT AGG CCC CTC ATA ACA GTG TCT CAC TCA AAG ATC CTG CTC ATC CTT TTT TAT CCC ATC AAC TCC CTC TGC AAC CCT TTC TTA TAC  2002
     L   Y   R   P   L   I   T   V   S   H   S   K   I   L  [L   I   L   F   Y   P   I   N   S   L   C   N   P   F   L   Y] TMVII
2003 ACC ATC TTC ACA CGG GCT TTC AGG AAG GAC GTG TGT CTA CTG CTG AGT CGC TGC AGC TGC TGC CAG GCC AGT GGC GAC TTC TAC AGG TCA  2092
    [T   I   F   T   R   A   F]  R   K   D   V   C   L   L   L   S   R   C   S   C   C   Q   A   S   G   D   F   Y   R   S
2093 CAG ACT CTG GCC TCA AAC CTC ACA TGT AGC CAA AGA CAC TCA CCA GAA AAC CTC ACT CAC TTA GCT CCT ATA CCT GTC AAA TCA AGA TGA  2182
     Q   T   L   A   S   N●  L   T   C   S   Q   R   H   S   P   E   N●  L   T   H   L   A   P   I   P   V   K   S   R   *
2183 AGGGTTGCCT TTGTCAACAA GGGAACCACA TGCCTATCAA CATAGAGATT TTTTATGCCT TGCTAAAAAT GTGCCATCTC AAGATTTTCG GTCAGATTGT GAGTTTTGTA 2292
2293 CATGTCAGAC AACAGGTGCT GCAGCCTCCA TTTCCCCCAC AGGTAATGTG GCACAAAGAA GCAGCTCAAT GGAGCAGGAA TGGGGAACAA ATAAAACAGG CCAGTTTATT 2402
2403 TGTAAAGCTA ATGGGCACAT GATTGATGGT CATGTACATA GGCGTGTCTA GCCCATTTTT AGGGGTGCTC AAGCAGTTGT TTTTTTTAAA AACACAAGTC AATGTTTGAC 2512
2513 AAGCTTGAAA ATGGTCAAAA CCATAGACAG TATATGGTTT GAGCCACAGC CCTGCAGTAG CCAGCGCACA CACAGTACAT CTAGTTCGAC TGTGTGGTGC AGTGGTTCCA 2622
2623 GTAAGTAGCT CAAACAACGA TGTGTTACAC ATTTCTTTAC TTTTACCACT CGATACCAAT ACGTTATAAT CATCAGTCTC ACAGATCACT ATGTTGTTAG GTAGGGTGAG 2732
2733 AGAAGCTAGC TGTTGTGCCA TTGCTATCAC GCGTCGATAT TAAAGCCAAG ATGTGTATGT CTGTATGTGT ATCTTGACAG TCCAAAGTTA TGTTAAAATG TACAGTTTAA 2842
2843 AGAAAAATAA TGGACAATTT TTTGGGAAGC TTTTTTTTTT TAAGCTCTGA TCCTAGAATT GCCCCTGGTC ATGTTTTTAG ATCAGATAGT TCTATTAAAT GATGAATAAG 2952
2953 TGGAAATTAT TTATTCTGTC CTTAGAACGC TTGAGATTTT ATGTTTAACT CCAATGTAGA AACTGTGATG CACGTCATTG TTTAAGTGCC ATCTACTGGA TTGTGTTACT 3062
3063 CAGGAGACTC GAGAGACTGC AGACTTGAAA ACTGGAGCCT GTTACTGCTG TTTAAAATGT CCTGGATTTT CTCAATAAGA CATTTGATTA ACAATAAAAC TGTTAAACTA 3172
3173 CAAAAAAAAA AA                                                                                                          3184
```

图 3-19　大菱鲆 LHR 的基因 cDNA 序列及其编码氨基酸序列

ATG. 起始密码子；TGA. 终止密码子；信号肽序列. MPLWALCLLVALSGVLDA；→. 亮氨酸重复序列（LRR）；□. 跨膜螺旋区（TM Ⅰ~TMⅦ）；●. 潜在的 N 糖基化位点

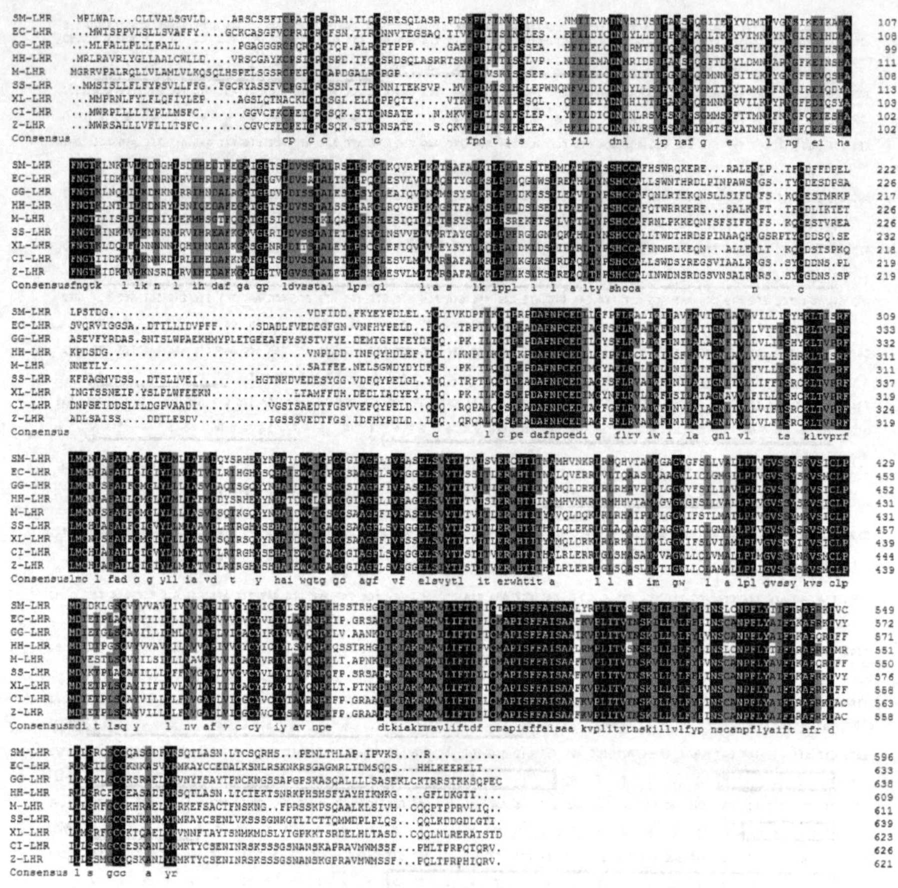

图 3-20 大菱鲆与其他物种 LHR 氨基酸序列比对图

序列中相同氨基酸残基用黑色背景表示，同源性超过 80%用灰色背景表示；石斑鱼（EC）HQ650770，家鸡（GG）AB009283，大西洋庸鲽（HH）EU502845，鼠（M）M81310，鲑（SS）AJ579790，爪蟾（XL）AB602929，草鱼（CI）EF194761，斑马鱼（Z）AY714133

酸序列中，存在蛋白激酶 C、酪蛋白激酶Ⅱ、环腺苷酸依赖的蛋白激酶等的磷酸化位点和 O 糖基化位点，在黑鲈 LHR 蛋白序列上也存在类似的磷酸化和糖基化位点（Kobayashi and Andersen，2008；Rocha et al.，2007）。大菱鲆 LHR 编码蛋白质序列中存在多处蛋白激酶磷酸化和糖基化位点，这表明大菱鲆 LHR 蛋白具有和其他硬骨鱼类相类似的翻译后加工方式，都需要经过相应的磷酸化和糖基化侧链修饰才能发挥其正常的生理功能。信号肽是位于分泌蛋白 N 端、由 15~30 个氨基酸组成的一段连续的氨基酸序列。信号假说认为，编码分泌蛋白的 mRNA 在翻译时首先合成的是 N 端带有疏水氨基酸残基的信号肽，信号肽引导核糖体并将其定位于内质网膜通道上，而且引导不断合成的蛋白质肽链通过内质网膜进入网腔内，随后信号肽被切除，而新合成的蛋白质则由内质网腔转运到相应靶位（von Heijne，1990）。因此，信号肽的功能是不仅决定了一个蛋白质是否为分泌性蛋白，

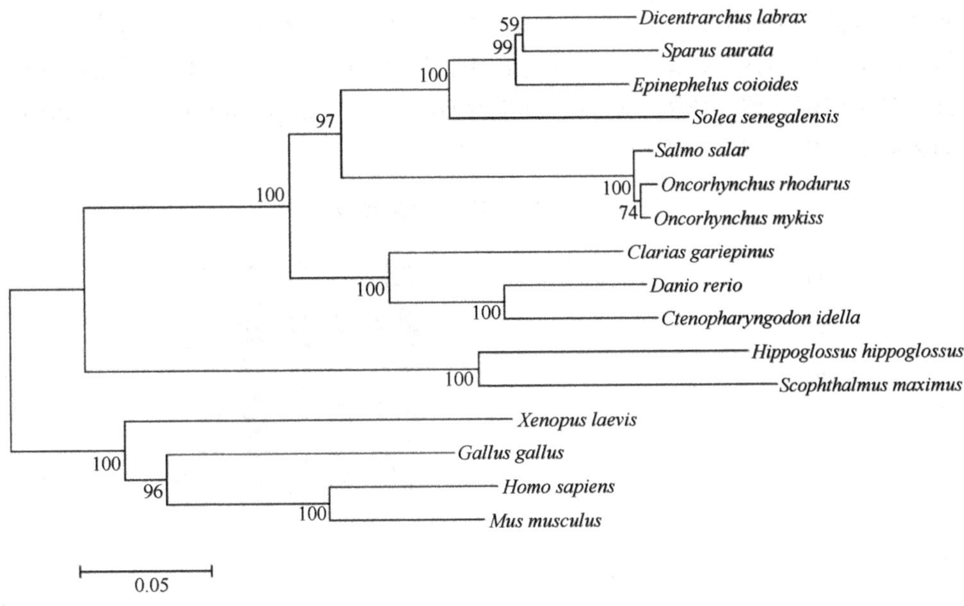

图 3-21　不同物种 LHR 氨基酸序列构建的系统进化树

Dicentrarchus labrax.欧洲狼鲈；*Sparus aurata*.金头鲷；*Epinephelus coioides*.石斑鱼；*Solea senegalensis*.塞内加尔鳎；*Salmo salar*.大西洋鲑；*Oncorhynchus rhodurus*.大马哈鱼；*Oncorhynchus mykiss*.虹鳟；*Clarias gariepinus*.鲶鱼；*Danio rerio*.斑马鱼；*Ctenopharyngodon idella*.草鱼；*Hippoglossus hippoglossus*.大西洋庸鲽；*Xenopus laevis*.爪蟾；*Gallus gallus*.鸡；*Homo sapiens*.人；*Mus musculus*.鼠

而且和蛋白质或新生肽链在细胞内的定位密切相关。通过对信号肽剪切位点预测分析，发现大菱鲆 LHR 蛋白存在明显的信号肽切割位点，在其他硬骨鱼类 LHR 蛋白上也发现了与其相类似的信号肽序列（Hu et al.，2011；Mittelholzer et al.，2009；Wong and Van Eenennaam，2004）。同时亚细胞定位的结果显示，LHR 蛋白大部分定位于内质网和细胞膜上，这表明 LHR 主要在内质网合成，合成后由内质网腔转运到细胞膜上，随后与相应的配体识别结合后，通过与 G 蛋白偶联产生酶促级联反应，激活细胞内信号转导通路，进而发挥调控细胞增殖、分化和凋亡的生物学功能。

对大菱鲆 LHR 氨基酸序列结构和跨膜区域进一步分析发现，在 369~391、398~420、442~464、485~507、531~553、574~596、611~663 氨基酸处含有 7 个跨膜结构域；在 15~33、102~125、127~147、156~175、201~224、228~248 氨基酸处有 6 个富含亮氨酸的重复序列（leucine-rich repeat，LRR）（图 3-19，图 3-22）。LRR 具有广泛的生物学作用，其作为一个蛋白质的识别基序介导蛋白质与蛋白质之间的相互作用，LRR 广泛分布于真核生物和原核生物，并且在多种组织和细胞中表达，其定位的特异性及同蛋白质相互作用的复杂性，决定了富含 LRR 的蛋白质的功能多样性，而富含 LRR 的蛋白质，大部分都参与了信号通路的转导，如激素–受体的相互作用、细胞黏附和细胞内物质转运等（Ng et al.，2011；Enkhbayar et al.，2004；Takahashi et al.，1985）。大量研究证实，在哺乳动物和硬骨鱼类 LHR 氨基酸序列中都普遍存在数量不等的 LRR，这些 LRR 序列对 LHR 蛋白的功能发挥起到重要辅助调节作用（Kobe and Kajava，2011；Levavi-Sivanet et al.，2010；Vischer and Bogerd，2003）。

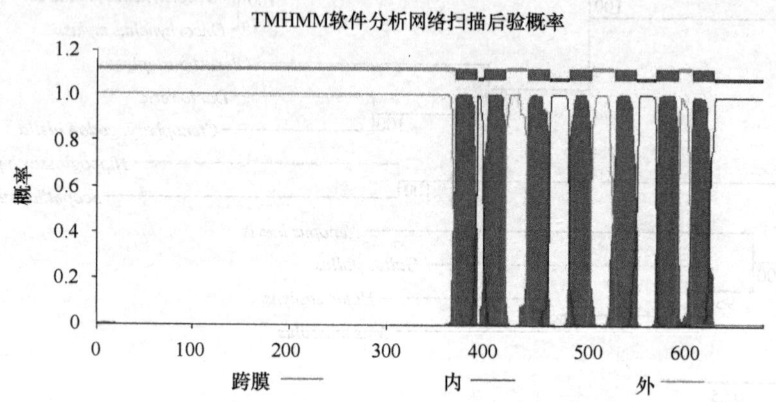

图 3-22　大菱鲆 LHR 蛋白跨膜区域（彩图可扫描封底二维码获取）

氨基酸二级结构（图 3-23）是高级结构的基础，同时也会对高级结构的形成产生影响，对蛋白质二级和三级结构分析发现，大菱鲆 LHR 蛋白二级结构主要以 α 螺旋和无规则卷曲为主，三级结构中存在 7 个 α 螺旋构成的结构域（图 3-24），这显著符合 GPCR 的基本特征。蛋白质结构与其相应的生物学功能密切相关，通过对蛋白质功能预测发现，大菱鲆 LHR 蛋白主要具有作为生物合成辅助因子、参与脂肪酸代谢、翻译和运载结合等功能，其中在运载结合和作为生物合成辅助因子方面起着关键性作用（表 3-4），这进一步表明了大菱鲆 LHR 作为 GPCR 超家族成员，通过与特异性配体识别结合后，启动不同的信号转导通路，将外源性信息传递到细胞内，引起细胞状态的改变，并最终发挥其调控性腺发育的生物学功能。

LHR 是促性腺激素受体家族重要成员，在脊椎动物卵子发育过程中扮演着重要角色。对硬骨鱼类研究表明：LHR 受体主要分布于卵巢组织，通过介导卵母细胞和周围滤泡细胞之间物质、能量和信息交流，调控卵母细胞的最后成熟和排卵（Swanson and Dickey，2003）。荧光定量 PCR 结果显示，LHR 的基因在大菱鲆卵巢组织中表达水平最高，同时在其他组织中也有表达，但都显著低于卵巢组织（图 3-25），这表明 LHR 在卵巢组织高表达，促进了大菱鲆雌性亲鱼卵巢的发育和排卵行为的发生。鱼类物种多样性决定了其繁殖策略具多样性，LHR 在非性腺组织中也有表达，特别是肝脏组织，这预示 LHR 除了参与卵巢的发育外，也可能对其他组织的发育有调控作用，但其作用机制需要进一步研究。同时对 LHR 在大菱鲆繁殖周期内表达发现，LHR 随着卵母细胞的发育，其表达量从卵黄蛋白原合成前期到卵母细胞核迁移期呈逐渐升高趋势，且在卵母细胞核迁移期达到最高，

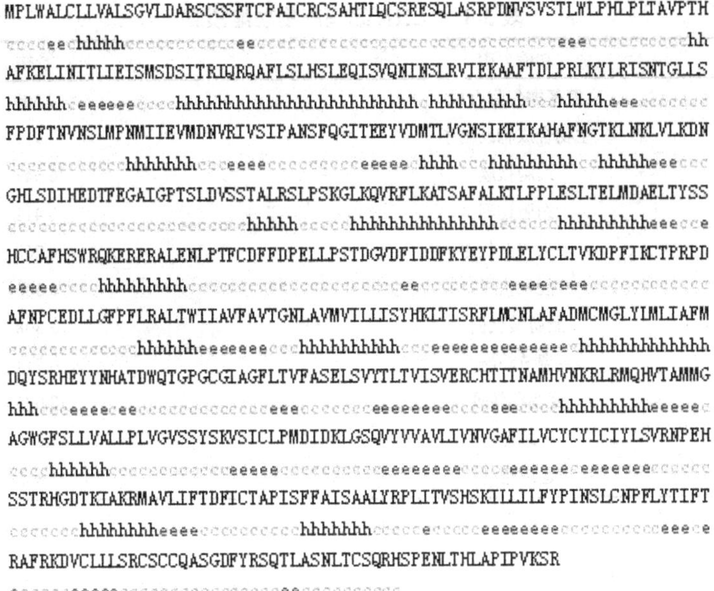

图 3-23　大菱鲆 LHR 蛋白二级结构（彩图可扫描封底二维码获取）

h.α 螺旋；e.β 折叠；c.无规则卷曲

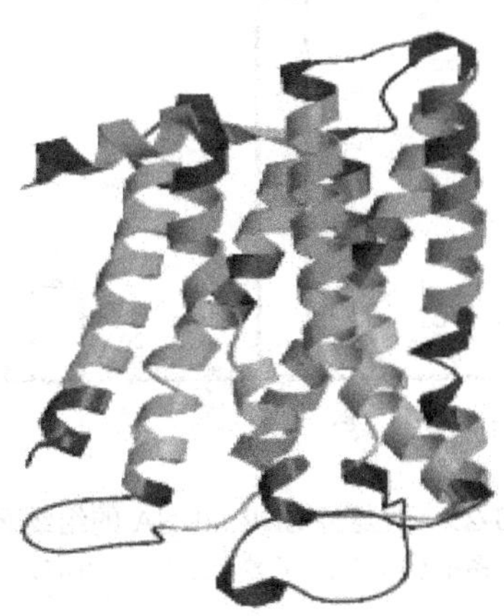

图 3-24　大菱鲆 LHR 蛋白三级结构（彩图可扫描封底二维码获取）

在卵母细胞闭锁期 LHR 表达量下降至最低（图 3-26）。在罗非鱼和斑马鱼上研究也证实，LHR 在卵巢发育过程中呈不同的表达模式，主要参与了卵母细胞的成熟和排卵（Kwok et al.，2005；Hirai et al.，2002；Zhang et al.，1997），这表明在大菱鲆繁殖周期中，LHR 参与调控卵母细胞发育，促进了卵母细胞的成熟和排卵。

以上结果表明：LHR 作为 GPCR 家族成员，编码氨基酸序列具有 GPCR 家族典型的七次跨膜螺旋结构、N 端胞外区域和 C 端胞内控制区，此序列位于鱼类 LHR 分支中，同大西洋庸鲽亲缘性最接近，同时 LHR 主要在卵巢中表达，且在卵母细

表 3-4 LHR 编码产物功能预测

功能分类	概率
氨基酸生物合成	0.500
生物合成辅助因子	2.917
细胞被膜	0.541
细胞过程	0.411
中央中介代谢	0.762
能量代谢	0.389
脂肪酸代谢	1.308
调节功能	0.211
复制和转录	0.075
翻译	1.614
运载结合	1.885

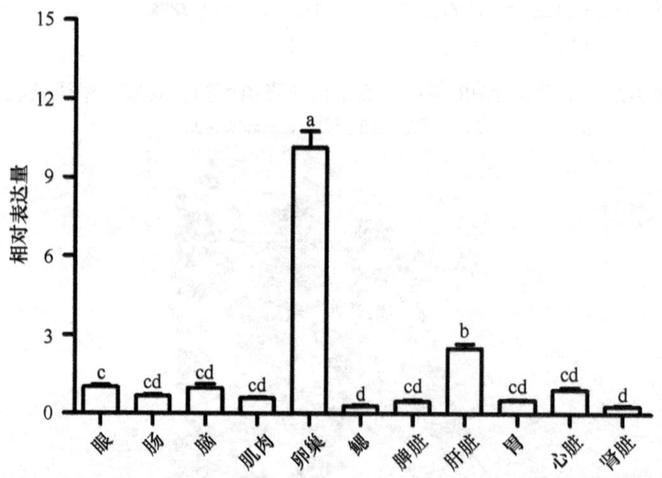

图 3-25 大菱鲆 LHR mRNA 的组织表达

图中不同字母表示差异显著（$P<0.05$）

胞核迁移期 mRNA 表达水平达到最高，为进一步揭示 LHR 在大菱鲆卵巢发育过程中的生物学功能奠定了基础，同时为研究其他海水养殖鱼类生殖周期调控提供重要参考。

三、雌激素及其受体在大菱鲆卵母细胞发育过程中的功能

性类固醇激素在调控下丘脑–垂体–性腺轴功能方面起着重要作用，其中雌激素在脊椎动物卵巢发育过程中发挥重要生理功能。卵巢滤泡细胞在垂体促性腺激素作用下合成分泌雌二醇，雌二醇经过血液循环到达肝脏，与其表面受体结合后，

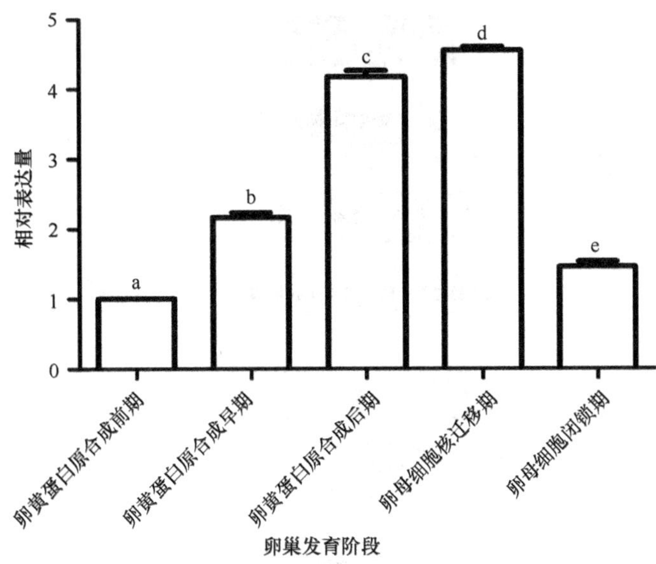

图 3-26　LHR 在大菱鲆卵巢发育阶段的表达

图中不同字母表示差异显著（P<0.05）

刺激肝脏合成卵黄蛋白原，随后卵黄蛋白原通过细胞胞饮作用进入卵母细胞，因此雌激素合成分泌及同其受体相互作用，在卵母细胞选择、闭锁和营养物质的转运等关键生理环节发挥重要调控作用。

1. 雌激素结构和功能

对雌激素结构研究表明，其属于脂类化合物，分子含有 18 个碳原子，在化学上属于环戊烷多氢菲的衍生物。动物体内的雌激素主要有雌二醇、雌三醇、雌酮 3 种，植物雌激素分子结构中无环戊烷多氢菲样基本结构，但具有雌激素生物活性。动物体内雌激素由卵巢分泌，其前体都是由胆固醇衍化而成的孕烯醇酮，而后在限速酶的催化下形成（图 3-27），在活性方面，以雌二醇最高。

雌激素在鱼类各个生长发育阶段都有一定生理效应。在 3~5 月龄冷水性鲑鳟卵巢内可观察到类固醇激素样结构，同时可检测到芳香化酶的活性，血液中也可以检测到雌二醇的存在，当人工注射促性腺激素后，血液中雌二醇浓度显著升高（Guiguen et al.，2010），这表明在幼鱼阶段卵巢已经具备了合成雌激素的能力和感受促性腺激素刺激的敏感性。在性成熟后，雌激素一方面在肝脏同其特异性受体结合后，诱导卵黄蛋白原的合成，为卵母细胞发育提供营养前体物质，另一方面当卵巢接受促性腺激素刺激，滤泡细胞合成雌激素后，对垂体促性腺激素的合成和分泌有生理性反馈调节作用。在卵黄生成前期，雌激素和垂体分泌的促性腺激素协同作用，共同诱导卵细胞增殖；在卵黄生成期，血液中雌二醇含量增加，直接诱导肝脏合成卵黄蛋白原，此时雌二醇对垂体分泌的促性腺激素起到生理性

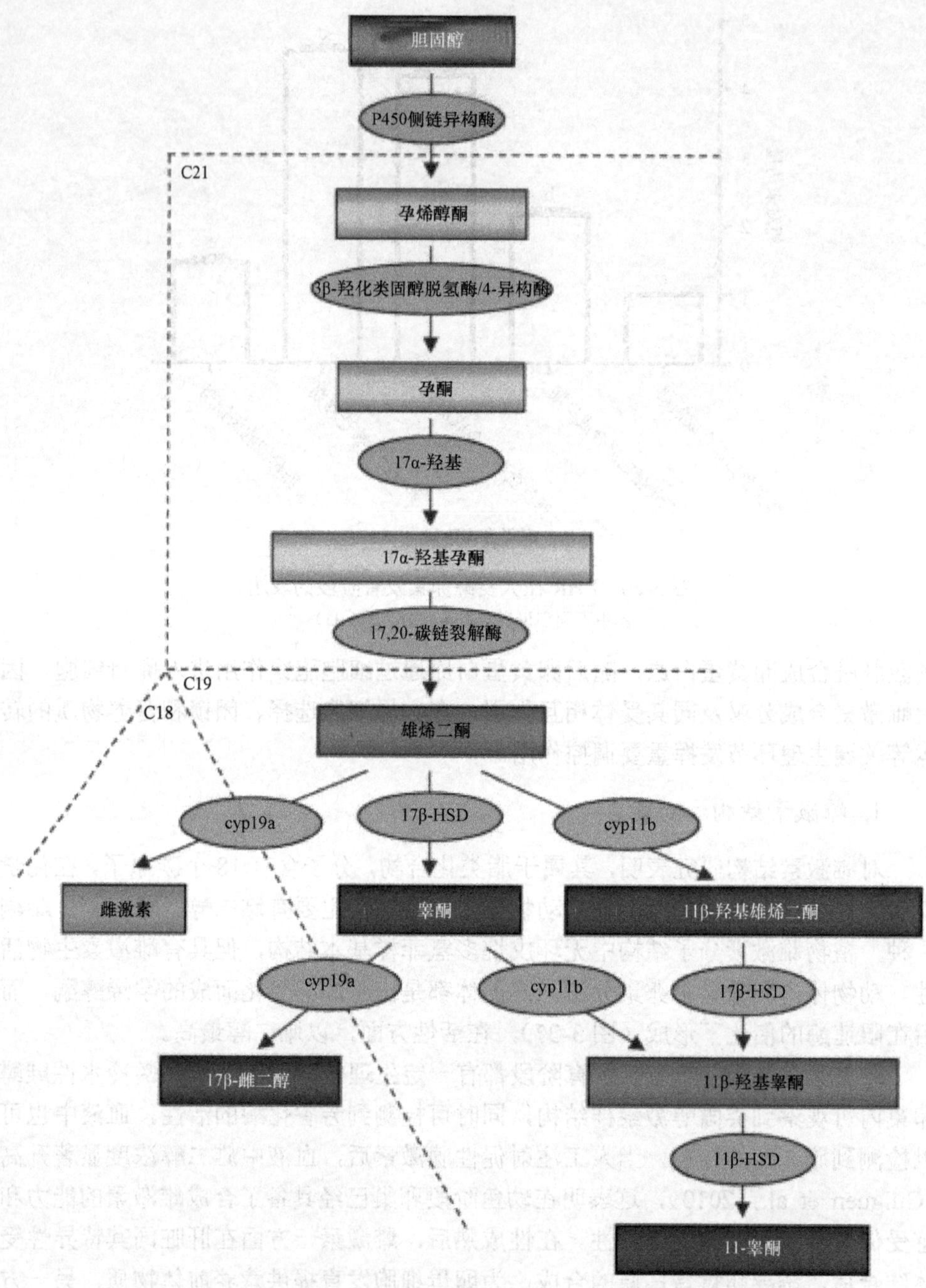

图 3-27 类固醇激素（雌激素和雄激素）合成分泌（Guiguen et al., 2010）
（彩图可扫描封底二维码获取）

负反馈调控作用。在繁殖周期后期，特别是在卵母细胞成熟和排卵前，血液中雌二醇含量降低，雌二醇对垂体分泌的促性腺激素的生理性反馈调控消失，促性腺激素含量急剧增加，当排卵前 LH 峰到来后，卵母细胞滤泡膜的双层细胞产生诱导卵母细胞最后成熟的 17α，20β-双羟孕酮，这表明雌激素对卵母细胞的最后成熟没有促进作用，但可能通过抑制孕酮活性或其生物合成，对卵母细胞最后成熟时间性的调节控制起间接作用，从而使卵母细胞按照自然节律达到最后的成熟。

2. 雌激素受体在大菱鲆卵巢发育过程中生理功能

卵子是卵母细胞生长和分化的最终产物，其发生、发育是一个复杂的生理过程，特别是从原始生殖细胞形成卵原细胞，一直到卵母细胞发育成熟，这一动态发育阶段的相关调控机制仍不清楚。大量的研究表明，在硬骨鱼类卵子发生、发育这个极其复杂的动态生理过程中，多种激素和细胞因子通过远距分泌、旁分泌和自分泌等多种途径共同作用使其有序进行。其中雌激素在卵子发育过程中发挥着关键性调控作用，而雌激素必须与靶细胞表面的特异性雌激素受体（estrogen receptor，ER）结合后才能行使其相应的生物学功能。鱼类 ER 同陆生哺乳动物类似，有 2 种类型，即 ERα 和 ERβ，但鱼类的物种多样性和进化保守性决定了 ERα 和 ERβ 存在不同亚型。对大多数硬骨鱼类而言，ER 存在 3 种亚型，即 ERα、ERβ1 和 ERβ2。但是对冷水性鱼类虹鳟，其 ER 有 4 种亚型，ERα1、ERα2、ERβ1 和 ERβ2（Nagler et al.，2007）。斑马鱼和青鳉 ER 有 3 种亚型，ERα、ERβ1 和 ERβ2（Menuet et al.，2002；Chakraborty et al.，2011；Bardet et al.，2002）。同时对少数进化上保守、可陆海活动的鱼类而言，如非洲肺鱼，其 ER 则只有 2 种亚型，ERα 和 ERβ（Hirai et al.，2002）。这表明鱼类 ER 类型存在种属上差异。

通过同源克隆和 RACE 技术获取了大菱鲆 ER 全长 cDNA 序列，结果发现，其雌激素受体只有 2 种类型，ERα 和 ERβ，其中 ERα 的 cDNA 全长 2912bp，开放阅读框（ORF）为 1725bp，编码 574 个氨基酸，5′端非编码区 114bp，3′端非编码区 1073bp（图 3-28）；ERβ 的 cDNA 全长 2390bp，开放阅读框（ORF）为 1623bp，编码 540 个氨基酸，5′端非编码区 642bp，3′端非编码区 125bp（图 3-29）。ERα 和 ERβ 编码区序列上游含有雌激素受体所特有的两段锌指序列 CAVCSDYASGYHYGVWSCEGC 和 CPATNQCTIDRNRRKSCQAC，该锌指结构是 DNA 特异性结合区域，对其与配体识别结合后生理功能的发挥有重要介导作用。

对其结构和功能分析显示，大菱鲆 ERα 和 ERβ 编码氨基酸的结构相似，主要有 A/B、C、D、E 和 F 5 个功能型区域（图 3-30）。其中 A/B 区域具有一个非配体依赖的转录激活区（ligand independent activation function 1，AF-1），该功能区不依赖配体即雌激素的激活，可能通过参与调节雌激素与受体的结合以调节雌激素应答基因的转录。C 区域又称 DNA 结合域（DNA binding domain，DBD），ERα 和 ERβ 在此区域基本一样，含有相同的外显子。该区域含有一个双锌指结构，两个锌指结构通过协同作用共同调节此区域与特异 DNA 的结合，以达到转录靶基因的目的。D 区域的作用是结合 DNA，有时还会影响受体蛋白质 DNA 结合位点

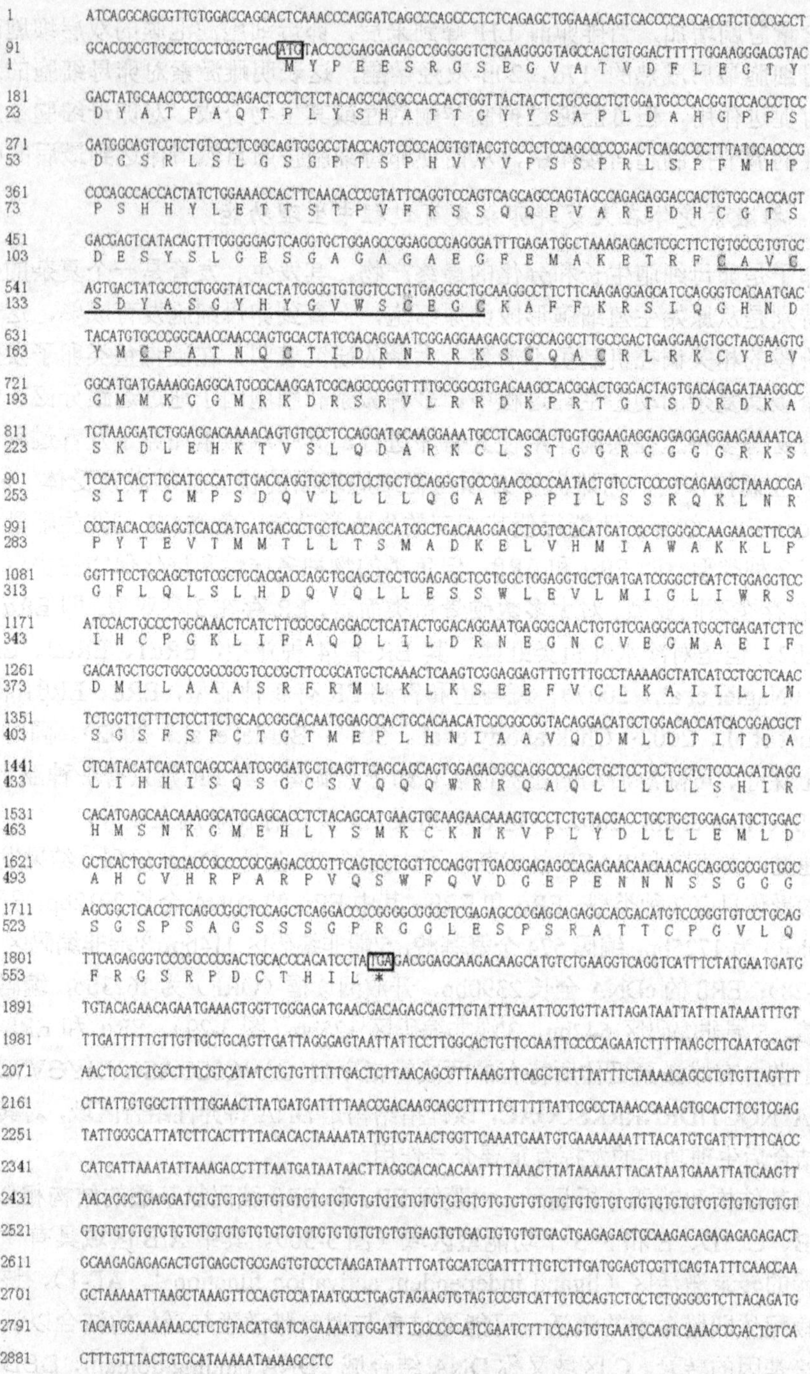

图 3-28 大菱鲆 ERα 和 Erαβ 的基因 cDNA 序列及其编码氨基酸序列

ATG. 起始密码子；锌指结构域. CAVCSDYASGYHYGVWSCEGC 和 CPATNQCTIORNRRKSCQAC；TGA. 终止密码子

```
1     ACGGGGCAGTCGGTCGGTGAACGGACTCGGAGCTCGACCTCTCCCGCTCCACACCGCCCACACCAGGCCGGACTTCACCTCTCTTGTCGG

91    CCCCGGGGCAACTTTTTTCTCTCCTCCCGCTGCCGCCGCCGCCTCCGCTGCCGCGCGTCTCCGGCCGGATCCACGTGCCGCCGCCTGATG

181   ACGTGGGACTCGTGGCAGGACGGAGGGGTGAGCTGTGGTGAAGACACGCTCCTGCCTGTTGTTCACCAGCTGCTGGATTGCTTCACATGA

271   TCAACCCCTCAGGATTTAGAACTGGGATCGGCTCTGTGTCGACACGTCACCACTGAGCAGAGTCATTACGAAGTCGGGCGCACGTTTGGT

361   GTGGACACTTGACTCCGTCTGAGGATTCACCATGTGAGCTCAGAGGTCACATTAATTTACAGCGGCCTGTGTAGGTACATCTGCCGGTCC

451   TTGTCCTTGTTCTGTGCCAGTGGGGTTTTCTTTTTTTCCCGTCAGGGCTACGATCCAGTACTTGTAAAAAAATAGATGACATTTTCACAG

541   TGAACTTGACACCGGGAGAAAGAAAAAATGACTCTATCCTTGGCCCTCATTCTCTGTTGATGATGGAGTAAATCTCGTGACACCGAGACT

631   GAGTCCGTAGCCATGATGGCCGCCGCCTCTCCAGAGGCGAACCAGCCCCGGCTGCAGCTCCAGGAGGTGGACTCCGGCCGAGTCGGGAGT
211                M  M  A  A  A  S  P  E  A  N  Q  P  R  L  Q  L  Q  E  V  D  S  G  R  V  G  S

721   TGCGTCCTCGCCCCGATGCTCGGCTCCCCGTCGCCCGGGCTGTCCCTCGACGCCAGCAAGCCCATCTGCATCCCGTCCCCTTACACCGAC
241    C  V  L  A  P  M  L  G  S  P  S  P  G  L  S  L  D  A  S  K  P  I  C  I  P  S  P  Y  T  D

811   CTCGGCCACGACTTCACCACCATTCCCTTCTACAGCCCCACCATCTTCAGCTACGCCGGTCCCAGCATTTCGGACTGTCCGTCCGTCCAC
271    L  G  H  D  F  T  T  I  P  F  Y  S  P  T  I  F  S  Y  A  G  P  S  I  S  D  C  P  S  V  H

901   CAGTCGCTCAGCCCCTCCTTGTTCTGGCCCGGCCACGGCCACATGGGGGCGCCCATTCCCCTGCACCACCACGCCCCGGCCCGACCCCAG
301    Q  S  L  S  P  S  L  F  W  P  G  H  G  H  M  G  A  P  I  P  L  H  H  H  A  P  A  R  P  Q

991   CACGGCCAGGCCATACAGAGTCCGTGGGTGGATTTGGCGCCACGGGACAGTGTCTCAACAAACAGCAAGAGCGCGAGGAGGCGTTCCCAG
331    H  G  Q  A  I  Q  S  P  W  V  D  L  A  P  R  D  S  V  S  T  N  S  K  S  A  R  R  R  S  Q

1081  GAGGGCGAGGAGGGCGTGGTGTCGTCGGGCGGCAAGGCGGACCTCCACTACTGCGCCGTGTGTCACGACTACGCCTCGGGCTACCACTAC
361    E  G  E  E  G  V  V  S  S  G  G  K  A  D  L  H  Y  C  A  V  C  H  D  Y  A  S  G  Y  H  Y

1171  GGCGTCTGGTCGTGTGAGGGCTGCAAGGCCTTCTTCAAGAGGAGCATCCAGGGACACAACGACTACATCTGCCCGGCAACCAATCAATGC
391    G  V  W  S  C  E  G  C  K  A  F  F  K  R  S  I  Q  G  H  N  D  Y  I  C  P  A  T  N  Q  C

1261  ACCATAGACAAGAATCGCCGTAAGAGCTGCCAAGCATGTCGCCTCCGGAAGTGCTATGAAGTCGGCATGACCAAGTGCGGAATGCGAAAG
421    T  I  D  K  N  R  R  K  S  C  Q  A  C  R  L  R  K  C  Y  E  V  G  M  T  K  C  G  M  R  K

1351  GAGCAGGGAACCTACCGGAACCCGAAGACGAGGCGACTGACCCGTCTGTCGGCGCAGGGCAGAGCGAACGGGCCCAAGGCTCTGACCGGG
451    E  Q  G  T  Y  R  N  P  K  T  R  R  L  T  R  L  S  A  Q  G  R  A  N  G  P  K  A  L  T  G

1441  CCGGCGGGCGGCCTGCTGATCGAGCTGCAGCCGCCGGCGCTGACCCCGGAGCAGCTGATCAAGCGGATCATGGAGGCGGAGCCGCCGGAT
481    P  A  G  G  L  L  I  E  L  Q  P  P  A  L  T  P  E  Q  L  I  K  R  I  M  E  A  E  P  P  D

1531  ATCTTCCTCATGAAGGACATGAGTGGACCGCTGACGGAGGCCAACGTCATGATGTCGCTCACCAACCTGGCGGACAAGGAGCTGGTCCAC
511    I  F  L  M  K  D  M  S  G  P  L  T  E  A  N  V  M  M  S  L  T  N  L  A  D  K  E  L  V  H

1621  ATGATCAGCTGGGCCAAGAAGATTCCAGGGTTCGTGGAGCTCGGCCTCTTGGACCAGGTGCACCTGCTGGAGTGCTGCTGGCTGGAGGTG
541    M  I  S  W  A  K  K  I  P  G  F  V  E  L  G  L  L  D  Q  V  H  L  L  E  C  C  W  L  E  V

1711  CTGATGATGGGGCTGATGTGGCGGTCGGTGGCCCACCCGGGGAAACTCATCTTCTCCCCCGACCTCAGCCTGAGCAGAGAAGAGGGGAGC
571    L  M  M  G  L  M  W  R  S  V  A  H  P  G  K  L  I  F  S  P  D  L  S  L  S  R  E  E  G  S

1801  TGTGTCCAGGGCTTCATGGAGATCTTTGATATGCTCATCGCCGCCACGTCCAGGGTGAGAGAGCTCAAGCTGCAGAGGGAGGAGTACGTC
601    C  V  Q  G  F  M  E  I  F  D  M  L  I  A  A  T  S  R  V  R  E  L  K  L  Q  R  E  E  Y  V

1891  TGCCTCAAGGCCATGATTCTCCTCAACTCCAACATGTGCCTCAGCTCCTCCGAGGGCAGCGAGGAGCCGCAGAGTCGCTCCAAGCTGCTT
631    C  L  K  A  M  I  L  L  N  S  N  M  C  L  S  S  S  E  G  S  E  E  P  Q  S  R  S  K  L  L

1981  CACCTCCTGGACGCCGTGACGGACGCTCTTGTGTGGGCCATCGCCAGGACCGGCCTCACCTTCCGCCAGCAGTACACCCGCCTCGCGCAC
661    H  L  L  D  A  V  T  D  A  L  V  W  A  I  A  R  T  G  L  T  F  R  Q  Q  Y  T  R  L  A  H

2071  CTGCTCATGCTGCTCTCGCACATCCGCCACGTCAGCAACAAAGGCATGGACCACCTCCACTGCATGAAGATGAAGAACATGGTGCCTCTG
691    L  L  M  L  L  S  H  I  R  H  V  S  N  K  G  M  D  H  L  H  C  M  K  M  K  N  M  V  P  L

2161  TACGACCTGCTGCTGGGGATGCTGGACGCCCACATCATGCACAGCTCCCGCCTGCCTCGCCAGGCGTCCCCCGGCAGCACCGGGGACGCA
721    Y  D  L  L  L  G  M  L  D  A  H  I  M  H  S  S  R  L  P  R  Q  A  S  P  G  S  T  G  D  A

2251  GGCGAACCCCAGTAGTCCCCAGACGGGAGAATCCACACGCCATGAGTTATTTCACTGCTTTGCACAAACCGATCCACAGGACTGATTCTG
751    G  E  P  Q  *

2341  GATGCCCGGTGAGCTTCTCGAGTCCCAAGATTAAAAGCTTTAGAAGTTCC
```

图 3-29 大菱鲆 Erαβ 的基因 cDNA 序列及其编码氨基酸序列

ATG. 起始密码子；TGA. 终止密码子；锌指结构域. CAVCHDYASGYHYGVWSCEGC 和 CPATNQCTIDKNRRKSCQAC

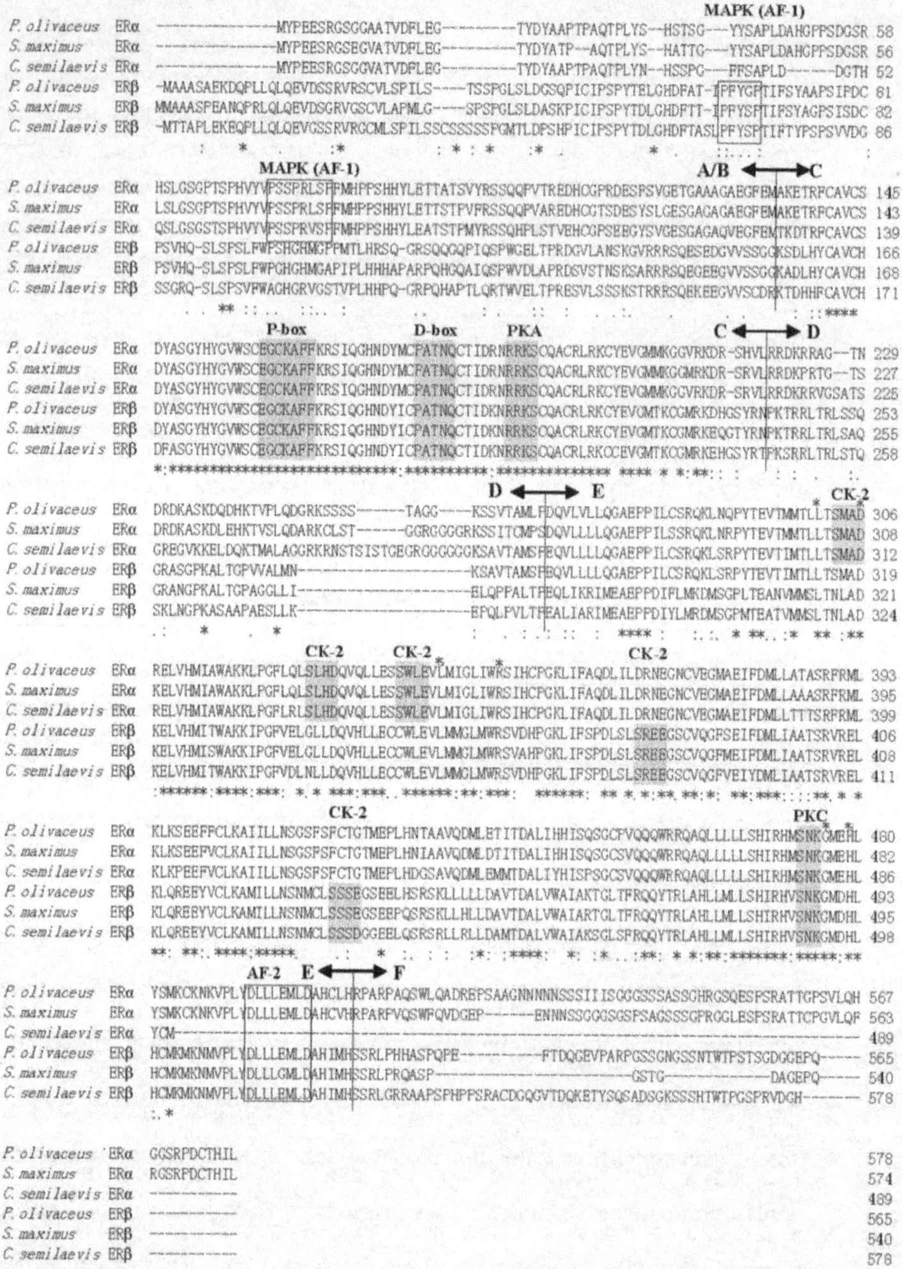

```
                                                                                      MAPK (AF-1)
P. olivaceus  ERα  --------------MYPEESRGSGGAATVDFLEG---------TYDYAAPTPAQTPLYS--HSTSG---YYSAPLDAHGPPSDGSR 58
S. maximus    ERα  --------------MYPEESRGSEGVATVDFLEG---------TYDYATP--AQTPLYS--HATTG---YYSAPLDAHGPPSDGSR 56
C. semilaevis ERα  --------------MYPEESRGSGGVATVDFLEG---------TYDYAAPTPAQTPLYN--HSSPG---FFSAPLD------DGTH 52
P. olivaceus  ERβ  -MAAASAEKDQPLLQLQEVDSSRVRSCVLSPILS----TSSPGLSLDGSQPICIPSPYTELGHDFAT-IPFYGPTIFSYAAPSIPDC 81
S. maximus    ERβ  MMAAASPEANQPRLQLQEVDSGRVGSCVLAPMLG----SPSPGLSLDASKPICIPSPYTDLGHDFTT-IPFYSPTIFSYAGPSISDC 82
C. semilaevis ERβ  -MTTAPLEKEQPLLQLQEVGSSRVRGCMLSPILSSCSSSSSPGMTLDPSHPICIPSPYTDLGHDFTASLPFYSPTIFTYPSPSVVDG 86
                          :   *   .   :*          : * : *     :* .           *  .  ::...:         :

                   MAPK (AF-1)                                                       A/B ←→ C
P. olivaceus  ERα  HSLGSGPTSPHVYVPSSPRLSFFMHPPSHHYLETTATSVYRSSQQPVTREDHGGPRDESPSVGETGAAAGAEGFEMAKETRFCAVCS 145
S. maximus    ERα  LSLGSGPTSPHVYVPSSPRLSFFMHPPSHHYLETTSTPVFRSSQQPVAREDHGGTSDESYSLGESGAGAGAEGFEMAKETRFCAVCS 143
C. semilaevis ERα  QSLGSGSTSPHVYVPSSPRVSFFMHPPSHHYLEATSTPMYRSSQHPLSTVEHGGPSEEGYSVGESGAGAQVEGFEMTKDTRFCAVCS 139
P. olivaceus  ERβ  PSVHQ-SLSPSLFWPSHGHMGPPMTLHRSQ-GRSQQGQPIQSPWGELTPRDGVLANSKGVRRRSQESEDGVVSSGGKSDLHYCAVCH 166
S. maximus    ERβ  PSVHQ-SLSPSLFWPGHGHMGAPIPLHHHAPARPQHGQAIQSPWVDLAPRDSVSTNSKSARRRSQEGEEGVVSSGGKADLHYCAVCH 168
C. semilaevis ERβ  SSGRQ-SLSPSVFWAGHGRVGSTVPLHHPQ-GRPQHAPTLQRTWVELTPRESVLSSSKSTRRRSQEKEEGVVSCDRKTDHHFCAVCH 171
                     . . ** ::..  ::.. :          ..       : .  ::  :   . . :.       . .    : :****

                          P-box          D-box   PKA                               C ←→ D
P. olivaceus  ERα  DYASGYHYGVWSCEGCKAFFKRSIQGHNDYMCPATNQCTIDRNRRKSCQACRLRKCYEVGMMKGGVRKDR-SHVLRRDKRRAG--TN 229
S. maximus    ERα  DYASGYHYGVWSCEGCKAFFKRSIQGHNDYMCPATNQCTIDRNRRKSCQACRLRKCYEVGMMKGGMRKDR-SRVLRRDKPRTG--TS 227
C. semilaevis ERα  DYASGYHYGVWSCEGCKAFFKRSIQGHNDYMCPATNQCTIDRNRRKSCQACRLRKCYEVGMMKGGVRKDR-SRVLRRDKRRVGSATS 225
P. olivaceus  ERβ  DYASGYHYGVWSCEGCKAFFKRSIQGHNDYICPATNQCTIDKNRRKSCQACRLRKCYEVGMTKCGMRKDHGSYRNPKTRRLTRLSSQ 253
S. maximus    ERβ  DYASGYHYGVWSCEGCKAFFKRSIQGHNDYICPATNQCTIDKNRRKSCQACRLRKCYEVGMTKCGMRKEQGTYRNPKTRRLTRLSAQ 255
C. semilaevis ERβ  DFASGYHYGVWSCEGCKAFFKRSIQGHNDYICPATNQCTIDKNRRKSCQACRLRKCCEVGMTKCGMRKEHGSYRTPKSRRLTRLSTQ 258
                   *:***************************:**********:************** **** * *:**:: :    :  :  :   :.

                                                       D ←→ E                              CK-2
P. olivaceus  ERα  DRDKASKDQDHKTVPLQDGRKSSSS------TAGG----KSSVTAMLPDQVLVLLQGAEPPILCSRQKLNQPYTEVTMMTLLTSMAD 306
S. maximus    ERα  DRDKASKDLEHKTVSLQDARKCLST------GGRGGGGRKSSITCMPSDQVLLLLQGAEPPILSSRQKLNRPYTEVTMMTLLTSMAD 308
C. semilaevis ERα  GREGVKKELDQKTMALAGGRKRNSTSISTGEGRGGGGGGKSAVTAMSFEQVLLLLQGAEPPILCSRQKLSRPYTEVTIMTLLTSMAD 312
P. olivaceus  ERβ  GRASGPKALTGPVVALMN-----------------------KSAVTAMSFEQVLLLLQGAEPPILCSRQKLSRPYTEVTIMTLLTSMAD 319
S. maximus    ERβ  GRANGPKALTGPAGGLLI-----------------------ELQPPALTFEQLIKRIMEAEPPDIFLMKDMSGPLTEANVMMSLTNLAD 321
C. semilaevis ERβ  SKLNGPKASAAPAESLLK-----------------------EPQLPVLTHEALIARIMEAEPPDIYLMRDMSGPMTEATVMMSLTNLAD 324
                   .:    *    .  *                         :   . :.: :: :  ****  :   :.:. * **..:*  ** :**

                                   CK-2     CK-2            CK-2
P. olivaceus  ERα  RELVHMIAWAKKLPGFLQLSLHDQVQLLESSWLEVLMIGLIWRSIHCPGKLIFAQDLILDRNEGNCVEGMAEIFDMLLATASRFRML 393
S. maximus    ERα  KELVHMIAWAKKLPGFLQLSLHDQVQLLESSWLEVLMIGLIWRSIHCPGKLIFAQDLILDRNEGNCVEGMAEIFDMLLAAASRFRML 395
C. semilaevis ERα  RELVHMIAWAKKLPGFLRLSLHDQVQLLESSWLEVLMIGLIWRSIHCPGKLIFAQDLILDRNEGNCVEGMAEIFDMLLTTTSRFRML 399
P. olivaceus  ERβ  KELVHMITWAKKIPGFVELGLLDQVHLLECCWLEVLMMGLMWRSVDHPGKLIFSPDLSLSREEGSCVQGFSEIFDMLIAATSRVREL 406
S. maximus    ERβ  KELVHMISWAKKIPGFVELGLLDQVHLLECCWLEVLMMGLMWRSVAHPGKLIFSPDLSLSREEGSCVQGFMEIFDMLIAATSRVREL 408
C. semilaevis ERβ  KELVHMITWAKKIPGFVDLNLLDQVHLLECCWLEVLMMGLMWRSVDHPGKLIFSPDLSLSREEGSCVQGFVEIYDMLIAATSRVREL 411
                   :******:****:***: *. * ***:***..******:**:***:   ******: ** *.*:**.**:*: **:***:::**.* *

                                      CK-2                                                  PKC
P. olivaceus  ERα  KLKSEEFPCLKAIILLNSGSFSFCTGTMEPLHNTAAVQDMLETITDALIHHISQSGCPVQQQWRRQAQLLLLLSHIRHMSNKGMEHL 480
S. maximus    ERα  KLKSEEFVCLKAIILLNSGSFSFCTGTMEPLHNIAAVQDMLDTITDALIHHISQSGCSVQQQWRRQAQLLLLLSHIRHMSNKGMEHL 482
C. semilaevis ERα  KLKPEEFVCLKAIILLNSGSFSFCTGTMEPLHDGSAVQDMLEMMTDALIYHISPSGCSVQQQWRRQAQLLLLLSHIRHMSNKGMEHL 486
P. olivaceus  ERβ  KLQREEYVCLKAMILLNSNMCLSSSEGSEELHSRSKLLLLLDAVTDALVWAIAKTGLTFRQQYTRLAHLLMLLSHIRHVSNKGMDHL 493
S. maximus    ERβ  KLQREEYVCLKAMILLNSNMCLSSSEGSEEPQSRSKLLHLLDAVTDALVWAIARTGLTFRQQYTRLAHLLMLLSHIRHVSNKGMDHL 495
C. semilaevis ERβ  KLQREEYVCLKAMILLNSNMCLSSSDGGEELQSRSRLLRLLDAMTDALVWAIAKSGLSFRQQYTRLAHLLMLLSHIRHVSNKGMDHL 498
                   **: **:.****:*****.    .:    *  :.  :  :   :*: :****:  *: :* ..:**: * *:**:*******:*****:**

                              AF-2  E ←→ F
P. olivaceus  ERα  YSMKCKNKVPLYDLLLEMLDAHCLHRPARPAQSWLQADREPSAAGNNNNNSSSIIISGGGSSSASSGHRGSQESPSRATTGPSVLQH 567
S. maximus    ERα  YSMKCKNKVPLYDLLLEMLDAHCVHRPARPVQSWFQVDGEP------ENNNSSGGGSGSPSAGSSSGPRGGLESPSRATTCPGVLQF 563
C. semilaevis ERα  YCM---------------------------------------------------------------------------------- 489
P. olivaceus  ERβ  HCMKMKNMVPLYDLLLEMLDAHIMHSSRLPHHASPQPE----------FTDQGEVPARPGSSGNGSSNTWTPSTSGDGGEPQ----- 565
S. maximus    ERβ  HCMKMKNMVPLYDLLLGMLDAHIMHSSRLPRQASP---------------------------GSTG-------------DAGEPQ----- 540
C. semilaevis ERβ  HCMKMKNMVPLYDLLLEMLDAHIMHSSRLGRRAAPSPHPPSRACDGQGVTDQKETYSQSADSGKSSSHTWTPGSPRVDGH-------- 578
                   :.*

P. olivaceus  ERα  GGSRPDCTHIL                                                                         578
S. maximus    ERα  RGSRPDCTHIL                                                                         574
C. semilaevis ERα  -----------                                                                         489
P. olivaceus  ERβ  -----------                                                                         565
S. maximus    ERβ  -----------                                                                         540
C. semilaevis ERβ  -----------                                                                         578
```

图 3-30　大菱鲆与鲆鲽鱼类 ERα 和 ERβ 基酸序列比对图

序列中相同氨基酸残基用黑色背景表示，同源性超过 80%用灰色背景表示；*S. maximus*.大菱鲆；*C. semilaevis*.半滑舌鳎；*P. olivaceus*. 牙鲆；MAPK. 丝裂原活化蛋白激酶；P-box. P 编码框；D-box. D 编码框；PKA. 蛋白激酶 A；PKC. 蛋白激酶 C；CK-2. 酪蛋白激酶 2；AF-1. 非配体依赖的转录激活区；AF-2. 配体依赖的转录激活区；:. 部分相同氨基酸；*，阴影. 完全相同氨基酸；方框. 非配体依赖的转录激活区和配体依赖的转录激活区；竖线. A/B、C、D、E、F 5 个功能区分界；A/B、C. DNA 结合域；D、E. 配体结合域；F. 未知功能域的结构。E、F 区域称为配体结合域（ligand binding domain，LBD）。E 区域功能最广泛，如与雌激素结合，参与受体二聚化、核定位及和辅助激活因子或辅助抑制因子结合等。同时 E 区域还包含有另外一个依赖配体的转录激活区（ligand-dependent activation function 2，AF-2），AF-2 遇到不同的雌激素会呈现出不同的构像，并决定转录靶基因所需要结合的辅助激活因子和辅助抑制因子。研究表明，ERβ 的 AF-1 功能微弱，而 AF-2 与 ERα 的 AF-2 相似，因此它们在转录水平对不同的雌激素应答反应作用有所不同，即转录基因同时需要 AF-1 和 AF-2 参与时 ERβ 的功能较 ERα 弱；在不需要 AF-1 时两种 ER 的功能相当。AF-1 与 AF-2 的相互配合，能够使转录因子获得最大的转录活性。当 DBD 与 DNA 结合后，AF-1 即可激活 DNA 的转录，AF-2 与 LBD 相重叠，当 AF-2 与雌激素结合后，即可激活 DNA 的转录。F 区域功能尚不明朗。D、E、F 区域统称为配体结合区，在此配体结合区雌激素受体 ERα 和 ERβ 有超过 50%的相同氨基酸序列，因此两种受体既有共同的配体，又有各自不同的配体。它们与配体结合形成复合物，在细胞内产生第二信使，经过一系列的酶促级联反应，将细胞外信号传递到细胞内，从而影响细胞的分化、增殖和凋亡，在内外因素的调节下，它们在靶细胞上的分布表达变化决定着卵子的命运。根据大菱鲆和其他物种 ERα 和 Erβ 的基因编码的氨基酸序列构建系统进化树，结果显示系统进化树可分为两大支，哺乳类、两栖类等四足类聚为一支；所有鱼类聚为一支，其中大菱鲆处于鱼类这一分支，且与牙鲆合为一个小的分支，亲缘性最近（图 3-31）。这些结果表明，大菱鲆 ERα 和 ERβ 在结构和功能上同鱼类与哺乳类 ERα 和 ERβ 类似，进化上具有高度保守性，同牙鲆同源性最高，这也表明了鱼类在进化过程中具有种属内高度保守性。

对硬骨鱼类研究表明：ERα 和 ERβ 在不同发育阶段具有显著不同的表达模式。在青鳉胚胎发育阶段 ERβ2 表达量显著高于 ERα 和 ERβ1，在成年雌鱼和雄鱼肝脏中 ERβ2 表达量显著高于 ERα 和 ERβ1，而在卵母细胞成熟阶段 ERα 在卵巢中表达量显著高于 ERβ1 和 ERβ2（Chakraborty et al.，2011）。在冷水性鱼类虹鳟上研究也发现，ERα1 在肝脏上表达，随着繁殖周期进行其表达量逐渐升高，在卵巢上 ERα2 呈现相同表达趋势（Nagler et al.，2007）。在大菱鲆上研究发现，ERα 和 ERβ 在各个组织均能检测到，其中 ERα 在肝脏、卵巢、垂体的表达量最高，ERβ 在卵巢表达量最高；同时发现肝脏中 ERα 表达量要显著高于 ERβ，而在卵巢中则完全相反（图 3-32）。这表明 ERα 可能主要参与介导了肝脏卵黄蛋白原合成，ERβ 则主要在卵巢发育成熟过程中发挥作用。

卵母细胞滤泡的颗粒细胞和膜细胞相互作用是卵子发育和维持正常功能的重要前提。在鱼类，滤泡膜的颗粒细胞和膜细胞共同参与了性类固醇激素合成，在鱼类卵巢生长发育阶段，卵母细胞滤泡的膜细胞和颗粒细胞共同合成雌二醇，诱导卵母细胞完成卵黄生成；而在卵巢的成熟阶段，卵母细胞滤泡的膜细胞和颗粒细胞共同合成 17α，20β-双羟孕酮，诱导卵母细胞的最后成熟和排卵，因此其在代谢上的

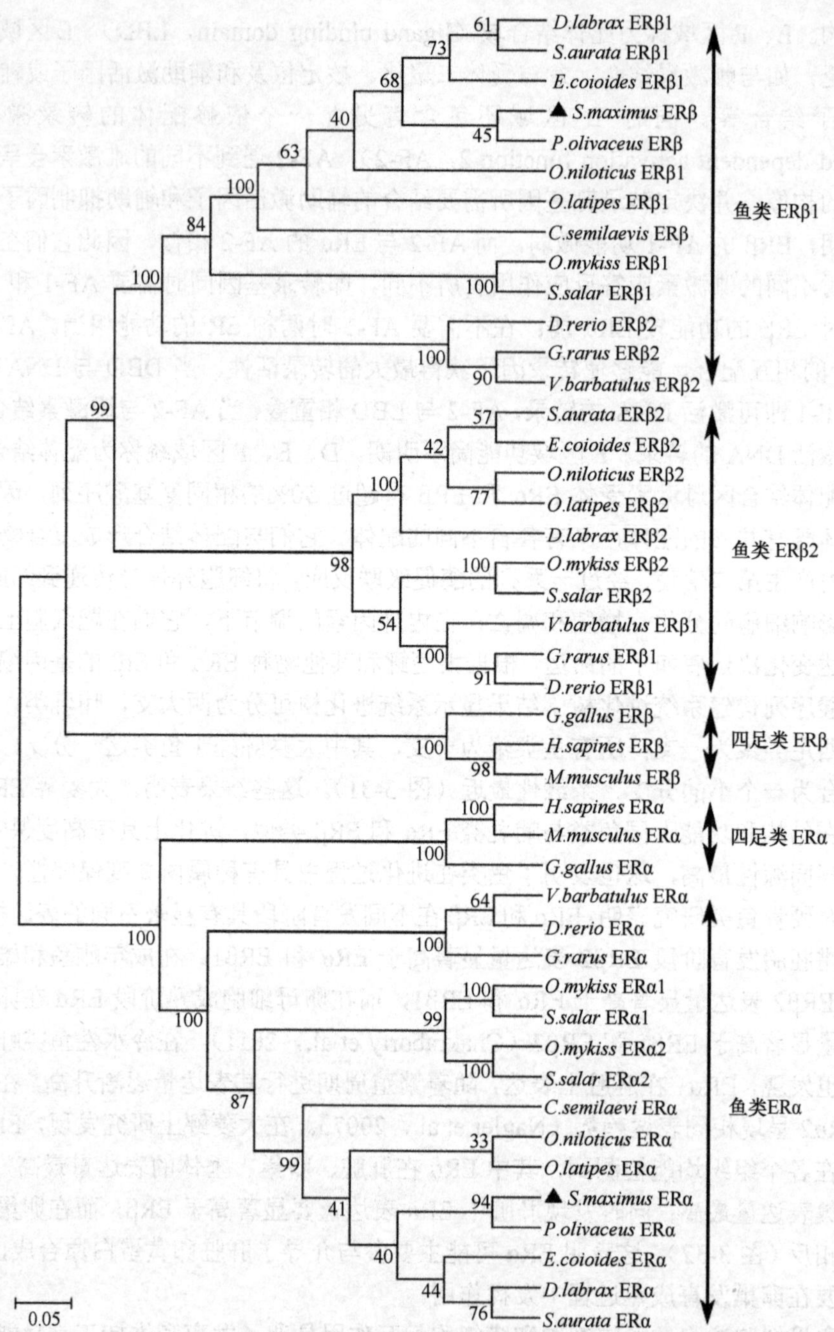

图 3-31 不同物种 ERα 和 ERβ 氨基酸序列构建系统进化树

C. semilaevis.半滑舌鳎；*D. labrax*.海鲈；*D. rerio*.斑马鱼；*E. coioides*.点带石斑鱼；*G. gallus*.鸡；*G. rarus*.稀有鮈鲫；*H. sapines*.人；*M. musculus*.小鼠；*O. latipes*.青鳉；*O. mykiss*.虹鳟；*O. niloticus*.尼罗罗非鱼；*P. olivaceus*.牙鲆；*S. aurata*.金头鲷；*S. salar*.大西洋鲑；*V. barbatulus*.台湾铲颌鱼▲. 大菱鲆

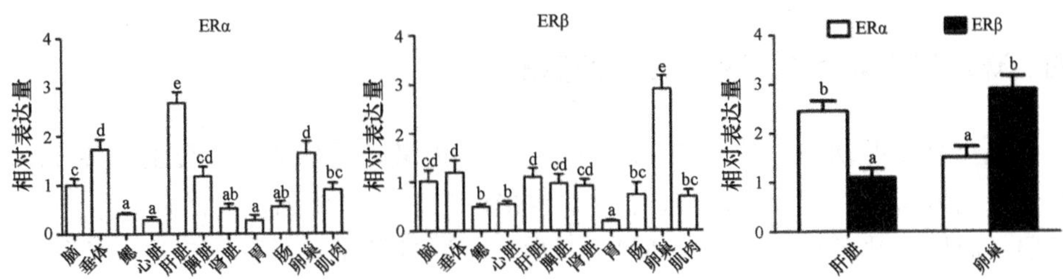

图 3-32　大菱鲆 ERα 和 ERβ mRNA 的组织表达

图中不同字母代表差异显著（$P<0.05$）

相互作用是鱼类卵巢性类固醇激素形成的主要模式，这与哺乳动物卵泡内性类固醇激素合成的细胞途径极为相似（Nagahama and Yamashita，2008）。随着鱼类卵子的发育，滤泡颗粒细胞和膜细胞增殖和分泌功能的激素调控模式发生变化，同时伴随着细胞互作模式如激素合成的代谢途径、旁分泌作用的改变。在大菱鲆繁殖产卵期，随着卵母细胞的发育，ERα 在肝脏表达量从卵黄蛋白原合成前期到卵母细胞核迁移期呈逐渐升高趋势，且在卵母细胞核迁移期达到最高，在卵母细胞闭锁期 ERα 表达量下降至最低，同时 ERβ 在卵巢的表达也呈现出相同变化趋势（图 3-33）。

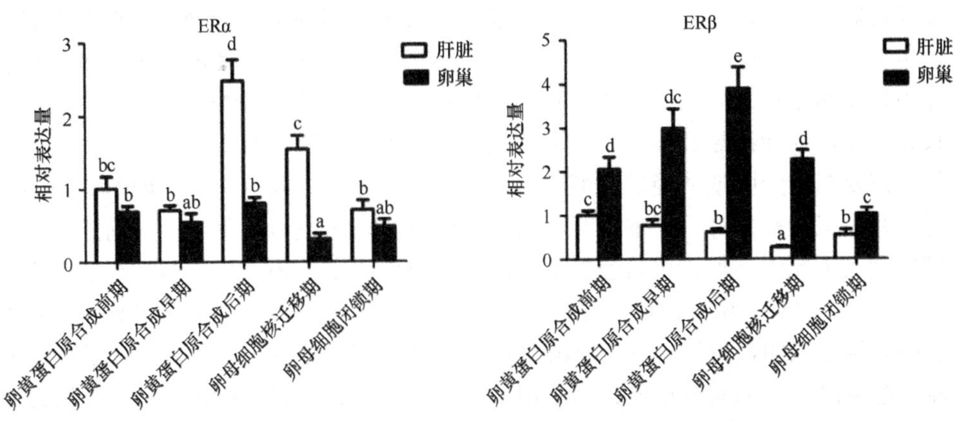

图 3-33　大菱鲆卵巢发育不同阶段 ERα 和 ERβ mRNA 在肝脏和卵巢组织的表达

图中不同字母代表差异显著（$P<0.05$）

以上结果表明，大菱鲆 ERα 和 ERβ 具有组织表达特异性，ERα 主要在肝脏表达，参与介导肝脏卵黄蛋白原合成，而 ERα 主要在卵巢表达，参与调控卵母细胞生长和成熟，同时在介导卵母细胞和周围滤泡细胞之间物质、能量和信息交换的双向通信过程中必然发挥着关键性调控作用，进而影响卵子发生、发育、凋亡和成熟，但是关于 ERα 和 ERβ 在靶细胞上具体分布，需要采用原位杂交方法确定。相关结果为研究肝脏–卵巢轴对大菱鲆卵母细胞发育的调控机制提供有效证据，同时为研究 ER 在大菱鲆繁殖周期中功能奠定了基础。

四、环境因子对大菱鲆卵巢发育的影响

鱼类是变温动物，其繁殖活动除要受机体内激素诱导通过内分泌、旁分泌和自分泌的方式对性腺发育进行调控外，也受外界各种环境因子的影响，研究证实，光照、温度、盐度和营养素可通过下丘脑–垂体–性腺轴介导影响鱼类卵巢发育。

1. 光照对大菱鲆卵巢发育的影响

光照是重要的生态因子，它不仅直接和间接地为生物提供能量，而且对生物的生长、发育和繁殖等生命活动产生重大影响，是鱼类生命周期中重要的控制因子。光通过眼球内的光感受器、视网膜细胞到达视觉中枢，产生神经冲动，将光信号转化为生物信号，作用于垂体，刺激促性腺激素分泌，调节卵巢和精巢发育及各种与繁殖相关的生命活动。研究表明，光照时间的长短与鱼类卵巢的发育和成熟直接相关，光照是鱼类生殖周期启动和产卵开始最显著的环境提示。光线刺激鱼类的视觉器官，通过中枢神经引起脑垂体的分泌活动，从而影响卵巢的发育。鱼类的生殖周期在很大程度上受光照时间长短的调节，光照周期的变化对鱼类性腺发育影响最大，可以引起鱼类性腺发育、成熟时间的提前或推迟。控制光照可使鱼类在非产卵时间内产卵。根据鱼类自然产卵季节光照时间的长短，可将它们分为长光照型和短光照型鱼类。在春、夏季产卵的鱼类属长光照型鱼类，只要延长光照期，就能诱导卵巢发育，使亲鱼提早成熟、产卵；冬季产卵的短光照型鱼类，需要缩短光照期才能促进卵巢发育和提前产卵。大菱鲆自然产卵季节为 5~8 月，在人工养殖条件下可通过长光照诱导促进其卵巢发育，使亲鱼提前产卵。通过控制人工光照周期，可将鱼类所需的自然光照周期缩短，促使鱼类提前发育、成熟，直至产卵。Imsland 等（2013）研究了光周期对大菱鲆生长、成熟和肉质的影响。结果表明，持续不间断 24h 光照可显著抑制大菱鲆生长，降低血液中 17β-雌二醇浓度，延迟其性成熟；而采用 16h 恒定光照，之后在性成熟前采用阶段性持续 24h 光照，随后再恢复 16h 恒定光照，大菱鲆生长速度和卵巢发育显著优于对照组，同时雄鱼血液中睾酮含量也显著高于对照组。Fores 等（1990）在大菱鲆（*Scophthalmus maximus*）的研究中发现，由原来每日恒定光照 8h 改变为每日光照 16h，如此连续 2 个月后，大多数接近性成熟雌鱼会成熟和产卵，所有雄鱼也会在同一周期内产生精液，并能达到很高的受精率和孵化率。另外，持续光照还可用来提早或推迟鱼类的排卵，可能是由光钝化所致。对禽类研究表明，持续长光照条件下，下丘脑光感受器将光能转化为神经冲动的能力下降，进而刺激垂体分泌促性腺激素能力下降，性腺发育停滞，而将其处于短光照情况下一段时间后，下丘脑则逐渐恢复了对光的敏感性。大菱鲆是否也存在类似光调控机制，尚未见详细报道，相关分子调控机制仍不明确。

除了光周期以外，光谱成分也对鱼类繁殖生长有影响。鱼类通过视网膜和视网膜外的光感受器来检测光谱成分的差异，对罗非鱼研究发现，蓝光条件下罗非鱼雌性亲鱼繁殖行为活跃，同时刺激了雄鱼筑巢、挖坑等繁殖期间特有行为；此外长波段红光可显著刺激热带鱼类蓝齿雀鲷卵巢的发育，诱导卵母细胞生长和成熟。在大菱鲆上研究也发现，幼鱼对不同背景颜色具有主动选择性，偏爱浅色背景，对黑红深色背景表现出明显排斥，这也从另一个角度说明不同光谱成分对其生长发育有显著影响。对家禽研究发现，可见光中蓝色光、青色光、紫色光能刺激家禽生产，而红色光、橙色光、黄色光则抑制家禽生长。相同的光照强度下，不同波长的各色光对性腺的刺激效应不同，红色光能促进精子生成，白色光的效应大大降低，紫色光基本无效应，绿色光对睾丸发育有抑制作用，红色光可显著提高产蛋鸡产卵行为，提高产蛋质量。在大菱鲆繁殖产卵期，常利用黄色光进行排卵前光照诱导调控，尚未进行过其他不同颜色可见光的诱导调控，是否也存在类似家禽的报道，尚不得知，仍需进一步深入研究。

由此可见，在大菱鲆繁殖产卵期综合采用调节光照周期和不同光波长这种方法来控制其卵巢发育，诱导排卵，特别是通过对光照周期的调控，可诱导和控制亲鱼在年周期内的任何一个月份产卵。

2. 温度对大菱鲆卵巢发育的影响

温度对鱼类卵巢的发育、成熟具有显著影响，在适温范围内，春、夏季产卵的鱼类，其卵巢发育的速度与温度成正比；而秋季产卵鱼类卵巢的最后成熟却要求降温条件。温度对鱼类繁殖的重要性还在于它是鱼类产卵的阈值，每种鱼在某一地区开始产卵的温度是一定的，一般低于这一温度就不能产卵。正在产卵的鱼类对水温的突然变化很敏感。温水性鱼类遇到水温突然下降，或冷水性鱼类遇到水温突然上升时，往往会停止产卵，当水温恢复正常，则又会恢复产卵，因此在鱼类的人工繁殖过程中，要特别注意养殖水体温度的调控，避免繁殖产卵期间温度剧烈波动。

温度通过影响雌激素和雄激素合成分泌来调控鱼类性腺发育。高温可显著抑制真鲷芳香化酶和 11β-羟化酶活性，阻滞卵母细胞的发育，导致其雌雄同体向雄性转化（Baroiller et al.，2009）。高温可显著抑制冷水性鲑鳟类雌激素合成分泌，进而导致肝脏中卵黄蛋白原合成减少，卵母细胞缺少卵黄合成前体，卵细胞发育、成熟和排卵受到显著影响。鱼类芳香化酶是合成雌激素的关键性限速酶，其主要有两个类型，即脑源型和卵源型。脑源型芳香化酶主要在脑部表达，在早期性别分化和决定过程中发挥关键性调控作用，研究证实，高温可抑制脑源型芳香化酶活性，导致向雄性转化的比例增加。卵源型芳香化酶主要在卵巢表达，其主要负责卵巢局部内分泌激素雌二醇的合成代谢，在冷水性虹鳟上研究表明，离体培养卵巢组织在 24℃培养 24h 后，卵巢芳香化酶和雌激素受体 α 转录水平显著下降，同时在培养液中加入外源性睾酮，24℃培养 24h 后，培养液中雌激素含量显著低于对照组，这表明高温可以阻断雌激素合成分泌及其受体的表达，进而影响雌激素同受体结合后的相关信号通路，导致卵母细胞发育停滞，同时较高温度虽可刺激虹鳟垂体促性腺激素分泌，但抑制精子发生（Ospina-Álvarez and Piferrer，2008）。

在大菱鲆相关研究中发现，较低养殖水温条件下大菱鲆幼鱼非特异性免疫指标，如替代补体途径活力、溶菌酶活力和吞噬活力均显著高于高养殖水温，养殖水温 15℃时大菱鲆幼鱼具有较高的抗鳗弧菌感染能力（Guerreiro et al.，2014）。对循环水养殖条件下大菱鲆养殖商品鱼研究表明，在 14~18℃内，大菱鲆摄食量随温度增加而增大，当温度降低为 21℃时，摄食量显著下降，存活率随着温度升高呈先升高后降低趋势。在大菱鲆繁殖产卵期间，温度对其繁殖产卵影响研究多集中在养殖水温调控、如何控温催熟产卵等生产工艺方面，而关于温度对其卵巢发育影响的分子基础和内分泌调控机制尚未有详细研究，特别是温度对大菱鲆下丘脑–垂体–性腺轴的影响及相关内分泌调控机制是下一步研究重点。

3. 盐度对大菱鲆卵巢发育的影响

盐度对卵巢发育的影响，多体现在对盐度反应敏感的鱼类上。广盐性鱼类生活在盐度变化范围较大的水环境中，它们能在较为广泛的盐度范围内维持相对稳定的渗透压和离子浓度，盐度对广盐性鱼类卵巢发育没有显著影响。但是对广盐性鱼类梭鱼研究发现，在淡水养殖中，其卵巢只能发育到Ⅳ期，卵母细胞即停止发育，此时进行人工催产的效果不好，而在海水中则无此现象。大菱鲆属于广盐性鱼类，盐度范围 12~40（均值为 26），养殖生产中发现，低盐度条件下，雌性亲鱼不能完成正常的排卵受精，同时在大菱鲆早期苗种培育期间，低盐度会影响仔鱼卵黄囊的浮力，早期仔鱼的营养吸收受阻和会出现动作紊乱。关于盐度对鱼类繁殖的调控机制，相关研究认为某些可能主要通过泌乳素来进行调控，但是是否存在明确的调控通路尚不明确。在大菱鲆繁育研究方面，盐度对其卵巢发育和产卵性能的影响远不如光照和温度那么明显，所以盐度对大菱鲆卵巢发育来说不是主要的环境影响因素。

4. 营养素对大菱鲆卵巢发育的影响

营养素对鱼类的性腺发育、成熟和胚胎发育、孵化至关重要。成熟的鱼类卵巢占鱼体质量的 20%左右，因此鱼类在其性腺发育过程中需要从外界摄取充足的营养物质，以提供卵母细胞发育所需的大量营养物质。当营养不良时，鱼类的生长、生殖机能均会下降，鱼类即使处于轻度或临界营养缺乏状态，也无临床症状表现时，它们的营养物质代谢也会受到不利影响，从而使得鱼类的生长、生殖潜力得不到充分发挥。特别是处于繁殖产卵前期的亲鱼，摄食量和摄食的食物成分会直接影响其体内和卵的蛋白原、17β-雌二醇和睾酮的水平，这不仅会影响到卵子的质量，而且对亲鱼后续繁殖生产能力造成影响。在大菱鲆亲鱼的养殖实践中，养殖从业者通常习惯采取投喂鲜杂鱼的方式对繁殖产卵期前亲鱼进行营养强化，一方面满足不了大菱鲆亲鱼繁育的营养需求，另一方面易使亲鱼滋生细菌和寄生虫等，造成亲鱼卵子质量差，受精率、孵化率降低，胚胎发育不佳，仔、稚鱼死亡率高等现象，这严重影响了苗种的质量和产量。因此，进行大菱鲆亲鱼配合饲料的开发，使用优质饲料饲喂大菱鲆亲鱼，可有效减少疾病发生的风险，并能满足亲鱼生长和繁殖的营养需求，提高苗种的质量和产量。

（1）维生素

食物中的维生素对于鱼类的生长发育至关重要，如缺乏维生素，则鱼类的生长将停滞，甚至导致死亡，它们直接或间接地会对鱼类的生殖产生影响。在诸多维生素中，与鱼类卵巢发育最具相关意义的是维生素 A（VA）、维生素 E（VE）和维生素 C（VC）。

VA 是具有脂环的一元不饱和醇类或具有醇类活性的化合物，又称为视黄醇，属于脂溶性维生素。它是动物生长发育过程中重要的营养素之一，尤其对维持动物生长、上皮组织分化、繁殖性能、视觉功能的正常及提高疾病抵抗能力等有着重要作用。此外，通过胡萝卜素酶作用，体内的胡萝卜素和类胡萝卜素能转变为具有生物活性的 VA。维生素 A 可通过调控生殖细胞的分化和增殖，直接影响胚胎的生长和发育，也可通过促进卵巢类固醇激素的生成，影响卵泡细胞和胚胎的发育；或者通过两种方式的联合作用来调节早期胚胎的形成和后期发育。对大菱鲆雌性亲鱼研究表明，随着饲料中维生素 A 添加剂量的提高，卵子中多不饱和脂肪酸的含量有增加的趋势，且在 10 000IU/kg 添加剂量下达到最高，同时饲料中添加维生素 A 可以显著提高大菱鲆雌性亲鱼产卵量、受精率和孵化率，对后代仔、稚鱼的发育有显著促进作用，维生素 A 对繁殖产卵期亲鱼机体抗氧化性能有提升作用（Fernández and Gisbert，2011）。

VC 属于水溶性维生素，因其对坏血病有防治作用，故称其为抗坏血酸。VC 是包括鱼类在内的各种生物维持正常生理功能、机体健康所必不可少的微量营养成分之一。对鲑鳟研究发现，饲料中添加 115mg/kg 维生素 C 可显著提高亲鱼的怀卵力，且亲鱼的怀卵力又与 VC 在性腺中的浓度有明显的相关性，即卵巢中 VC 的含量高，则怀卵力高，卵巢中 VC 的浓度低，则怀卵力低；为了维持卵巢中大于 20g/kg 的维生素 C 浓度水平，亲鱼饲料中应当添加足够的 VC（Darias et al.，2011）。在大菱鲆繁殖产卵期间发现，雌性亲鱼产卵前 2~3 个月，投喂鲜杂鱼和富含维生素 C 的饲料相比，鲜杂鱼试验组大菱鲆亲鱼卵子中维生素 C 的含量仅为正常含量的一半，而投喂适量维生素 C 的试验组亲鱼所产卵子的维生素 C 含量为正常含量的两倍，如果继续添加过量的维生素 C，并不能使卵子中维生素 C 含量增加，说明维生素 C 的含量已达到饱和。单独饲喂亲鱼富含维生素 C 饲料时发现，随着饲料中维生素C添加量的增加，亲鱼的性腺指数、产卵次数、上浮卵率、受精率和孵化率均显著提高；亲鱼卵和组织中维生素C含量随饲料中维生素C添加量的增加而显著升高，鱼的卵径和油球径有上升的趋势，卵径和油球径均无显著差异。此外，亲鱼肝脏、卵巢和血清中超氧化物歧化酶（superoxide dismutase，SOD）活性随饲料中维生素C添加量的增加而显著升高，而丙二醛（malondialdehyde）含量则显著下降。这表明饲料中添加适量维生素C，可有效地改善大菱鲆亲鱼的繁殖性能。

VE又被称为生育酚，自然界中有8种维生素E的存在形式，按结构分为生育酚、生育三烯酚两大类，分别为α、β、γ和δ 4种类型。生物活性最高的为α生育酚。α生育酚通常以酯形式存在来维持其稳定性。虽然鱼类一般对VE的需求量较低，但它在鱼类的产卵生理过程和卵的质量保证中扮演着十分重要的角色。当VE缺乏时，鱼类表现为贫血、生长阻滞、性腺成熟指数降低、产卵量减少。试验表明，缺乏VE，卵巢的水分含量显著增高，而蛋白质与脂质的含量则降低，说明卵巢磷脂的减少与卵细胞的发育受阻具有关联（Hamre，2011）。

（2）蛋白质

饲料中蛋白质的含量对鱼类配子的发育、成熟和受精卵的胚胎发育及孵化率都会产生明显的影响。低蛋白质的食物会影响到鱼类生长发育、性腺发育，导致生殖力低下、卵径小、卵质差、孵化率低等不良后果。因为亲鱼主要是通过从食物中贮备必需氨基酸等营养物质来控制卵黄蛋白原的合成和吸收而影响卵子的质量，所以饲料中蛋白质的含量必需充分满足鱼类生长发育及性腺发育的需要。

大菱鲆为肉食性鱼类，动物蛋白是蛋白质需求中主要组成部分。研究表明，大菱鲆幼鱼对饲料蛋白的适宜需求量为57%，同时利用大豆浓缩蛋白、玉米粉蛋白替代鱼粉饲喂大菱鲆商品鱼发现，随着替代蛋白含量增加，当替代比例超过25%时，大菱鲆的摄食率、特定生长率、饲料效率和蛋白质效率都显著下降，这表明选择合适动物蛋白和适宜植物蛋白替代比例对大菱鲆生长发育至关重要。有关饲料蛋白对大菱鲆性腺发育和繁殖产卵性能的影响，尚未有系统报道。

（3）脂肪酸

研究和生产实践表明，鱼类饲料中的脂类含量及比例对鱼类卵子质量及其脂肪酸组成的影响很大，其中特别是对高度不饱和脂肪酸（n-3 HUFA）的影响最大。在n-3 HUFA中，尤以20:5n-3（DHA）和22:6n-3（EPA）对卵子质量的影响最为显著。在大菱鲆繁殖产卵期间，富含DHA和EPA的卵，具有高的受精率、孵化率和仔鱼存活率（Jia et al.，2014），常饲喂乌贼和章鱼粉来补充亲鱼性腺发育所必需的脂类和必需脂肪酸。研究表明，亲鱼摄食以乌贼蛋白为基础的饲料与摄食以鱼粉为基础的饲料相比较，前者不但易于消化吸收，而且所产卵子的蛋白质含量较高，产卵量约可增加40%以上。饲料中如用乌贼粉取代50%的鱼粉，则可有效增强卵子的活力。同时，使用优质鱼油强化活饵料或添加于配合饲料中，可有效提高DHA和EPA的含量，进而得到高质量卵子。

（4）矿物质

长期的饲养试验证明，微量元素对鱼类产卵也有很大影响。用无微量元素的饲料喂养鱼，不仅生长和饲料效率低下，而且所产卵子的卵质也不佳。试验证明如饲料鱼粉中所含微量元素的量不足，也会引起利用率的降低，因此在亲鱼饲料中需要适量添加微量元素。微量元素缺乏的饲料会影响鱼卵中微量元素的组成，进而影响受精后胚胎的发育和仔、稚鱼的生长存活。一般矿物质缺乏至症状出现需有一段相当长的时间才能反映出来，故对于鱼卵中矿物质元素的分布与卵质的相关性应加以关注。在香鱼亲鱼的饲养试验中发现，投喂不添加磷的饲料，雌性亲鱼生长发育不良，产卵量低，卵质较差，受精率、孵化率低，仔鱼畸形率高，正常仔鱼占总产卵数比例仅为0.3%。在大菱鲆亲鱼繁殖产卵期间，尚未关注矿物质营养对其性腺发育影响，可能在亲鱼营养强化阶段已满足了亲鱼对矿物质的需求，但矿物质是否对胚胎发育及后期仔、稚鱼生长存活有影响，尚不明确，仍需进一步研究。

综上，充足、优质的饲料是保证大菱鲆生长和性腺发育的基本条件。因此应当特别重视对大菱鲆亲鱼的营养培育，为处于生长期的卵母细胞提供充足的营养，同时结合光照和温度调控，系统性集成、配套、组装形成标准化大菱鲆苗种繁育生产工艺。

参 考 文 献

邓思平, 陈松林, 田永胜, 等. 2007. 半滑舌鳎的性腺分化和温度对性别决定的影响. 中国水产科学, 14(5):714-719

董在杰, 袁新华, 缪为民. 2004. 鱼类的性别决定和分化及其研究方法综述. 湛江海洋大学学报, 24(6):74-79

雷霁霖. 2005. 海水鱼类养殖理论与技术. 北京: 中国农业出版社

林浩然. 2011. 鱼类生理学. 广州: 中山大学出版社

柳学周, 庄志猛. 2014. 半滑舌鳎繁育理论与养殖技术. 北京: 中国农业出版社

马学坤. 2006. 半滑舌鳎性腺分化的组织学和免疫化学研究. 青岛: 中国海洋大学硕士学位论文

马学坤, 柳学周, 温海深, 等. 2006. 半滑舌鳎性腺分化的组织学观察. 海洋水产研究, 27(2):55-61

王德寿, 吴天利. 2000. 鱼类性别决定及其机制的研究进展. 西南师范大学学报(自然科学版), 25(3):296-304

杨慧荣, 赵会宏, 陈彦珍. 2013. 胰岛素样生长因子IGF系统与鱼类性腺的研究进展. 动物学杂志, 48(2):306-313

杨增明, 孙青原, 夏国良. 2005. 生殖生物学. 北京: 科学出版社

赵燕，季相山，陈松林. 2006. 大菱鲆精子低温短期保存. 海洋水产研究, 27(4): 48-52

Aiko U. 2004. Assessment of Growth and Its Regulation through Insulin-like Growth Factor-Ⅰ in Southern flounder, *Paralichthys lethostigma*. Raleigh NC USA: North Carolina State University

Arai K. 2001. Genetic improvement of aquaculture finfish species by chromosome manipulation techniques in Japan. Aquaculture, 197(1):205-228

Bardet PL, Horard B, Robinson-Rechavi M, et al. 2002. Characterization of oestrogen receptors in zebrafish (*Danio rerio*). J Mol Endocrinol, 28: 153-163

Baroiller J, D'Cotta H, Saillant E. 2009. Environmental effects on fish sex determination and differentiation. Sex Dev, 3(2):118-135

Baynes SM, Verner-Jeffreys D, Howell BR. 2006. Research on finfish cultivation. Lowestoft: Science Series Technical Report, 64

Berishvili G, Cotta HD, Baroiller J, et al. 2006. Differential expression of IGF-Ⅰ mRNA and peptide in the male and female gonad during early development of a bony fish, the tilapia *Oreochromis niloticus*. Gen Comp Encocrinol, 146(3):204-210

Biran J, Golan M, Mizrahi N, et al. 2014. LPXRFa, the piscine ortholog of GnIH, and LPXRF receptor positively regulate gonadotropin secretion in tilapia (*Oreochromis niloticus*). Endocrinology, 155(11): 4391-4401

Blázquez M, Carrillo M, Zanuy S, et al. 1999. Sex ratios in offspring of sex-reversed sea bass and the relationship between growth and phenotypic sex differentiation. J Fish Biol, 55(5):916-930

Bogerd J. 2007. Ligand-selective determinants in gonadotropin receptors. Mol Cell Endocrinol, 260: 144-152

Bouza C, Sanchez L, Martínez P. 1994. Karyotypic characterization of turbot (*Scophthalmus maximus*) with conventional, fluorochrome and restriction endonuclease-banding techniques. Mar Biol, 120(4):609-613

Cal R M, Vidal S, Gómez C, et al. 2006. Growth and gonadal development in diploid and triploid turbot (*Scophthalmus maximus*). Aquaculture, 251(1):99-108

Casas L, Sánchez L, Orbán L. 2011. Sex-associated DNA markers from turbot. Mar Biol Res, 4(7):378-387

Chaffin CL, Vandevoort CA. 2013. Follicle growth, ovulation, and luteal formation in primates and rodents: a comparative perspective. Exp Biol Med, 238: 539-548

Chakraborty T, Shibata Y, Zhou LY, et al. 2011. Differential expression of three estrogen receptor subtype mRNAs in gonads and liver from embryos to adults of the medaka, *Oryzias latipes*. Mol Cell Endocrinol, 333: 47-54

Charnov EL, Bull J. 1977. When is sex environmentally determined? Nature, 266(5605):828-830

Chen S, Ji X, Shao C, et al. 2012. Induction of mitogynogenetic diploids and identification of WW super-female using sex-specific SSR markers in half-smooth tongue sole (*Cynoglossus semilaevis*). Mar Biotechnol, 14(1):120-128

Chen S, Li J, Deng S, et al. 2007. Isolation of female-specific AFLP markers and molecular identification of genetic sex in half-smooth tongue sole (*Cynoglossus semilaevis*). Mar Biotechnol, 9(2):273-280

Chen S, Tian Y, Yang J, et al. 2009. Artificial gynogenesis and sex determination in half-smooth Tongue sole (*Cynoglossus semilaevis*). Mar Biotechnol, 11(2):243-251

Conover DO, Kynard BE. 1981. Environmental sex determination: interaction of temperature and genotype in a fish. Sci, 213:577-579

Cuñado N, Terrones J, Sánchez L, et al. 2001. Synaptonemal complex analysis in spermatocytes and oocytes of turbot, *Scophthalmus maximus* (Pisces, Scophthalmidae). Genome, 44(6):1143-1147

Darias MJ, Mazurais D, Koumoundouros C, et al. 2011. Overview of vitamin D and C requirements in fish and their influence on the skeletal system. Aquaculture, 315: 49-60

Devlin RH, Nagahama Y. 2002. Sex determination and sex differentiation in fish: an overview of genetic, physiological and environmental influences. Aquaculture, 208:191-364

Díaz N, Ribas L, Piferrer F. 2011. Growth and sex differentiation relationship in the European sea bass(*Dicentrarchus labrax*). Ind J Sci Technol, 4(S8):69-70

Díaz N, Ribas L, Piferrer F. 2013. The relationship between growth and sex differentiation in the European sea bass (*Dicentrarchus labrax*). Aquaculture, 408:191-202

Dodd JM. 1972. The endocrine regulation of gametogenesis and gonad maturation in fishes. Gen Comp Endocrinol, 3: 675-687

Enkhbayar P, Kamiya M, Osaki M, et al. 2004. Structural principles of leucine-rich repeat (LRR) proteins. Proteins, 54(3): 394-403

Fernández I, Gisbert E. 2011. The effect of vitamin a on flatfish development and skeletogenesis: a review. Aquaculture, 315: 34-48

Fores J, lglesias J, Olmedo M, et al. 1990. Induction of spawning in turbot (*Scophthalmus maximus*) by a sudden change in the photoperiod. Aquac Engine, 9(5): 357-366

Goto R, Kayaba T, Adachi S, et al. 2000. Effects of temperature on sex determination in marbled sole *Limanda yokohamae*. Fish Sci, 66(2):400-402.

Goto R, Mori T, Kawamata K, et al. 1999. Effects of temperature on gonadal sex determination in barfin flounder *Verasper moseri*. Fish Sci, 65(6):884-887

Groves MR, Barford D. 1999. Topological characteristics of helical repeat proteins. Curr Opin Struct Biol, 9(3): 383-389

Guerreiro I, Pérez-Jiménez A, Costas B, et al. 2014. Effect of temperature and short chain fructooligosaccharides supplementation on the hepatic oxidative status and immune response of turbot (*Scophthalmus maximus*). Fish Shell Immunol, 40: 570-576

Guiguen Y, Fostier A, Piferrer F, et al. 2010. Ovarian aromatase and estrogens: a pivotal role for gonadal sex differentiation and sex change in fish. Gen Comp Endocrinol, 165:352-366

Guzmán JM, Bayarr MJ, Ramos J. 2009. Follicle stimulating hormone (FSH) and luteinizing hormone (LH) gene expression during larval development in senegalese sole (*Solea senegalensis*). Comp Biochem Physiol, Part A, 154: 37-43

Hamre E. 2011. Metabolism, interactions, requirements and functions of vitamin E in fish. Aquac Nutr, 17: 98-115

Haffray P, Lebègue E, Jeu S, et al. 2009. Genetic determination and temperature effects on turbot *Scophthalmus maximus* sex differentiation: an investigation using steroid sex-inverted males and females. Aquaculture, 294(1):30-36

Hendry CI, Martin-Robichaud DJ, Benfey TJ. 2002. Gonadal sex differentiation in Atlantic halibut. J Fish Biol, 60(6):1431-1442

Hirai T, Oba Y, Nagahama Y. 2002. Fish gonadotropin receptors: molecular characterization and expression during gametogenesis. Fish Sci Suppl, 68: 675-678

Hu XS, Liu XC, Zhang HF, et al. 2011. Expression profiles of gonadotropins and their receptors during 17α-methyltestosterone implantation-induced sex change in the orange-spotted grouper (*Epinephelus coioides*). Mol Reprod Dev, 78(6): 376-390

Hughes V, Benfey TJ, Martin-Robichaud DJ. 2008. Effect of rearing temperature on sex ratio in juvenile Atlantic halibut, *Hippoglossus hippoglossus*. Enciron Biol Fish, 81(4):415-419

Hulata G. 2001. Genetic manipulations in aquaculture: a review of stock improvement by classical and modern technologies. Gentica, 111(1):155-173

Imsland AK, Gunnarsson S, Roth B, et al. 2013. Long-term effect of photoperiod manipulation on growth, maturation and flesh quality in turbot. Aquaculture, 416: 152-160

Jia YD, Meng Z, Liu XF, et al. 2015. Molecular components related to egg quality during the reproductive season of turbot (*Scophthalmus maximus*). Fish Physiol Biochem, 46: 2565-2572

Jia YD, Meng Z, Liu XF, et al. 2014. Biochemical composition and quality of turbot (*Scophthalmus maximus*) eggs throughout the reproductive season. Fish Physiol Biochem, 40: 1093-1104

Kakimoto Y, Aida S, Arai K, et al. 1994. Production of gynogenetic diploids by temperature and pressure treatments and sex reversal by immersion in methyltestosterone in marbled sole *Limanda yokohamae*. J Facu Appl Biol Sci, 33(2):113-124

Kikuchi K, Hamaguchi S. 2013. Novel sex-determining genes in fish and sex chromosome evolution. Dev Dynam, 242(4):339-353

Kitano T, Takamune K, Kobayashi T, et al. 1999. Suppression of P450 aromatase gene expression in sex-reversed males produced by rearing genetically female larvae at a high water temperature during a period of sex differentiation in the Japanese flounder (*Paralichthys olivaceus*). J Mol Endocrinol, 23:167-176

Kitano T, Takamune K, Nagahama Y, et al. 2000. Aromatase inhibitor and 17α-methyltestosterone cause sex-reversal from genetical females to phenotypic males and suppression of P450 aromatase gene expression in Japanese flounder (*Paralichthys oliva*ceus). Mol Reprod Dev, 56:1-5

Kobayashi T, Andersen Ø. 2008. The gonadotropin receptors FSH-R and LH-R of atlantic halibut (*Hippoglossus hippoglossus*), 1: isolation of multiple transcripts encoding full-length GtH and truncated variants of FSH-R. Gen Comp Endocrinol, 156: 584-594

Kobe B, Kajava AV. 2001. The leucine-rich repeat as a protein recognition motif. Curr Opin Struct Biol, 11: 725-732

Komen H, Thorgaard GH. 2007. Androgenesis, gynogenesis and the production of clones in fishes: a review. Aquaculture, 269(1):150-173

Kraak SBM, De Looze EMA. 1992. A new hypothesis on the evolution of sex determination in vertebrates; big females Zw, big males Xy. Nether J Zool, 43(3):260-273

Kwok HF, So WK, Wang Y, et al. 2005. Zebrafish gonadotropins and their receptors: I. Cloning and characterization of zebrafish follicle-stimulating hormone and luteinizing hormone receptors-evidence for their distinct functions in follicle development. Biol Reprod, 72: 1370-1381

Lagomarsino IV, Conover DO. 1993. Variation in environmental and genotypic sex-determining mechanisms across a latitudinal gradient in the fish, *Menidia menidia*. Evolution, 47(2):487-494

Lawrence C, Ebersole JP, Kesseli RV. 2008. Rapid growth and out-crossing promote female development in zebrafish (*Danio rerio*). Environ Biol Fish, 81(2):239-246.

Levavi-Sivan B, Bogerd J, Mañanós EL, et al. 2010. Perspectives on fish gonadotropins and their receptors. Gen Comp Endocrinol, 165: 412-437

Lubzens E, Young G, Bobe J, et al. 2010. Oogenesis in teleosts: how fish eggs are formed. Gen Comp Endocrinol, 165: 367-389

Luckenbach JA, Borski RJ, Daniels HV, et al. 2009. Sex determination in flatfishes: mechanisms and environmental influences. Semin Cell Dev Biol, 20(3):256-263.

Luckenbach JA, Early LW, Rowe AH, et al. 2005. Aromatase cytochrome P450: cloning, intron variation, and ontogeny of gene expression in southern flounder (*Paralichthys lethostigma*). Journal of Experimental Zoology Part A: Comparative Experimental Biology, 303A(8):643-656

Luckenbach JA, Godwin J, Daniels HV, et al. 2003. Gonadal differentiation and effects of temperature on sex determination in southern flounder (*Paralichthys lethostigma*). Aquaculture, 216(1):315-327

Luckenbach JA, Murashige R, Daniels HV, et al. 2007. Temperature affects insulin-like growth factor

Ⅰ and growth of juvenile southern flounder, *Paralichthys lethostigma*. Comp Biochem Physiol, 146(1):95-104

Martínez P, Bouza C, Hermida M, et al. 2009. Identification of the major sex-determining region of turbot (*Scophthalmus maximus*). Genetics, 183(4):1443-1452

Menon KMJ, Menon B. 2012. Structure, function and regulation of gonadotropin receptors-a perspective. Mol Cell Endocrinol, 356: 88-97

Menuet A, Pellegrini E, Anglade I, et al. 2002. Molecular characterization of three estrogen receptor forms in zebrafish:binding characteristics, transactivation properties, and tissue distributions. Biol Reprod, 66: 1881-1892

Mittelholzer C, Andersson E, Taranger GL, et al. 2009. Molecular characterization and quantification of the gonadotropin receptors FSH-R and LH-R from atlantic cod (*Gadus morhua*). Gen Comp Endocrinol, 160: 47-58

Morteza M, Kohram H, Zare-Shahaneh A, et al. 2016. Effect of sperm concentration on characteristics and fertilization capacity of rooster sperm frozen in the presence of the antioxidants catalase and vitamin E. Theriogenology, 86: 1393-1398

Myosho T, Otake H, Masuyama H, et al. 2012. Tracing the emergence of a novel sex-determining gene in medaka, *Oryzias luzonensis*. Genetics, 191:163-170.

Nagahama Y, Yamashita M. 2008. Regulation of oocyte maturation in fish. Dev Growth Differ, 50: S195-S219

Nagler JJ, Cavuleer T, Sullivan J, et al. 2007. The complete nuclear estrogen receptor family in the rainbow trout: discovery of the novel ER alpha 2 and both ER beta isoforms. Gene, 392: 164-173

Nakamura M. 2013. Morphological and physiological studies on gonadal sex differentiation in teleost fish. Aqua-BioSci Monograp, 6(1):1-47

Nakamura M, Kobayashi T, Chang X, et al. 1998. Gonadal sex differentiation in teleost fish. J Exp Zool, 281(5):362-372

Ng AC, Eisenberg JM, Heath RJ, et al. 2011. Human leucine-rich repeat proteins: a genome-wide bioinformatics categorization and functional analysis in innate immunity. Proce Nation Acad Sci USA, 108(1): 4631-4638

Oba Y, Hirai T, Yoshiura Y, et al. 1999. Cloning, functional characterization, and expression of a gonadotropin receptor cDNA in the ovary and testis of amago salmon (*Oncorhynchus rhodurus*). Biochem Biophys Res Commun, 263: 584-590

Oldfield RG. 2005. Genetic, abiotic and social influences on sex differentiation in cichlid fishes and the evolution of sequential hermaphroditism. Fish, 6(2): 93-110

Ospina-Álvarez N, Piferrer F. 2008. Temperature-dependent sex determination in fish revisited: prevalence, a single sex ratio response pattern, and possible effects of climate change. PLoS One, 3(7): e2837

Penman DJ, Piferrer F. 2008. Fish gonadogenesis. Part I: genetic and environmental mechanisms of sex determination. Rev Fish Sci, 16(Supplement 1): 16-34

Piferrer F. 2001. Endocrine sex control strategies for the feminization of teleost fish. Aquaculture, 197(1): 229-281

Piferrer F, Blázquez M, Navarro L, et al. 2005. Genetic, endocrine, and environmental components of sex determination and differentiation in the European sea bass (*Dicentrarchus labr*ax L.). Gen Comp Endocrinol, 142(1):102-110

Piferrer F, Guiguen Y. 2008. Fish gonadogenesis. Part II: molecular biology and genomics of sex differentiation. Rev Fish Sci, 16(S1): 35-55

Purdom CE, Thacker G. 1980. Hybrid fish could have farm potential. Fish Farmer, 3(5): 34-35

Reinecke M. 2010. Insulin-like growth factors and fish reproduction. Biol Reprod, 82(4): 656-661

Rocha A, Gómez A, Zanuy S, et al. 2007. Molecular characterization of two sea bass gonadotropin receptors: cDNA cloning, expression analysis, and functional activity. Mol Cell Endocrinol, 272: 63-76

Sawada K, Ukena K, Satake H, et al. 2002. Novel fish hypothalamic neuropeptide. Euro J Biochem, 269(24): 6000-6008.

Schulz RW, de França LR, Lareyre JJ, et al. 2010. Spermatogenesis in fish. Gen Comp Endocrinol, 165: 390-411

Shao C, Wu P, Wang X, et al. 2009. Comparison of chromosome preparation methods for the different developmental stages of the half-smooth tongue sole, *Cynoglossus semilaevis*. Micron, 41(1): 47-50

So WK, Kwok HF, Ge W. 2005. Zebrafish gonadotropins and their receptors: II cloning and characterization of zebrafish follicle-stimulation hormone (FSH) and luteinizing hormone (LH) subunits-their spatial-temporal expression patterns and receptor specificity. Biol Reprod, 72(6):1382-1396

Swanson P, Dickey JT, Campbell B. 2003. Biochemistry and physiology of fish gonadotropins. Fish Physiol Biochem, 28: 53-59

Taboada X, Robledo D, Palacio LD, et al. 2012. Comparative expression analysis in mature gonads, liver and brain of turbot (*Scophthalmus maximus*) by cDNA-AFLPS. Gene, 492(1):250-261

Takahashi N, Takahashi Y, Putnam FW. 1985. Periodicity of leucine and tandem repetition of a 24-amino acid segment in the primary structure of leucine-rich alpha 2-glycoprotein of human serum. Proc the Nat Acad Sci USA, 82(7): 1906-1910

Tanaka H. 1987. Gonadal sex differentiation in flounder, *Paralichthys olivaceus*. Bulletin of National Research Institute of Aquaculture, (11):7-19

Tave D. 1993. Genetics for Fish Hatchery Managers. 2nd ed. New York: Kluwer Academic Publishers: 432

Tsutsui K, Saigoh E, Ukena K, et al. 2000. A novel avian hypothalamic peptide inhibiting gonadotropin release. Biochem Biophy Res Commun, 275(2): 661-667

Turner PM. 2008. Effects of Light Intensity and Tank Background Color on Sex Determination in Southern Flounder (*Paralichthys lethostigma*). Raleigh, NC, USA: North Carolina State University

Tvedt HB, Benfey TJ, Martin-Robichaud DJ, et al. 2006. Gynogenesis and sex determination in atlantic halibut (*Hippoglossus hippoglossus*). Aquaculture, 252(1):573-583

van den Hurk R, Zhao J. 2005. Formation of mammalian oocytes and their growth, differentiation and maturation within ovarian follicles. Theriogenology, 63: 1717-1751

Viñas A, Taboada X, Vale L, et al. 2012. Mapping of DNA sex-specific markers and genes related to sex differentiation in turbot (*Scophthalmus maximus*). Mar Biotech, 14(5):655-663

Vischer HF, Bogerd J. 2003. Cloning and functional characterization of a gonadal luteinizing hormone receptor complementary DNA from the African catfish (*Clarias gariepinus*). Biol Reprod, 68:262-271

von Heijne G. 1990. The signal peptide. J Mem Biol, 115(3): 195-201

Wang D, Jiao B, Hua C, et al. 2008. Discovery of a gonad-specific IGF subtype in teleost. Biochem Bioph Res, 367(2):336-341

Wang QQ, Qi X, Guo Y, et al. 2015. Molecular identification of GnIH/GnIHR signal and its reproductive function in protogynous hermaphroditic orange-spotted grouper (*Epinephelus coioides*). Gen Comp Endocrinol, 216: 9-23

Weltzien FA, Kobayashi T, Andersson E, et al. 2003. Molecular characterization and expression of FSHβ, LHβ, and common α-subunit in male atlantic halibut (*Hippoglossus hippoglossus*). Gen

Comp Endocrinol, 131: 87-96

Wong AC, Van Eenennaam AL. 2004. Gonadotropin hormone and receptor sequences from model teleost species. Zebrafish, 1(3): 203-221

Yamaguchi T, Kitano T. 2012. High temperature induces cyp26b1 mRNA expression and delays meiotic initiation of germ cells by increasing cortisol levels during gonadal sex differentiation in Japanese flounder. Biochem Bioph Res Co, 419(2):287-292

Yamaguchi T, Yoshinaga N, Yazawa T, et al. 2010. Cortisol is involved in temperature-dependent sex determination in the Japanese flounder. Endocrinology, 151(8):3900-3908

Yamamoto E. 1999. Studies on sex-manipulation and production of cloned populations in hirame, *Paralichthys olicaceus* (Temminck et Schlegel). Aquaculture, 173(1):235-246

Yan L, Swanson P, Dickhoff WW. 1992. A two-receptor model for salmon gonadotropins (GTH Ⅰ and GTH Ⅱ). Biol Reprod, 47(3): 418-427

Zhang CQ, Shimada K, Saito N, et al. 1997. Expression of messenger ribonucleic acids of luteinizing hormone and follicle-stimulating hormone receptors in granulosa and theca layers of chicken preovulatory follicles. Gen Comp Endocrinol, 105: 402-409

Zhang Y, Li SS, Liu Y, et al. 2010. Structural diversity of the GnIH/GnIH receptor system in teleost: its involvement in early development and the negative control of LH release. Peptides, 31(6): 1034-1043

Zohar Y, Munoz-cueto J, Elizur A, et al. 2010. Neuroendocrinology of reproduction in teleost fish. Gen Comp Endocrinol, 165: 438-455

第四章　大菱鲆配子质量评价

行有性生殖的生物体，其生殖周期是体细胞和生殖细胞相互转变的过程。生殖细胞是动物体内执行生殖功能的特化细胞，它是个体发生的基础。在胚胎发育的早期，少数细胞形成配子的前体，称为原始生殖细（primordial germ cell，PGC），其后 PGC 迁移到早期性腺——生殖嵴，并进行有丝分裂繁殖，被体细胞包裹以合胞体形态存在，在生殖嵴微环境作用下，部分细胞进入减数分裂，并进一步分化为成熟的配子：精子和卵子。对大多数生物体而言，卵子是机体中最大的细胞，卵子通常在体内不具运动性，但通过提供大量生长发育所需的原料来帮助保存母本基因，与此相反，精子体积最小，通常有较强的运动能力，在受精卵形成过程中发挥主动，通过利用母本资源来扩增父本基因。在精子和卵子形成过程中，同源染色体发生重组，产生的每个单倍体生殖细胞都含有不完全相同的基因组合，精、卵通过受精重新形成二倍体细胞，开始新一轮的生命周期。

第一节　大菱鲆配子发生发育

一、精子发生发育

1. 精子形态结构

鱼类种属多样性和繁殖的特异性决定了其精子的结构有所不同。尽管鱼类精子形态有所不同，但大多数鱼类精子的结构基本一致。一般而言，鱼类精子可分为两种类型：顶体型和非顶体型。大多数硬骨鱼类的精子为非顶体型，少数鱼类如罗非鱼、鲟等精子具顶体。大菱鲆精子属于非顶体型，全长约 50μm，主要由头部、中段和尾部组成。

大菱鲆精子头部主要结构为细胞核和位于核隐窝的中心粒复合体，细胞质很少。精子头部从顶部观察呈圆形，直径约 1.58μm，侧面观为半球形，高约 0.89μm。细胞核的前后均呈现凹陷，细胞核前凹陷直径约 0.42μm，凹陷外口为不规则的圆形。中段主要由鞭毛围绕的 9~14 个圆形线粒体组成，袖套结构不明显。精子的尾部从头部下方的凹陷中伸出，鞭毛呈两头细中间粗形态，尾部末段有轴丝，外围有质膜，精子靠尾部的摆动而快速游动。

2. 精子发生

精子发生是指精原细胞经过一系列的分裂增殖、分化变形最终形成完整精子的过程。大菱鲆精子的发生成熟是在其精巢中完成的，该过程要经过增殖、生长、成熟和变态等几个连续的时期才最后发育成为成熟的精子。主要包括精子发生（spermatogenesis）、成熟分裂（meiosis）和精子形成（spermiogenesis）三个时期（Schulz et al.，2010）。

精子发生期：当大菱鲆孵化后 55 天，其性别开始分化，原始生殖细胞分化成为精原细胞。精原细胞圆形，体积较大，直径为 9~15μm，经过有丝分裂增殖，精原细胞的数量不断增加，此过程即是精子发生中的增殖期。初级精原细胞位于精巢底部的精巢小叶内，为一小群单层细胞，它们被塞托利式细胞（Sertoli cell）所围绕。初级精原细胞的结构特点是与一般体细胞相似，细胞体圆形，个体比成熟的精子大很多；核大而圆，染色很浅，带有中央核，通常有 1~2 个核仁，而核周有块状染色质，这就是通常所说的鱼类精巢的干细胞。初级精原细胞经过不完全胞质分裂与增殖转变为次级精原细胞。次级精原细胞与初级精原细胞的区别在于细胞更小，有细胞间桥，核更小。大菱鲆次级精原细胞经过 8~13 次持续有丝分裂增殖逐渐发育成初级精母细胞。初级精母细胞呈圆形或椭圆形，直径比精原细胞更小，平均为 4~5.5μm。

成熟分裂期：当大菱鲆次级精原细胞被阻滞于第一次减数分裂前期时，细胞停止分裂，DNA 大量复制，原生质迅速增长，体积增大，进入生长期，逐步发育转变为初级精母细胞，这些细胞的大小与次级精原细胞相类似，核直径 4~5μm，形态多样。初级精母细胞要连续经过两次成熟分裂（减数分裂）之后才形成精细胞，初级精母细胞经第一次减数分裂后，通过同源染色体重组、染色体交换，初级精母细胞分裂成 2 个等大的次级精母细胞。次级精母细胞呈圆形，染色体数目减少一半，胞体变得更小，直径为 3.5~4μm。次级精母细胞随后进入第二次减数分裂，形成 2 个单倍体精子细胞，该细胞小，核大，细胞质少，直径为 2.5μm 左右。此时，每个初级精母细胞经过 2 次成熟分裂形成 4 个精子细胞，染色体减少一半，细胞体积变小，这一过程称为精子成熟期。

精子形成期：在这一时期，精子细胞经过核与精细胞的细胞质重组及形态变化（形成头部、颈部、中段和尾部，并产生鞭毛），逐级分化发育成为成熟的精子，此期又称为变态期。精子的发育成熟过程是个非常复杂的发育过程，其主要的变化有：变态开始，中心体离开包围它的高尔基体，逐渐向精子尾端移动；同时线粒体逐渐移到细胞核的后方，最后仅一部分线粒体变为精子中段内的螺旋线，而大部分将被抛弃到精子外面；而高尔基体逐渐移到核前端，最后一部分高尔基体形成精子的顶体，剩下的部分在变态末期也被遗弃；在精细胞向精子演变过程中，精子的尾部开始形成，并愈伸愈长，最后渐渐分化出中段、主段和末段。在中段和主段的外面还包着原生质薄膜，到精子完全成熟时，其体内仅含有微量的细胞质，绝大部分细胞质亦被抛弃。在从初级精母细胞向精子发育的过程中，细胞的个体愈来愈小，细胞核也逐渐变小，核内染色质因被浓缩而染色很深。

二、卵子发生发育

对大多数行有性生殖的生物而言，随着性腺分化为卵巢后，原生殖细胞分化为卵原细胞，卵原细胞以有丝分裂的方式进行增殖，当卵原细胞迁移到皮质，第一次减数分裂启动，卵原细胞发育成为卵母细胞，随后被阻滞在第一次减数分裂的前期，直至性成熟后，在促性腺激素 LH 峰的作用下，被阻滞的卵母细胞恢复减数分裂，生发泡破裂（germinal vesicle break down，GVBD），排出第一极体，进入第二次减数分裂，并阻滞在第二次减数分裂的中期，直到受精后才恢复第二次减数分裂排出第二极体，形成受精卵。

1. 卵子形态结构

大菱鲆卵类型属浮性卵，光学显微镜下观察，成熟卵子属圆球形端黄卵，无色，透明，卵质清澈无白块，卵内仅有一粒油球。卵子直径在 1.01~1.17mm，动物极朝下，植物极朝上，卵子表面光洁，整个卵膜上布满比较浅的网纹，网纹纵横交错，走向不确定，表面分布着众多口缘凹陷的微型小孔，这些小孔基本上呈圆形，分布密度、外孔径大小各异。扫描电镜观察发现，大菱鲆卵子表面受精孔道上粗下细，呈环纹螺旋状，外孔径约为内孔径的 2 倍，受精孔内壁除外面第一层边缘呈平滑状结构外，里边各层边缘上均有锯齿状突起；内孔直接对内开口，紧贴卵的内质膜，受精孔的外孔与前庭相通，外孔边缘无特殊结构，管深较浅，与卵壳膜厚度一致。大菱鲆成熟卵子卵壳膜厚度为 2.20μm 左右，受精孔管道螺旋层 8~10 层。

2. 卵子发生

卵子发生是指由原始生殖细胞发育成为成熟卵子的过程。卵子发生过程主要包括卵母细胞增殖期、生长期和成熟期三个阶段，同精子发生过程的区别是没有变态期。卵子发生之初是先由原始生殖细胞分化成卵原细胞，硬骨鱼类的卵原细胞群一般呈带状分布，组成卵带，卵母细胞是由细胞群中央的大型细胞发育而成，而位于卵带边缘的小型细胞则分化为滤泡细胞，虽然这两种细胞同源，但它们的形态结构差异很大，在生殖中执行不同的功能。大菱鲆卵子发生的过程分为：卵原细胞增殖期、初级卵母细胞生长期、卵黄生成期和卵母细胞成熟期。

卵原细胞增殖期：卵原细胞由原生殖细胞在性别决定后于雌性大菱鲆性腺中分化而来，是原始的卵细胞，卵原细胞大小为 15~22μm，具有极强的分裂能力。卵原细胞又可分为初级卵原细胞和次级卵原细胞。初级卵原细胞有一个大的核和一个核仁，经多次有丝分裂增殖后，细胞数目不断增加，细胞变得较小，即产生许多次级卵原细胞。次级卵原细胞开始生长时处于细胞分裂的细线期，细胞核外周有许多核仁；核仁产生大量的核蛋白体和卵母细胞持续生长所需蛋白质 mRNA 与组织蛋白酶，当卵原细胞停止分裂进入生长期后，开始长大，逐步发育成为初级卵母细胞，随后被阻滞在第一次减数分裂前期。

初级卵母细胞生长期：初级卵母细胞由多角形逐渐变为圆形，当被阻滞在第一次减数分裂前期后，初级卵母细胞即进入生长期，体积不断增大，在排卵前促性腺激素 LH 峰到来之前，体积达到排卵前最终大小。在初级卵母细胞的小生长期，卵母细胞的核内物质发生复杂的变化，并且增大，原生质也不断增多，细胞的体积显著增加。同时滤泡开始形成，滤泡除了对卵母细胞有营养作用外，还能分泌次级卵膜。这个时期根据核仁形态可分为两个时相：①染色质–核仁时相，其特点是具大的核（生发泡），形态多样，核旁有核仁样体或称核周体和线粒体及出现滤泡细胞为标志；②核仁周时相，其特点是核质周围有多于常规数量的核仁分布在核内膜，在电镜下可见在核周有成群线粒体与相关的核周体物质或是卵黄核，有的种类没有卵黄核。卵母细胞被单层扁平滤泡细胞所包围。这一时期的另一特点是在卵母细胞生长后期，在核周胞质开始出现皮质滤泡。皮质滤泡是单层膜构成的不同大小的泡，内含蛋白质和黏多糖类物质，皮质滤泡和脂肪体自然增加体积，在卵黄生成后，皮质滤泡移至卵膜的附近，一般这个时期持续的时间比较短。

卵黄生成期：此期是初级卵母细胞营养物质（卵黄和油球）产生和积累的阶段，由于卵黄积累，卵母细胞体积显著增大，卵黄在细胞内不断积累增多，直至充满整个细胞质部分，胞体生长速度很快，在几周甚至在几天内卵子达到最终的大小，这个时期，由于不断进入卵母细胞的营养物质没有完全同化成为细胞原生质，其中相当大的部分变成微细的卵黄颗粒，此期相对较长。随着卵母细胞胞质继续合成和卵黄物质逐渐积累，并出现皮质滤泡、卵黄颗粒和油滴，卵膜增厚，出现放射带，其外包有由颗粒细胞层和膜细胞层组成的双层滤泡上皮细胞。皮质滤泡参与卵的形成，其成分在受精后进入围卵腔内；卵黄颗粒主要由脂蛋白与糖类和其他物质组成；油滴最初出现在卵腔无核区，然后移动到卵母细胞的四周，一般含有甘油酯和少量胆固醇。随着卵黄发生的完成，生发泡移动，卵黄颗粒融合，油滴聚集，使卵母细胞的体积迅速增大。此时在细胞质的最外层含有黏多糖，以备形成卵周隙时作吸水之用。进入成熟期的初级卵母细胞体积不再增大，细胞核极化，由中央开始偏移，到卵母细胞成熟时，细胞质内绝大部分是卵黄球，卵黄往往互相融合在一起，并由于水合作用而变得透明。

卵母细胞成熟期：卵黄生成阶段完成后，卵母细胞的体积增长到最大，细胞质中充满粗大的卵黄颗粒，细胞核仍位于细胞中央，此时处于第一次减数分裂早期。接着生发泡移向动物极，靠近卵孔（受精孔），出现卵黄与原生质的极化，核膜穿孔溶解，核仁离开核膜边缘向中心移动，以后核膜消失，核仁分解，染色体显著，于是卵母细胞进入第一次成熟分裂，排出极体，完成由初级卵母细胞向次级卵母细胞的过渡。此时卵母细胞处于临界成熟状态，并离开卵巢进入卵巢腔内。

初级卵母细胞在第一次减数分裂后，形成一个大的细胞（次级卵母细胞）和一个小的细胞（第一极体）。卵细胞进入第二次成熟分裂，被阻滞在第二次减数分裂的中期，直至受精后，第二次减数分裂恢复，排出第二极体，形成受精卵。根据卵母细胞生发泡的破裂与否可将大菱鲆卵母细胞分为早期成熟卵母细胞（生发泡破裂前卵母细胞）时相和后期成熟卵母细胞时相。早期成熟卵母细胞发生于初级卵母细胞完成大生长期后，由于卵母细胞开始水合作用，滤泡迅速增加体积，同时通过内吞作用完成大分子蛋白质的合成；另外，胞质中有多个大的脂滴和油球，生发泡开始朝着卵膜移动。后期成熟卵母细胞时相生发泡破裂，排出第一极体，蛋白质合成停止，卵母细胞内油滴融合成为油球，可在卵母细胞中自由移动；另外，卵黄膜转化为绒毛膜，但受精孔尚未完全形成。随着发育进行，滤泡直径达到最大值和生发泡移向动物极，卵孔形成，为排卵和受精做好准备。

三、精子和卵子结合

受精是从雌雄配子细胞核和细胞质成分的一系列变化开始，随后两者相互作用，发生配子的融合，经过父本和母本单倍染色体的组合，精子和卵子的激活、相互结合而创造出一个具双亲遗传潜能的新个体的过程。受精过程包括性活动（双亲基因的组合）和复制活动（新个体的诞生）两种不同的活动方式（陈大元，2000）。因此，受精的第一个功能是将父母的遗传基因传递给子代；第二个功能是在卵细胞质中激发确保新生个体正常发育的一系列信号级联反应。

大菱鲆受精方式为体外受精，受精发生在卵母细胞第二次成熟分裂中期，作为底栖型鱼类，对大菱鲆在自然环境下的排卵受精行为尚未有报道，其在人工养殖条件不能自然产卵受精，需要采取人工授精方式进行后代繁育。对大菱鲆精卵结合过程采用电镜观察发现，大菱鲆精子入卵速度非常快，受精后4s内即可观察到有精子头部进入受精孔，尾巴留在受精孔管道，大部分受精孔处都只观察到一个精子进入卵子，但个别受精孔处可观察到两条精子尾巴，说明可能有两个精子进入受精孔内。精子进入卵子后，其头部被受精卵表面原生质包围，形成表面光滑的受精锥。受精后4s，依然能在受精孔内观察到受精锥，受精锥周围可以观察到絮状的受精塞，受精后2min，受精孔内的受精锥消失不见，但仍有絮状的受精塞阻止多余精子的进入，精子进入卵子后，大多受精孔管道内各层边缘的锯齿状突出消失，变为光滑的环状，这可能与精子进入卵子前后受精卵发生皮层反应等一系列变化有关。

在精卵相互结合激活过程中，精卵质膜融合是形成受精卵的关键。首先，精子借助尾部的运动接近卵子质膜，并附着于卵子质膜表面，随后精子表面配体和卵子质膜上精子受体结合，精卵建立牢固结合，在精卵质膜的接触部位，通过融合蛋白的介导，形成融合孔道，最后细胞内含物混合，受精卵融合形成。在水生动物、两栖类和其他非哺乳动物中发现，卵子和（或）其周围细胞分泌的化学物质可以吸引精子定向运动，使其到达受精部位，称为化学趋化作用（chemotaxis）。在海洋无脊椎动物，这种作用具有明显的种属特异性，即一种海洋生物的化学趋化物质通常只能吸引同种动物的精子，而对其他种属的精子没有趋化作用。而在两栖类，有的精子趋化物质对精子的吸引没有种属特异性。精卵趋化作用具有重要的生理作用，它可使大量的精子到达受精部位，这对于体外受精的水生动物特别重要，因为没有这种化学趋化作用，很难想象排到水中的精子和卵子会有机会相遇和受精。卵子释放的使精子定向快速地向卵子运动的可溶性信号是一些肽类、小分子蛋白质和有机小分子化合物，如氨基酸、小分子脂类和硫酸类固醇等。关于大菱鲆受精前精子之间是否存在竞争、卵子对精子的吸引和精卵结合的分子调控机制尚未有研究报道，仍需深入研究。

第二节　大菱鲆精子质量评价

一、鱼类精子质量评价概述

1. 鱼类精子发生

根据鱼类精巢中生精细胞的类型和发育特性，可将鱼类精巢分为管型和叶型两个典型类型。管型精巢内，精原细胞存在于管的顶端，在精子发生过程中，生精小囊内不同发生阶段的生精细胞向输出管方向迁移，成熟精子只存在于靠近输出管的部位；叶型精巢内，精原细胞存在于小叶的边缘处，在精子发生过程中，位于生精小囊内的生殖细胞向中央的管腔部位移动，当精子发育成熟后，便迅速释放入管腔内，随后流入输出管，因此叶型精巢中，成熟精子只在小叶的中央部位和输出管中存在。和陆生哺乳动物类似，鱼类精巢中同样存在生殖体细胞：睾丸间质细胞（leydig）和塞尔托利式细胞（Sertoli），其中 leydig 具有合成分泌激素的功能，而 Sertoli 具有支持、营养、吞噬、产生激素和维持血–睾屏障等多种作用。

不论叶型还是管型的精巢，其精子发生发育都经历了精原细胞、初级精母细胞、次级精母细胞、精子细胞和精子形成阶段。一般而言，性别决定后，原生殖细胞在雄性性腺中转化为精原细胞，精原细胞经过有丝分裂增殖，后停止分裂增殖进入生长期，发育成为初级精母细胞，初级精母细胞经过第一次减数分裂发育成为次级精母细胞，再经过第二次减数分裂形成单倍体精子细胞，精子细胞经过细胞核与细胞质重组及形态变化，最终形成成熟精子。

2. 精子质量评价标准

精子是鱼类养殖生产的物质基础，精子质量分析对种质资源管理与苗种生产具有直接指导意义。评价鱼类精子质量的指标主要有精子活力、运动时间、形态、密度、受精率等。评价精子质量的方法有很多，有传统的感官检查、显微镜检查和计算机辅助精子分析（computer-assisted sperm analysis，CASA）系统等。

（1）精子活力

精子活力一直是评价精子质量的主要指标，与受精率的高低密切相关。通过在显微镜下观察运动精子占全部精子的百分数，将精子活力等级进行 0~5 划分。“0”表示无运动精子，“1”表示有 1%~5%的运动精子，“2”表示有 5%~29%的运动精子，“3”表示有 30%~79%的运动精子，“4”表示有 79%~95%的运动精子，“5”表示有 95%~100%的运动精子。显微镜观察精子活力，操作简便，设备要求简单，但影响观察结果因素较多，其准确程度在一定程度上依赖于观察者的技术水平和熟练程度，检测结果存在较大偏差。随着计算机技术发展，采用显微录像和图像处理技术的计算机辅助精子分析（CASA）系统，可对精子的动（静）态图像进行全面的量化分析，不仅能较准确地测定精子活力，而且由计算机软件对成像的精子运动轨迹进行分析，可得出直线运动速率、曲线运动速率、周长、角度、直线性、摆动性和向前性等参数。其中，精子运动时的直线速度和曲线速度大小对精卵结合效率有很大的影响，曲线的大小直接决定受精率的高低。

（2）精子运动时间

与哺乳类相比，鱼类精子激活后运动时间很短。精子必须在有限时间里找到和进入受精孔，完成受精。鱼类种属的不同决定了其精子运动时间的不同。一般情况下，精子激活后会有充足的时间找到和进入受精孔，随着时间推移，精子的运动性会逐渐降低，最终丧失运动功能。

（3）精子形态和密度

鱼类精子形态是评价精液质量的一个较重要参数。鱼类精子一般由头部、中段和尾部组成，头部较大，中段有重要供能细胞器——线粒体，尾部较长。但与哺乳动物精子有所不同，除鲟形目外，硬骨鱼类精子都无顶体结构。一般情况下，通过对精子形态的观察，可直观判断精子有无畸形和其质量优劣。精液密度是评价精子质量的一个传统指标，但精液的密度和受精率的高低不一定相关，所以，在试验研究和养殖生产过程中，需要结合精子形态、活力、运动时间等指标综合判断精液质量。

（4）精子质膜和染色质结构完整性

通过标记特异性荧光探针，借助流式细胞术，可快速判断精子质膜完整性。其原理为主要通过荧光染料 SYBY-14 和碘化丙啶（propidium iodide，PI）联合使用来检测，质膜完整的精子只允许 SYBY-14 进入，被染成绿色；PI 和 SYBY-14 都能进入质膜不完整的精子内部，但 PI 能取代 SYBY-14 或使 SYBY-14 的荧光猝灭将精子染成红色。精子经流式细胞仪分析可得 3 种亚群：被 SYBY-14 染成绿色的精子，其质膜完整，是活性高精子；被 PI 染成红色的精子，其质膜不完整，是死亡精子；同时染上并发出两种荧光的双阳性精子，其正处于由活到死的过渡状态。目前，该技术已应用在养殖鱼类精子质量精准检测上。而精子染色质结构分析则是基于吖啶橙对 DNA 的染色原理，即染色质异常的精子受热或酸变性后易形成单链 DNA，与染料吖啶橙结合发红色荧光，而染色质正常的精子能保持完整的 DNA 双链结构，与吖啶橙结合发绿色荧光。样品经热或酸变性处理后，若红光值比例增高，则说明染色质结构异常增加，但目前此项技术尚未在养殖生产中广泛应用。

（5）精子线粒体功能和 DNA 链连续性

线粒体的主要功能是产生能量，为精子运动提供 ATP，其功能状态直接影响精子的活力，是评价精子质量的重要指标之一。通过荧光探针 Rh123 检测，被 Rh123 染成绿色的精子，线粒体功能正常。检测 DNA 链连续性则是通过测定单个细胞 DNA 链断裂的电泳技术，如果细胞核 DNA 未受损伤，核酸电泳时，核 DNA 因其分子质量大停留在核基质中，荧光染色后呈圆形，电泳图像显示不存在拖尾现象。若细胞核受损伤，DNA 双链断裂，其断裂片段进入凝胶中，电泳时断裂片段向阳极迁移，形成拖尾现象，形似彗星。细胞 DNA 受损越重，断裂片段迁移的距离就越长，荧光显微镜观察时，可发现拖尾现象加重和尾部荧光强度增强，通过测定 DNA 迁移部分的光密度或迁移长度可定量地测定单个细胞 DNA 损伤的程度。

二、大菱鲆繁殖产卵期精子质量评价

大菱鲆作为一种重要的欧亚养殖良种，对其繁殖周期内精子结构、组成、产精量、密度、运动特点都进行了较为系统的研究。大菱鲆精子形态结构与其他硬骨鱼类相似，在人工养殖条件下，其排精周期可达 180 天，与冷水性鲑鳟鱼类、鲤及其他鲆鲽鱼类相比，大菱鲆产精量较少，为 0.2~2.2mL，精子密度为 0.7×10^9~$11.0\times10^9\ mL^{-1}$，精子运动时间为 1~17min（吴莹莹等，2012）。在人工养殖过程中，大菱鲆不能自然产卵受精，必须采用人工挤卵、体外受精的方式进行后代的繁育，且大菱鲆产卵和产精时间不同步，长短不一，而精子的老化现象显著影响精子的生理特征、细胞膜结构、密度、运动能力，使得精子受精能力降低，所以掌握不同时期精子的质量变化，取得优质精子对苗种生产中人工繁育环节具有重要指导意义。

对人工养殖条件下 4 龄大菱鲆雄鱼亲鱼繁殖周期内精子研究发现，其精子产生量在 2.0~2.5mL，且每次产精量无显著差异，精子的密度随着繁殖周期推移逐渐降低，透明度逐渐增加，越接近末期越接近透明。经血细胞计数法统计，精子密度在繁殖初期最高为 $1.08\times10^8\ mL^{-1}$，随后精子的密度逐渐降低，但在繁殖末期精子密度有小幅的升高，但此时精液老化，黏稠度增加，精子质量下降。其他鲆鲽鱼类，如大西洋庸鲽的精液也存在繁殖末期精液变黏稠的现象。曲线运动速度表示精子通过从起始点到终点实际距离的速度，直线运动速度表示精子通过从起始点到终点直线距离的速度，“V”形直线、“V”形曲线是精子运动轨迹弯曲程度的最好体现，与精子受精率呈正相关。对大菱鲆繁殖周期内精子运动性研究发现，精子的运动速度呈现出与产精量和精子密度不同的变化趋势，直线运动与曲线运动速度都随试验的进行而减弱，在繁殖早期均达到最大值，但在繁殖中后期急剧降低，相关研究已证实，采样次数不会影响激活后的大菱鲆精子的运动时间，而精子运动活性减弱则主要由于接近繁殖末期，在精子老化作用下，精子的膜系统不完整程度加剧，从而降低了精子的运动能力。

张雪雷等（2013）对大菱鲆精子进行超低温冷冻研究发现，其精子经过超低温保存后，40%~60%精子基本保持正常形态结构，其余精子遭受不同程度损伤，主要表现为：精子头部损伤，精子线粒体损伤，精子质膜、核膜损伤，以及精子形状改变，其中膜损伤为主要损伤，损伤精子中 60%~70%带有膜损伤。细胞冻融过程中，精子胞内和胞间产生冰晶，极易损伤线粒体、质膜和核膜及各种其他细胞器，尤其是线粒体。线粒体作为供给精子运动和其他功能能量的重要细胞器，当其受到冰晶侵袭后，发生破裂甚至脱落，同时质膜和核膜也会在解冻后与精子发生分离和断裂。对大菱鲆精子超微结构研究发现，大菱鲆新鲜精子的线粒体为 13 个左右，分布于不同的位置上，同时精子的线粒体很容易在超低温冷冻中发生脱落，精子尾部的轴丝发生断裂和脱落，而精子尾部轴丝的剧烈摆动是精子在激活后运动的动力，因此超低温保存对于大菱鲆新鲜精子的运动率及运动精子的运动速度影响显著（$P<0.05$），这也是大菱鲆新鲜精子的活性显著高于冷冻精子的主要原因。在精子超低温冷冻保存中，稀释液能为精子提供一个合适的生理环境，防止精子粘连，而抗冻剂则主要是使精子脱水和降低冰点，相关研究发现，大菱鲆精子更适合在偏碱性的环境中生存，应用 TS-19 作为稀释液，6%DMSO 作为抗冻剂在 4℃保存大菱鲆精子，3h 后其活性达到 80%以上，受精率同新鲜精子相比无显著差异。

以上研究表明，大菱鲆繁殖期内，精子的产精量、密度、活化率、“V”直线/“V”曲线等各质量指标在繁殖期间呈现不同变化规律，单一指标不能全面反映精子质量，只有综合考虑才能客观准确地进行精液质量评估。同时在生产中要结合实际，在保证雌性亲鱼同步排卵的条件下，应用精子体外冷冻保存技术，批量化排卵受精，节约人力物力，降低养殖成本。

第三节　大菱鲆卵子质量评价

一、鱼类卵子质量评价概述

卵子的质量是影响鱼类繁殖性能的一个关键因素，它直接关系到胚胎的发育及仔、稚、幼鱼的成活和生长，与养殖效率密切相关。因而，在硬骨鱼类的人工繁养殖过程中，卵子质量受到越来越多的关注，许多研究初步证实了一些内外源性因子会影响卵子的质量，但其调控卵子质量的分子和细胞机制仍不清楚，同时对卵子质量的评价标准尚未统一。为此，从硬骨鱼类卵子的发生发育、质量评价标准、质量影响因素及其相关调控机制等方面对当前鱼类卵子的相关研究进行了归纳、概括，并对存在的问题和需要进一步重点研究的相关主题进行了探讨，以期从提高卵子质量的角度，进一步优化亲鱼的繁育，进而促进鱼类人工养殖健康、可持续发展。

1. 鱼类卵子的发生和发育

在胚胎发育的早期，少数细胞形成配子的前体，称为原始生殖细胞（primordial germ cell，PGC）。其后 PGC 迁移到早期性腺——生殖嵴，并进行有丝分裂繁殖，然后部分细胞进入减数分裂，进一步分化为成熟的配子（gamete），即精子（spermatozoa）和卵子（ovum）。卵子发生（oogenesis）是指雌性配子的形成、发育和成熟，包括卵原细胞的增殖、卵母细胞的生长发育和成熟。卵巢是决定雌性动物繁殖性能的最重要器官，它具有排出卵子的外分泌功能和产生局部激素及细胞因子的内分泌功能，这种分泌功能随着动物种类的不同存在着很大的差异。鱼类物种多样性决定其生殖策略具多样性，根据卵母细胞的发育情况，把鱼类的卵巢可分为完全同步型、部分同步型和不同步型 3 种类型，因此在不同类型的卵巢中，卵子的发生、发育及其相关调控机制会有所差异。对大多数硬骨鱼类而言，卵子发生首先是原始生殖细胞分化形成卵原细胞，随后卵原细胞经过增殖、分化发育成卵母细胞和滤泡细胞（颗粒细胞和膜细胞），虽然这两种类型的细胞同源，但是它们的形态结构差异很大，在生殖过程中执行不同的生理功能。一般将鱼类卵子发育过程分为 4 个时期：卵原细胞增殖期、初级卵母细胞生长期、卵黄生成期和卵母细胞成熟期（图 4-1）。

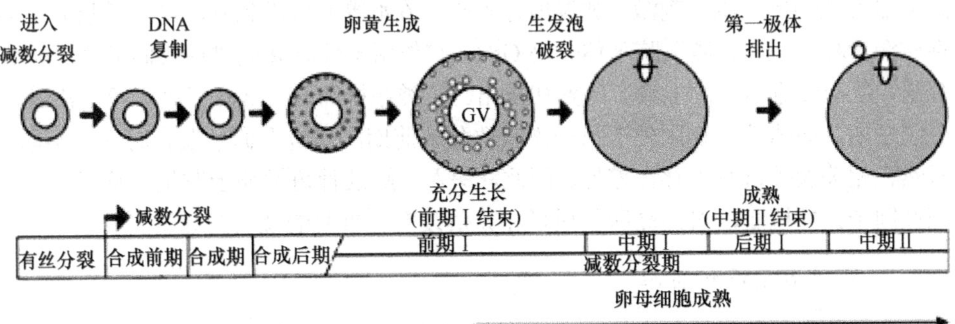

图 4-1　硬骨鱼类卵子发生示意图（Suwa and Yamashita，2007）

卵子是卵母细胞生长和分化的最终产物，对其发生、发育这一动态发育阶段的相关调控机制仍不清楚。大量的研究表明，在鱼类卵子发生、发育这个极其复杂的动态生理过程中，多种激素和细胞因子通过内分泌、旁分泌和自分泌等多种途径共同作用使其有序进行（Bobe and Labbe，2010；An et al.，2008；Ando and Urano，2005；Bobe et al.，2003）。生殖轴激素如促性腺激素（gonadotropin hormone，GtH）在鱼类卵子发生、发育过程中发挥着主导性作用。早期的研究证实，切除鱼类的垂体后，卵原细胞的数目明显减少；随后注射垂体提取物，卵原细胞数目有了明显的恢复性增加，但是这种恢复性增加作用被 GtH 的拮抗剂明显抑制（Levavi-sivan et al.，2010；Tyler and Sumpter，1996；Dadzie and Hyder，1976）。Baron 等（2005）的研究也表明，GtH 在虹鳟早期配子发生过程中具有抗凋亡的作用。而在卵黄生成早期，鱼类卵巢上 GtH 受体的表达水平有明显增高，同时 GtH 可以通过增强类固醇激素合成相关蛋白的表达，刺激雌激素合成分泌，从而促进卵母细胞的发育、成熟（Ings and Van Derkraak，2006；Montserrat et al.，2004）。此外，一些细胞因子和生长因子在鱼类卵子发生、发育中同样起着重要的调控作用，尤其是卵母细胞和周围滤泡细胞之间的双向通信对卵子发育、成熟起着关键作用（Halm et al.，2008；Sawatari et al.，2007；Wuertz et al.，2007）。对硬骨鱼类研究表明，滤泡膜的颗粒细胞和膜细胞共同参与了性类固醇激素合成，而 GtH 则通过其受体的介导调控性类固醇激素合成分泌。在卵巢生长发育阶段，GtH 刺激卵母细胞滤泡的膜细胞和颗粒细胞共同合成雌二醇，诱导卵母细胞完成卵黄生成；而在卵巢的成熟阶段，GtH 刺激卵母细胞滤泡的膜细胞和颗粒细胞共同合成 17α, 20β-双羟孕酮，诱导卵母细胞的最后成熟和排卵，因此其代谢上的相互作用是鱼类卵巢性类固醇激素形成的主要模式，这与哺乳动物卵泡内性类固醇激素合成的细胞途径极为相似（林浩然，2011）。

同恒温的脊椎动物（鸟类和哺乳类）不同，鱼类作为一种变温动物，其卵子的发生、发育除了受到机体内生殖轴激素（GtH 等）和局域性内分泌因子如 IGF（insulin-like growth factor）等的诱导、调控外，也受到外界环境因子的影响。鱼类感觉器官把外界环境的刺激（如温度、光照、流水等）传送到脑，使下丘脑分泌促性腺激素释放激素，激发脑垂体分泌 GtH，它作用于性腺并促进性类固醇激素合成分泌，从而促进卵子的发育、成熟和排出。鱼类在排卵前，其卵子处于第二次减数分裂中期，而哺乳动物则处于第一次减数分裂前期，二者在卵子发育时序上不同，必然在相关调控机制上存在差异。因此，深入了解硬骨鱼类卵子发生、发育的内外源性因子调控机制，对提高卵子质量和养殖效率有重要的现实指导意义。

2. 卵子质量评价标准

硬骨鱼类繁殖策略的多样性决定了对其卵子质量评价的标准不尽相同，但是大致可以通过卵子的形态结构、生化组成、受精率、孵化率和胚胎畸形率等指标对卵子质量进行初步评价。

（1）卵子形态结构

大量的研究证实，对大多数硬骨鱼类而言，卵子的直径、表面色泽、透明度、沉浮性、油球的形态和分布状况可在一定程度上反映其质量的优劣。卵子直径可作为决定卵子活性的一个重要指标，但是具较大卵径的卵并不一定代表较高的受精率和孵化率，如对大菱鲆卵子活性的研究表明，当卵径为 0.9~1.1mm 时能产生较高的受精率，而卵径为 1.1~1.2mm 时可产生中等或比较低的受精率（Fores et al.，1990）。此外对同一种属的鱼类而言，卵子的直径差异对其发育潜能并没有明显的影响，因而利用卵径来评价卵子质量有一定局限性。卵子的透明度和沉浮性在一定程度上也可以反映卵子质量，Aristizabal 等（2009）研究表明，卵子沉浮性比例决定了红鲷（*Pagrus pagrus*）受精卵的孵化率和幼鱼的存活率；同时 Kjörsvik（1994）发现卵子的色泽、透明度和沉浮性可影响某些鱼类的受精率和随后的胚胎发育。此外，在鱼类胚胎发育阶段，脂类为其提供了主要的能量来源，因此卵子中脂滴的形态分布也被用来评价卵子质量，对鲑科鱼类的研究发现，卵子中脂滴的分布状态可影响胚胎的发育（Mansour et al.，2007，2008）；此外，卵子中脂滴的形状和大小、脂滴的比例可影响鲷属幼鱼的存活率（Lahnsteiner and Patarnello，2005），同时对欧亚鲈（*Perca fluviatilis* L.）卵子质量的研究也得到了相似的结论（Daniel et al.，2011）；但是应用这种方法来评价人工养殖虹鳟（*Oncorhynchus mykiss*）的卵子质量，则无显著的效果（Ciereszko et al.，2009）。因此有些研究者认为，卵子受精后的胚胎发育过程能更准确地反映卵子质量的优劣，特别是受精后早期卵裂阶段异常细胞的出现常被用作卵子质量评价的有效标识（Bobe and Labbe，2010）；同时，早期卵裂阶段卵细胞的对称性也影响胚胎发育和幼鱼成活率，这在大菱鲆等多种海水硬骨鱼类中已得到证实，并被用来作为卵子质量评价标准（Hansen and Puvanendran，2010；Kjörsvik et al.，2003）。

（2）卵子生化组成

卵子是一种高度特化的细胞，各种动物卵子的基本结构是相似的，主要由含有卵黄质的细胞质、卵核和核膜构成。大量研究表明，卵子生化组成对胚胎发育和仔、稚、幼鱼存活生长具有重要意义。卵子中的脂类为鱼类胚胎发育提供了重要的能量来源，同时也是构成细胞膜的重要成分，特别是二十二碳六烯酸（docosahexaenoic acid，DHA）、二十碳五烯酸（eicosapentaenoic acid，EPA）和花生四烯酸（arachidonic acid，AA）对鱼类的整个繁育过程起到重要调节作用。Henrotte 等（2010）研究表明，DHA 可促进欧亚鲈胚胎发育和幼鱼生长存活，同时 EPA 和 AA 的比例直接影响到卵子的质量；对大西洋鳕（*Gadus morhua* L.）卵子的研究也得到相似的结论（Penney et al.，2006）；但是对红点鲑（*Salvelinus alpinus*）的研究表明，卵子脂肪酸的组成对其繁殖力和胚胎的发育并没有显著的影响（Mansour et al.，2011），因此利用脂肪酸的组成来评价卵子质量，存在种属差异，不能一概而论。此外，一些酶（转醛酮酶、葡萄糖-6-磷酸转移酶、磷酸酶、脱氢酶等）、碳水化合物代谢产物（葡萄糖、果糖）、氨基酸代谢产物（总氨基酸水平、丙氨酸转移酶的活性）、乙酰辅酶A、磷脂和三酰甘油的含量变化同胚胎的发育和孵化有着一定相关性，也常常被用来评价卵子质量（Lahnsteiner and Patarnellob，2004）。

卵子所处的生存环境，即卵巢液和体液的生理生化变化也可间接反映卵子质量。许多研究已证实，低 pH 的卵巢液或体液容易降低卵子质量，大菱鲆（*Scophthalmus maximus*）卵子过熟同卵巢液的pH低有一定相关性（Fauvel et al. 1993）；对虹鳟卵子质量研究也得到了相似的结果（Aegerter and Jalabert，2004）。但是大量的研究表明，卵巢液或体液的低 pH 只能用来解释由卵子过熟导致的卵质下降，而对由其他原因引起的卵质下降则无明显的评价效果。

（3）受精率、孵化率和胚胎畸形率

卵子被受精的能力是卵子质量的一个重要评价标准。产透明卵的硬骨鱼类，可较好地检测其卵子受精率，但是对于产不透明卵的硬骨鱼类，检测其卵子受精率则比较困难，需要通过一些特异性的化学染色，因此检测硬骨鱼类受精率会因种属差异而出现难易程度有所不同。卵子受精后，胚胎细胞发生卵裂，卵裂细胞的形态和非正常细胞的出现也被用于评价卵子质量。Avery 等（2009）研究表明，异常卵裂导致了黄盖鲽（*Limanda yokohamae*）早期胚胎的死亡；而且大量研究也证实，卵裂球的形态同胚胎后期的发育密切相关（Daniel et al.，2011；Hansen and Puvanendran，2010；Kjörsvik et al.，2003）。但是对大西洋鳕（*Gadus morhua*）的研究也表明，尽管异常卵裂胚胎有较高死亡率，但是同正常卵裂胚胎相比，二者在孵化率上差异并不显著（Kjörsvik et al.，2003）。

胚胎孵化是受精卵成功发育的一个关键标志，因此胚胎各个阶段的发育状况常被用来评价卵子的质量，如原肠胚阶段、孵化阶段和卵黄吸收阶段。另外，观察不同试验条件下胚胎在各个阶段发育状况及最后存活率，对评价卵子质量有很大的帮助。

异常胚胎和畸形幼鱼的比例是评价卵子受精后发育潜能的最佳指标。通常异常胚胎和畸形幼鱼的出现同饲养管理的关联较大，如虹鳟人工养殖时卵子的过熟会导致其幼鱼的畸形发育（Avery et al.，2009）。

（4）分子标识

随着分子生物学技术的不断提高，从分子水平检测卵子质量的工作逐步开展。大量研究已证实，硬骨鱼类卵黄蛋白的含量与卵子质量密切相关，组织蛋白酶 D 和 L 是卵黄蛋白合成过程中的关键酶，对其生物学功能的深入研究，将为发现与卵子质量相关的基因标志提供新思路（Bonnet et al.，2007；Hiramatsu et al.，2006）。此外，细胞因子和生长因子在哺乳动物卵子的发生、发育和早期胚胎发育过程中发挥着重要的协同调控作用，同时一些生长因子作为特异性生物学标志物已被用来评价哺乳类胚胎质量的优劣，但是在硬骨鱼类胚胎质量评价方面的研究尚未见报道，因此这些在卵巢局部分泌，通过旁分泌和自分泌途径调控卵子发育的内分泌因子可能成为评价硬骨鱼类卵子质量的指标之一。

3. 卵子质量的影响因素和相关调控机制

鱼类的繁殖性能由其遗传特性所决定，同时又受内在因素（激素、内分泌因子等）和外部环境条件（温度、光照、营养素等）调控。而影响因子对鱼类繁殖性能的调控，主要是通过下丘脑–垂体–性腺轴的介导来实现。影响卵子质量的因素主要有以下五个方面。

（1）遗传因素

亲本的遗传因素能影响卵子的质量，已在硬骨鱼类中得到初步证实。Brooks等（1997）研究发现，在上一个生殖季节产生较高质量卵子的雌性虹鳟，翌年还能产出较高质量的卵子。随后，利用cDNA芯片技术，分析了注射激素和调控光周期诱导产生卵子的基因转录差异，发现两者在一些特定基因表达丰度上存在明显差异（Bonnet，2007）。这些研究表明，遗传差异对卵子也有重要影响，但是引起这些差异的遗传因素还无法鉴定，同时对这些遗传影响因素的主导性调控机制尚不明确。因此，从遗传育种的角度出发，加强对遗传因素导致卵子质量差异的研究，是提高硬骨鱼类卵子质量的一条有效途径。

（2）激素调控

对鱼类卵子的发生、发育和最终成熟的调控，主要通过下丘脑–垂体–性腺轴介导分泌GtH来实现。卵母细胞的双层滤泡膜在排卵前是产生性腺类固醇激素的部位，膜细胞层合成睾酮（testosterone，T），颗粒细胞层在芳香化酶的作用下将睾酮转化成雌二醇（estradiol，E2），而E2可促进性腺发育和卵黄蛋白的合成。大量研究表明，GtH可通过激活芳香化酶P450 mRNA表达，诱导E2的分泌，促进卵子中卵黄蛋白的合成，进而促进卵子的发育和成熟。同时在卵黄蛋白合成过程中，E2可通过肝脏的负反馈作用调控卵黄蛋白和其他相关蛋白的合成，进而调节卵母细胞的发育，此外其他一些激素和旁分泌生长因子也协同调控卵黄蛋白的合成。在硬骨鱼类的研究中也发现，其滤泡细胞可合成分泌成熟诱导激素（maturation inducing hormone，MIH）和成熟诱导类固醇激素（maturation inducing steroid，MIS），MIS可与卵母细胞膜上特异性受体结合，通过一系列信号转导，激活卵母细胞成熟促进因子（maturation-promoting factor，MPF）的生成和表达，从而恢复卵母细胞减数分裂，促进卵母细胞成熟（Izquierdo et al.，2001）。在硬骨鱼类人工养殖过程中，经常用激素来诱导不能自发排卵的鱼类，或是诱导同期产卵。激素诱导技术主要通过影响卵子发育潜能来影响卵子质量，因此激素诱导技术的效果会直接影响卵子质量。

在卵子发育的最后阶段（即卵母细胞最终成熟阶段），卵母细胞要重新恢复减数分裂，同时获得发育成正常胚胎的潜能，但是用激素人工诱导处于减数分裂阶段的卵母细胞，并不一定能使卵母细胞获得完全的发育潜能。大量研究已经证实，硬骨鱼类人工繁养殖过程中，选择成熟度好和生理状态最佳的亲鱼采用激素诱导才能获得高质量的卵子，而选择激素诱导的时机不当，则会影响卵子受精率和受精后卵子的发育潜能，降低胚胎存活率，但不会造成胚胎畸形和幼鱼畸形比例的显著增加（Arabaci et al.，2004；Marino et al.，2003）。

（3）营养因素

亲鱼摄入充足营养，对硬骨鱼类性腺发育、成熟和胚胎发育、孵化至关重要；产卵前和产卵期间亲鱼的摄食量和食物成分不仅会影响到卵子质量，而且对亲鱼排卵量、排卵频率、类固醇激素水平和促性腺激素诱导成熟有显著调节作用。在雌性亲鱼卵巢快速发育阶段，通过外源性饮食摄入，在肝脏合成大量的蛋白质、脂类和葡萄糖等营养物质，这些营养物质在细胞内吞作用下被卵母细胞吸收、贮存，为早期胚胎发育提供能量储备，从而保证了胚胎的正常发育。大量的研究证实，主要摄食营养物质（如维生素、蛋白质、矿物质和必需脂肪酸等）的长期缺乏容易导致胚胎发育异常和幼鱼的死亡率增高。Gunasekera 等（1995）研究表明，罗非鱼摄食高蛋白饲料时（40%粗蛋白质），其卵巢发育迅速，卵母细胞的质量要优于低蛋白饲料（15%粗蛋白质）。以低蛋白饲料喂养的真鲷亲鱼，其卵子的受精率和孵化率显著低于高蛋白饲料摄食组（Izquierdo et al.，2001），这表明亲鱼饲料中必须有较高含量的蛋白质。除了蛋白质外，食物中高度不饱和脂肪酸的种类和数量对促进鱼类性腺发育、成熟和提高产卵量也会起到非常重要的作用，通常鱼类卵子中含有大量的磷脂。相关的研究表明：食物中含有足够的磷脂时，胚胎的成活率和幼鱼的生长率都有显著提高。此外，维生素和矿物质的缺乏也容易引起亲鱼产卵异常和卵子质量下降（Mourente and Odriozola，1990）。

（4）环境因子

鱼类的生殖周期在很大程度上受光照时间长短的调控，光线通过刺激鱼类视觉器官，经过中枢神经的传导，引起脑垂体分泌活动，从而影响生殖轴激素（GtH、GnRH 等）的合成分泌，进而调控卵子的发生、发育。Carrillo 等（1989）应用不同光周期对黑鲈（*Dicentrarchus labrax* L.）的研究表明，光照对其卵子质量、孵化率和仔鱼存活率产生了显著影响。因此在鱼类繁殖周期中，应当选择合适的光周期来促进卵子发育、成熟。

在鱼类产卵季节，温度是影响卵子质量的一个重要因素，温度过高或过低都会影响卵子的质量。不同鱼类其最适宜卵子发育的外界环境温度不尽相同，一般而言，在适温范围内，春季产卵的鱼类其性腺发育速度与温度成正比；而秋季产卵的鱼类性腺成熟却要求降低水温。例如，当饲养虹鳟的温度超过 15℃时，其卵子质量显著下降；鲑科鱼类的温度超过 12℃时其孵化率会大幅度下降；Aegerter 和 Jalabert（2004）、Bobe 和 Labbe（2010）研究也表明，高温显著增加鲑胚胎畸变的比例。某些海水鱼类，在其卵黄蛋白生成阶段，当温度低于最适温度时，其卵子质量会明显下降。温度对鱼类卵子质量的影响还在于它是鱼类产卵的阈值，每种鱼在某一地区开始产卵的温度是恒定的，一旦温度异常就会造成鱼类产卵停滞或者受精卵异常发育，进而影响到仔鱼孵化。一些研究表明：温度可调控鱼类内源性激素的分泌和对外源性激素的吸收，对卵黄蛋白合成起反馈调节作用，进而影响卵子发生、发育，但这是否是温度影响卵子质量的内部作用机制有待进一步研究确证。

不同种鱼类对盐度变化的适应能力不同，因此盐度对不同鱼类卵子质量的影响也会存在差异。对一些广盐性鱼类而言，盐度改变导致渗透压的变化通常会对卵子质量产生一定影响，大西洋鲑在盐度高的海水中产的卵，其受精率很低，卵子质量显著下降（Haffray et al.，1995）；同时早期对银大马哈鱼（*Coho salmon*）的研究也得到相似的结论（Sower et al.，1982）。水体盐度影响鱼类渗透压改变，渗透压改变会影响调节渗透压平衡的激素——催乳素的合成分泌，而催乳素又可以通过抑制 GtH 的合成分泌来调控卵子的发育、成熟，进而影响卵子质量。

（5）饲养管理

对大多数硬骨鱼类而言，卵子的质量受排卵后时间的影响。金鱼排卵 10h 后的卵子其受精卵孵化率为 0%（Formacion et al.，1995）；对大菱鲆的研究也表明，新鲜排出的卵子其受精率能达到 90%以上，而当卵子在体腔内保持 24h 后，其受精卵孵化率接近 0%，同时在大菱鲆（Mcevoy，1984）和大西洋庸鲽（Bromage et al.，1994）的研究中也观察到类似的现象。对鲑科鱼类而言，虽然卵子能够在体内存活较长时间，但是超过卵子质量达到最优的时间点，不但会影响胚胎的孵化和存活，而且增加了畸形胚胎的比例和三倍体出现的频率。

人工授精过程中，卵子所处的外界环境条件（温度、溶氧等）也会影响卵子的质量。大量研究已经证实：保存卵子的温度可显著影响卵子的质量，大马哈鱼未受精卵子可在 3℃的条件下保存数天（Jensen and Alderdice，1984），虹鳟和褐鳟的未受精卵在 0~2℃的体液中至少可保存 5~7 天（Babiak and Dabrowski，2003）；对温水性鱼类罗非鱼（*Sarotherodon mossambicus*）的研究表明，其卵子在高于 15℃温度下至少存活 1.5h，而当温度低于 13℃时，其卵子受精率会明显下降（Harvey and Kelley，1984）；此外，淡水鱼类卵子受精前所处的环境温度对其胚胎孵化率和存活率都有明显的影响。而其他外界环境因子对排卵后卵子质量影响的报道较少，因此需要结合相关影响因素进行深入研究。另外，应激会对卵子的发育和成熟产生显著的影响。例如，在虹鳟和褐鳟繁殖过程中，反复的急性应激会导致卵子体积和质量下降、胚胎发育异常（Campbell et al.，1994）。Contreras-sanchez等（1998）对虹鳟研究表明，剧烈的急性应激会显著降低虹鳟胚胎存活率，中等程度应激在早期卵黄蛋白合成阶段容易导致卵子直径变小，在后期卵子最终成熟阶段则容易诱导提前排卵，但对后代存活率没有显著的影响。此外在银大马哈鱼研究中也发现，在卵子最后成熟阶段，应激会导致排卵数量增多，同时其卵子中皮质醇的含量会有明显升高（Stratholt et al.，1997）。

卵子的质量会对胚胎发育和仔、稚、幼鱼的存活产生直接影响。因此，将卵子形态结构特征、生化组成、分子标识与发育性状等方面的因素相结合，深入研究硬骨鱼类卵子质量决定机制，建立全面的质量评价体系，将有效地区分卵子质量的优劣。在硬骨鱼类人工繁养殖过程中，除了可以通过观察其沉浮性和外观形状来判别少数活性极差的卵子外，目前尚无有效指标能够准确评价卵子质量的优劣，而一些外观正常的卵子，尽管没有表现出任何低活性标志，实际上其发育潜能非常低，因而，检测受精率、胚胎发育状况、幼鱼存活率等指标，是从生物学角度评价卵子质量的唯一途径，特别是对发育异常胚胎和畸形幼鱼的深入研究，将有利于卵子质量评价。此外，对卵子发育过程中生化组成及其生理功能的深入剖析，将进一步确立优质卵子质量标准，从而使卵子质量评价更加明确具体，同时与影响卵子质量的内外源因素结合起来，为硬骨鱼类卵子质量评价体系的建立提供有效的参考依据，是当前硬骨鱼类繁养殖中极为重要的研究内容。

随着研究的逐步深入，硬骨鱼类卵子发生、发育和成熟的生理学机制日渐清晰，从分子和细胞水平深入阐明调控卵母细胞发育潜能和早期胚胎发育的机制，将是实现对硬骨鱼类卵子质量有效调控的必备前提。哺乳动物的研究表明，双亲的基因型能够影响其后代生产力和卵子的质量，而对硬骨鱼类中影响其卵子质量的基因至今仍了解不多。大量研究已经初步证实，硬骨鱼类卵子的发生和早期胚胎的发育，主要通过母源性基因产物（母源 mRNA 和蛋白质）调控，同时这些母源性 mRNA 和蛋白质的表达又受到环境变化等非基因因素的调控，但是有关卵子发生和早期胚胎发育的细胞调控机制仍不清楚，同时相关功能性基因仍需要深入研究其作用机制。此外，基因选择也影响卵子的质量，尽管在水产养殖业中尚未有深入研究，但是在畜牧养殖过程中，奶牛繁殖性能的下降同基因选择密切相关已得到证实，所以在未来硬骨鱼类繁养殖过程中，有关这方面的研究也应得到特别关注。

二、大菱鲆繁殖期卵子生化组成与卵质相关性分析

鱼类卵子质量被定义为卵子被受精和随之能发育成正常胚胎的能力。卵子质

量是制约鱼类产量的关键因素，同时影响养殖硬骨鱼类优良种质创制，因此深入剖析影响卵子质量的内外源因素及相关调控机制，对养殖硬骨鱼类苗种繁育有重要意义。大量研究表明，鱼类卵子质量受到亲本遗传、激素调控、营养状态、饲养管理和环境因子等因素影响（Jerez et al.，2012；Lahnsteiner and Kletzl，2012；Villamizar et al.，2011；Schreck，2010；Mylonas et al.，2010；Zakeri et al.，2009；Finn，2007；Kamler，2005）。鱼类繁殖策略的多样性，决定了对其卵子质量评价的标准不尽相同，但是大致可以用卵子的形态结构、受精率、孵化率和胚胎畸形率等指标对卵子质量进行初步评价（Kohn and Symonds，2012；Aristizabal et al.，2009；Mansour et al.，2008），同时卵子生化组成，如卵黄蛋白、脂类、糖类、氨基酸、脂肪酸和一些特异性酶类也可以作为评价卵子质量的辅助指标（Lanes et al.，2012；Samaee et al.，2010；Lubzens et al.，2010；Faulk and Holt，2008；Giménez et al.，2006）。形态结构、受精率和孵化率虽可评价卵子质量优劣，但对决定卵子质量的关键因素尚不明确，因此深入研究鱼类卵子生化组成，分析相关组成同卵子质量相关性，对有效鉴别卵子优劣，进而构建卵质评价体系有重要推动作用。

卵子质量在繁殖产卵季节受众多因素影响，鱼类繁殖策略的多样性决定了卵子质量评价尚无统一标准。在众多评价指标中，卵子形态、受精率和孵化率被广泛应用于卵子质量评价。卵子沉浮性也经常被用来评价海水鱼类卵子质量优劣，大量研究表明：卵子上浮率同其孵化率呈显著正相关关系（Furuita et al.，2007；Unuma et al.，2005）。卵子直径也被认为是评价胚胎发育的有效参数之一。Mansour 等（2008）对红点鲑卵子特性研究表明，卵径同其质量呈现负相关性；大西洋鳕在其繁殖期内，小卵径的卵具有较高受精率和孵化率（Trippel and Neil，2004）；在大菱鲆繁殖期内，其卵子也被发现具有类似的变化规律。对 4 龄体长、体质量和产卵量无显著差异雌性亲鱼（表 4-1）研究表明，繁殖期内，按 10~15 天为一阶段，将大菱鲆繁殖产卵周期划分为前期、中期和后期，当卵巢液 pH 低至 7.1 时为过熟卵。大菱鲆繁殖期内，排卵中期卵子的上浮率、受精率和孵化率显著高于早期和晚期（$P<0.05$），而卵径和仔鱼畸形率显著低于早期和晚期（$P<0.05$），同时早期和晚期卵子卵径、上浮率、受精率、孵化率和仔鱼畸形率无显著差异（$P>0.05$）。这表明在大菱鲆繁殖期内，排卵中期卵子质量最高，沉浮性和卵径是评价卵质优劣的有效指标。

表 4-1　大菱鲆繁殖期卵径、上浮率、受精率、孵化率和仔鱼畸形率

指标	早期	中期	晚期
卵径/mm	1.17±0.03[a]	1.01±0.01[b]	1.16±0.02[a]
上浮率/%	46.12±1.16[a]	90.48±0.51[b]	48.81±2.09[a]
受精率/%	37.42±2.13[a]	90.74±1.01[b]	35.67±2.01[a]
孵化率/%	41.18±3.43[a]	76.49±3.29[b]	39.43±2.71[a]
仔鱼畸形率/%	12.69±0.32[a]	9.24±0.09[b]	12.38±0.23[a]

注：同行数据后肩标不同字母者表示差异显著（$P<0.05$）；相同字母者表示差异不显著（$P>0.05$）

对大菱鲆繁殖期卵径、上浮率同受精率、孵化率相关性研究表明，卵子上浮率同其受精率、孵化率呈显著正相关关系（图 4-2A，图 4-2B）；而卵径同其受精率、孵化率呈显著负相关关系（图 4-2C，图 4-2D）；卵径和其上浮率也显著相关（图 4-3）。

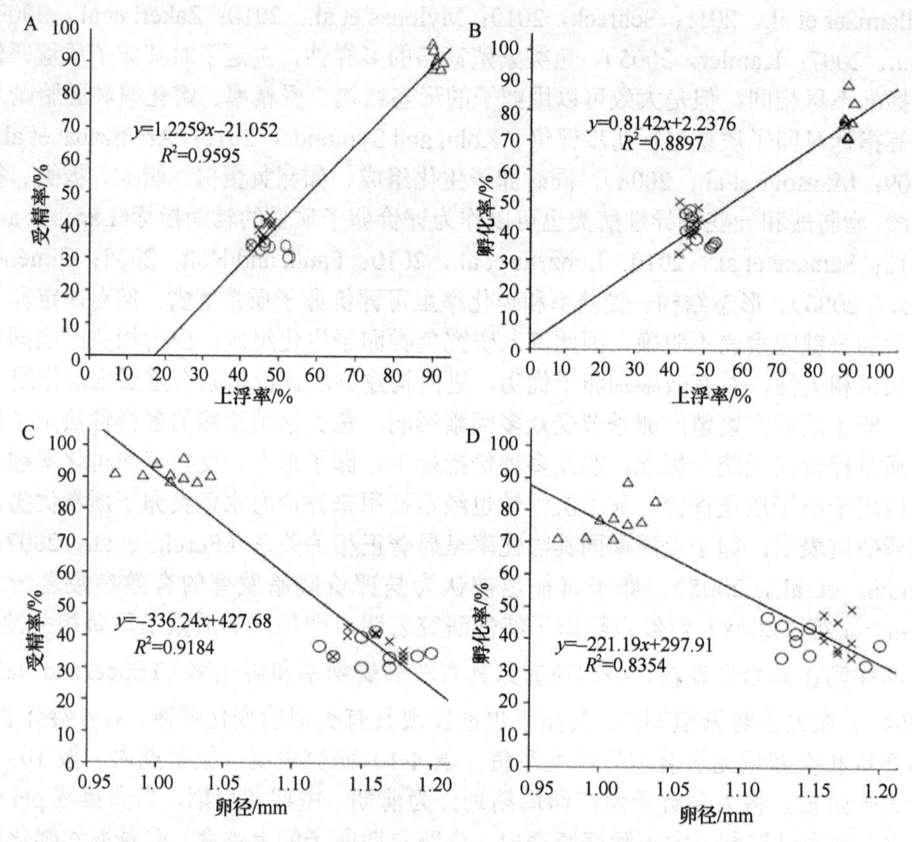

图 4-2　大菱鲆繁殖期卵径、上浮率同受精率、孵化率相关性

△中期；○早期；×晚期

在硬骨鱼类胚胎和早期仔鱼发育过程中，卵子为胚胎和早期仔鱼发育提供相应营养物质和能量。卵子内丰富的营养物质为早期仔鱼发育和机体平衡提供了充足的卵黄营养，而卵子内营养物质生化组成存在种属间差异，同时对营养组分的消耗利用方式在数量上和质量上也有着严格等级顺序。在大菱鲆胚胎发育过程中，可特异性分解蛋白质和碳水化合物，为早期仔鱼的发育提供卵黄营养（Planas et al.，1989），而大马哈鱼胚胎利用蛋白质、脂类和碳水化合物来满足其能量需求（Boulekbache，1981）。鱼类物种多样性决定了其繁殖产卵期间卵子生化组成和含量呈现增加、减少或不变的变化趋势（Fuiman and Ojanguren，2011；Faulk and Holt，2008；Aegerter and Jalabert，2004）。对大菱鲆繁殖期卵子干重、水分、总脂、蛋

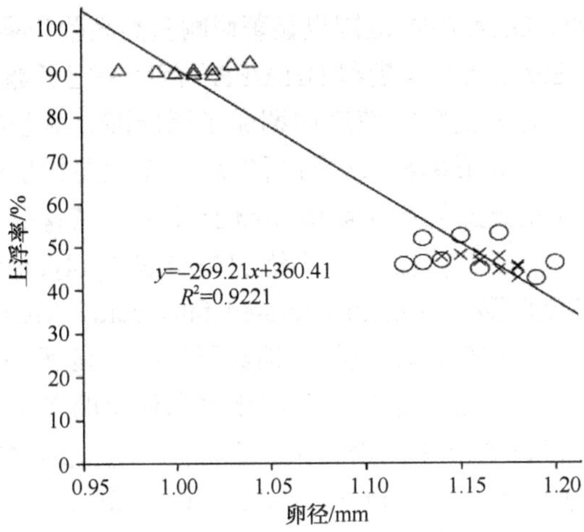

图 4-3　大菱鲆繁殖期卵径和卵子上浮率相关性
△中期；○早期；×晚期

白质和碳水化合物变化分析可知，大菱鲆卵子干重、水分、蛋白质、总脂和碳水化合物含量在其繁殖期内无显著差异（$P>0.05$）（表 4-2），关于其他海水鱼类卵子的生化组成也有类似报道（Giménez et al.，2006；Dayal et al.，2003）。但是大菱鲆卵子总脂含量与 Silversand 等（1996）研究有所差异，这可能是由饲喂条件和营养状态不同所致。

表 4-2　大菱鲆繁殖期卵子干重、水分、总脂、蛋白质和碳水化合物含量

指标	早期	中期	晚期
干重/mg 100 卵子	6.85±0.06	6.89±0.03	6.42±0.26
水分（湿重）/%	90.17±0.06	90.04±0.06	90.11±0.58
蛋白质（干重）/%	11.83±0.68	12.77±0.67	13.17±0.75
总脂（干重）/%	19.81±0.35	20.57±0.84	20.03±0.67
碳水化合物（干重）/%	9.74±0.75	9.36±0.30	8.91±0.28

在卵子内营养物质组成中，脂肪酸为胚胎和早期仔鱼发育提供了代谢底物，同时它也是构建生物膜脂质双层结构的重要物质，广泛参与生物体内众多生理活动。海水鱼类卵子含有丰富的二十二碳六烯酸（DHA）、二十碳五烯酸（EPA）和花生四烯酸（AA）。DHA 和 EPA 是细胞膜脂质双层重要组分，DHA 在突触形成、视网膜发生和胚胎早期发育过程中扮演重要角色，EPA 是膜磷脂主要组分，而 AA 可作为一些激素、生物活性物质和递质的第二信使，或者协同其他第二信使共同调节细胞功能；另外当细胞受到刺激，胞内产生的 AA 及其代谢产物迅速释放到细胞外，通过自分泌或旁分泌途径发挥局部调控作用（Tocher，2010）。此外，Furuita

等（2002）研究表明，DHA/EPA 范围也显著影响鱼类胚胎和早期仔鱼发育。因此鱼类卵子内 DHA、EPA、AA 含量和 DHA/EPA 范围决定了卵子营养状态，对卵子质量有重要影响。对大菱鲆繁殖产卵期卵子脂肪酸、氨基酸组成变化及其与受精率、孵化率和仔鱼畸形率相关性分析发现，在大菱鲆繁殖期内，卵子脂肪酸的组成呈现显著性差异变化；排卵中期卵子 $C_{14:0}$、$C_{16:0}$、$C_{16:1n-7}$、$C_{18:0}$、$C_{18:1}$、$C_{20:4n-6}$、$C_{20:5n-3}$、$C_{22:6n-3}$、多不饱和脂肪酸（polyunsaturated fatty acid，PUFA）和单不饱和脂肪酸（monounsaturated fatty acid，MUFA）的含量最高，且显著高于早期卵子（$P<0.05$），但与后期卵子差异不显著（$P>0.05$）（表 4-3）。对大菱鲆繁殖期卵子脂肪酸与受精率、孵化率和仔鱼畸形率相关性分析显示：$C_{14:0}$ 和 MUFA 同仔鱼畸形率显著相关；$C_{16:0}$、$C_{16:1n-7}$、$C_{20:4n-6}$、$C_{20:5n-3}$、$C_{22:6n-3}$、PUFA 和饱和脂肪酸（saturated fatty acid，SFA）同受精率、孵化率和仔鱼畸形率显著相关（表 4-4）。受精率和孵化率高的卵子，其 DHA、EPA、AA 的含量显著高于受精率和孵化率低的卵子，同时 $C_{14:0}$、$C_{16:0}$、$C_{16:1n-7}$、$C_{18:0}$、$C_{18:1}$ 含量也同受精率、孵化率和仔鱼畸形率存在显著相关性（表 4-4）。这表明卵子内脂肪酸可能存在一系列的正向或反向生理效应，协同调控卵子内营养物质生化合成；卵子 DHA/EPA 范围也同 Silversand（1996）报道相一致，因此测量卵子脂肪酸组成和含量对预测卵子质量具有潜在应用价值，但需要进一步分析卵子内脂肪酸之间是否存在相互作用及其与卵子质量的相关性。

表 4-3　大菱鲆繁殖期卵子脂肪酸组成（g/kg 干重）

脂肪酸	早期	中期	晚期
$C_{14:0}$	$1.63±0.35^{b}$	$2.72±0.12^{a}$	$2.30±0.18^{ab}$
$C_{16:0}$	$12.69±2.59^{b}$	$22.06±0.68^{a}$	$17.06±2.11^{ab}$
$C_{16:1n-7}$	$5.35±0.99^{b}$	$10.08±0.71^{a}$	$7.45±0.71^{ab}$
$C_{18:0}$	$2.82±0.55^{b}$	$4.50±0.25^{a}$	$3.96±0.50^{ab}$
$C_{18:1}$	$13.91±2.53^{b}$	$25.34±1.52^{a}$	$21.56±2.92^{ab}$
$C_{18:2}$	1.32±0.22	1.97±0.13	1.90±0.23
$C_{18:3}$	0.49±0.12	0.78±0.04	0.70±0.04
$C_{20:4n-6}$（AA）	$1.49±0.28^{a}$	$2.58±0.08^{b}$	$2.02±0.23^{ab}$
$C_{20:5n-3}$（EPA）	$4.25±0.96^{a}$	$7.62±0.55^{b}$	$5.63±0.51^{ab}$
$C_{22:5n-3}$	2.38±0.50	3.65±0.15	3.21±0.42
$C_{22:6n-3}$（DHA）	$16.78±3.42^{a}$	$29.21±0.62^{b}$	$22.16±2.38^{ab}$
SFA	17.73±3.61	30.50±0.78	24.20±2.82
PUFA	$25.97±5.00^{b}$	$47.31±1.12^{a}$	$37.11±4.06^{ab}$
MUFA	$20.05±3.70^{b}$	$36.61±2.19^{a}$	$29.76±3.73^{ab}$
DHA/EPA	4.01±0.16	3.87±0.28	3.93±0.12
EPA/ARA	2.82±0.35	2.96±0.20	2.80±0.07

注：同行数据后肩标不同字母者表示差异显著（$P<0.05$）；相同字母者表示差异不显著（$P>0.05$）

表 4-4　大菱鲆卵子脂肪酸与受精率、孵化率和仔鱼畸形率相关性

因变量	自变量	方程	R^2	P
$C_{14:0}$	LD	$y=-2.010x+15.889$	0.498	0.034
$C_{16:0}$	FR	$y=0.447x^2-11.380x+98.128$	0.700	0.027
$C_{16:0}$	HR	$y=0.354x^2-8.786x+90.684$	0.680	0.033
$C_{16:0}$	LD	$y=-0.252x+15.778$	0.498	0.034
$C_{16:1n\text{-}7}$	FR	$y=1.449x^2-12.988x+61.985$	0.704	0.026
$C_{16:1n\text{-}7}$	HR	$y=1.124x^2-10.998x+65.122$	0.707	0.025
$C_{16:1n\text{-}7}$	LD	$y=-0.252x+15.778$	0.557	0.021
$C_{20:4n\text{-}6}$	FR	$y=39.528x^2-115.826x+115.364$	0.711	0.024
$C_{20:4n\text{-}6}$	HR	$y=28.669x^2-86.305x+101.096$	0.691	0.030
$C_{20:4n\text{-}6}$	LD	$y=-2.186x+15.872$	0.543	0.024
$C_{20:5n\text{-}3}$	FR	$y=2.692x^2-18.745x+64.565$	0.692	0.029
$C_{20:5n\text{-}3}$	HR	$y=2.088x^2-15.906x+68.047$	0.684	0.032
$C_{20:5n\text{-}3}$	LD	$y=-2.186x+15.872$	0.543	0.024
$C_{22:6n\text{-}3}$	FR	$y=0.317x^2-10.200x+110.718$	0.801	0.008
$C_{22:6n\text{-}3}$	HR	$y=0.234x^2-7.793x+99.928$	0.782	0.010
$C_{22:6n\text{-}3}$	LD	$y=-0.012x^2+0.281x+11.486$	0.714	0.023
SFA	FR	$y=0.263x^2-8.827x+103.357$	0.687	0.031
SFA	HR	$y=0.200x^2-6.991x+96.503$	0.685	0.031
SFA	LD	$y=-0.182x+15.819$	0.538	0.024
PUFA	FR	$y=0.114x^2-5.973x+108.801$	0.719	0.022
PUFA	HR	$y=0.087x^2-4.79x+101.707$	0.717	0.023
PUFA	LD	$y=-0.004x^2+0.125x+12.087$	0.652	0.042
MUFA	LD	$y=-0.135x+15.322$	0.485	0.037

注：FR. 受精率；HR. 孵化率；LD. 仔鱼畸形率

氨基酸为胚胎发育提供了能量来源，同时也是渗透激活物质，可调控卵子水合，影响卵子沉浮性。大量研究表明，低活性卵子中氨基酸含量要远低于高活性卵子，氨基酸含量和鱼类卵子活性存在显著相关性，高含量的氨基酸可以为受精后的受精卵提供更多的能量，从而保证胚胎正常发育。表 4-5 中对大菱鲆繁殖期卵子氨基酸组成分析显示，在大菱鲆整个繁殖产卵周期中，卵子总的氨基酸含量在排卵中期达到最高，且必需氨基酸中的异亮氨酸、亮氨酸、赖氨酸和非必需氨基酸中的谷氨酸含量要显著高于早期和晚期，而上述氨基酸含量在大菱鲆繁殖产卵早期和晚期卵子中无显著差异。必需氨基酸中的甲硫氨酸、缬氨酸和非必需氨基酸中的丙氨酸、丝氨酸含量也是在排卵中期卵子中显著高于早期，但与晚期卵子无显著差异。

表 4-5 大菱鲆繁殖期卵子氨基酸组成（g/kg 干重）

氨基酸	早期	中期	晚期
精氨酸	37.73±0.66	39.63±0.50	39.00±0.80
组氨酸	17.27±0.47	18.33±0.32	17.80±0.45
异亮氨酸	37.97±0.70[b]	42.40±0.50[a]	39.87±0.92[b]
亮氨酸	58.57±1.07[b]	65.47±0.91[a]	61.67±1.24[b]
赖氨酸	48.20±1.01[c]	54.87±0.84[a]	51.63±0.83[b]
甲硫氨酸	14.87±0.29[b]	17.57±0.28[a]	16.67±0.47[a]
苯丙氨酸	33.10±0.74	34.57±0.35	34.23±0.72
苏氨酸	29.80±0.90	31.07±0.61	31.00±0.30
缬氨酸	44.17±0.83[b]	49.67±0.55[a]	46.97±0.93[a]
丙氨酸	48.27±1.23[b]	55.77±1.70[a]	53.07±0.38[a]
天冬氨酸	45.07±0.84[b]	48.00±0.81[a]	46.97±0.78[ab]
半胱氨酸	4.33±0.19	4.73±0.23	4.80±0.25
谷氨酸	86.97±0.77[b]	97.13±1.78[a]	90.93±1.82[b]
甘氨酸	20.43±0.27	21.60±0.26	21.17±0.44
丝氨酸	27.10±0.20[b]	31.80±1.29[a]	32.60±0.61[a]
酪氨酸	27.76±0.58	29.27±0.41	29.53±0.57

注：同行数据后肩标不同字母者表示差异显著（$P<0.05$）；相同字母者表示差异不显著（$P>0.05$）

以上研究表明，大菱鲆繁殖期卵子活性存在显著差异，繁殖中期的卵子具有高受精率、孵化率和低仔鱼畸形率；卵径和沉浮性同受精率、孵化率存在显著相关性，可用来评价卵子质量；卵子脂肪酸、氨基酸组成和含量在繁殖期存在显著差异，这种差异决定了卵子营养状态，进而影响受精后胚胎发育和仔鱼存活、生长，对评价卵子质量有潜在应用价值。

三、大菱鲆繁殖产卵期卵子分子组成与卵质相关性分析

高质量的卵子是养殖硬骨鱼类实现规模化繁育的关键因素，而卵子内营养物质为受精卵的正常发育提供了必需的营养基础。卵黄含有大量营养物质，为卵母细胞的发育提供了必备的营养，其中卵黄蛋白原（vitellogenin，Vtg）是卵黄蛋白的前体，是卵黄形成期在雌激素刺激下由肝脏合成的一种大分子质量的磷酸酯糖蛋白，通过血液运输到发育的卵巢中，被卵巢吸收，作为胚胎发育的营养源。卵黄蛋白原与卵母细胞表面的相应受体结合，通过受体介导的内吞作用进入卵母细胞，在组织蛋白酶作用下，裂解为脂磷蛋白（lipovitellin，Lv）、高磷蛋白（phosvitin，Pv）和 β'成分（β'-component）。组织蛋白酶是位于溶酶体中的一类内源性蛋白分解酶，在卵黄蛋白原分解过程中发挥重要作用，其中组织蛋白酶 D 主要负责卵黄蛋白原裂解，而组织蛋白酶 L 负责对 Lv 进一步催化裂解，因此组织蛋白酶参与

调控了卵母细胞的生长和成熟，其含量变化对卵子活性有重要影响。卵子内含有的母源性遗传因子对鱼类胚胎和早期仔鱼发育也有重要调控作用，其中线粒体 DNA 同卵母细胞成熟和早期胚胎发育密切相关；母源 RNA 参与了胚胎干细胞形成和早期胚胎发育；而卵子内其他蛋白质则与营养物质代谢、消化、吸收、转录调控密切相关。

大菱鲆卵子发育是一个复杂的动态生理过程，卵子是卵母细胞生长和分化的最终产物，深入了解大菱鲆繁殖期卵子分子组成及其与卵质相关性，对构建卵质评价体系和探索卵母细胞发育过程中的相关分子调控机制都有重要意义。对健康、体长、体质量和产卵量无明显差异的 4 龄雌性亲鱼研究表明，大菱鲆繁殖期中，排卵中期的卵子 Vtg 表达水平最高，显著高于早期和晚期，同时晚期 Vtg 表达水平也显著高于早期（图 4-4）。卵子组织蛋白酶 D 和 L 含量变化显著，且呈现相反变化趋势。排卵中期的卵子组织蛋白酶 D 含量显著低于早期和晚期，而此时组织蛋白酶 L 含量显著高于早期和晚期；同时早期卵子组织蛋白酶 D 含量显著低于晚期卵子，而早期卵子组织蛋白酶 D 含量显著高于晚期卵子（图 4-5）。

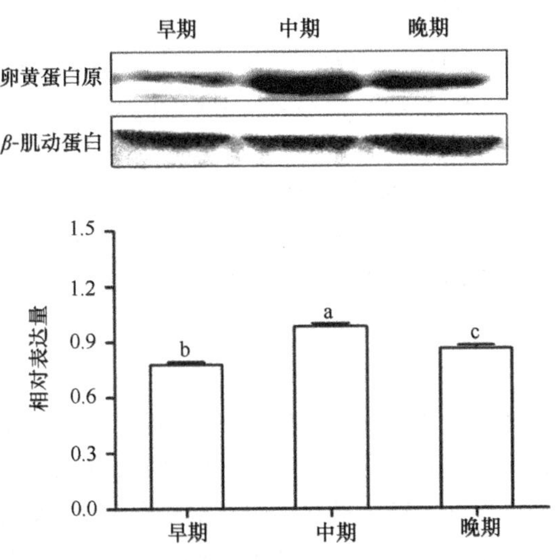

图 4-4 大菱鲆繁殖期卵黄蛋白原的表达

Vtg 是大多数卵生动物卵黄蛋白的前体，由雌性个性在卵黄形成期雌激素的刺激下，由肝脏细胞合成与分泌，并经循环系统转运至卵巢，裂解形成卵黄蛋白（yolk protein，YP），作为胚胎发育的主要营养源。对大菱鲆卵子发育研究表明，在其繁殖期内能够到达卵黄发生阶段的卵母细胞数量是有限的，而卵黄的募集受到 Vtg 含量和表达的调控，因此 Vtg 间接调控卵母细胞的成熟，影响卵子质量（Jones，1972）。本试验中，在大菱鲆繁殖期，中期卵子 Vtg 表达水平最高，同时中期卵子的受精率、孵化率最高，仔鱼畸形率最低，这进一步表明 Vtg 可促进卵

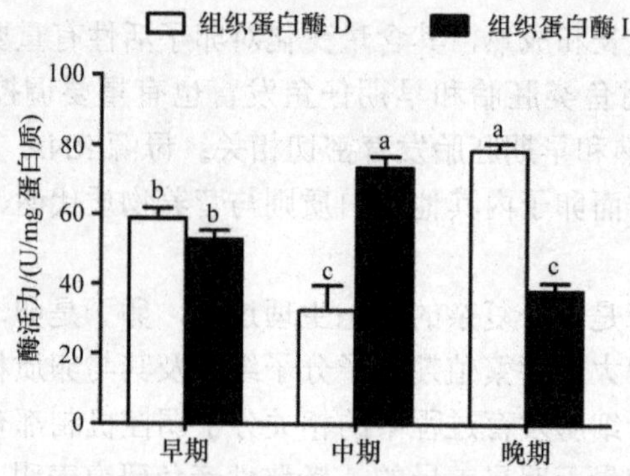

图 4-5　大菱鲆繁殖期组织蛋白酶 D 和 L 的含量

图中不同字母表示差异显著（$P<0.05$）；相同字母表示差异不显著（$P>0.05$）

母细胞成熟，提高卵子质量。Vtg 通过其受体介导的内吞作用沉积于发育中的卵母细胞中，随后在组织蛋白酶催化裂解下形成卵黄蛋白，以卵黄颗粒和油球形成存在于细胞质中。组织蛋白酶位于溶酶体中，通过吞噬作用参与细胞内物质降解，维持细胞代谢动态平衡。对硬骨鱼类组织蛋白酶的研究表明，组织蛋白酶 D 主要负责将 Vtg 催化形成 YP，而组织蛋白酶 L 则将 YP 催化裂解形成高分子蛋白质，此外组织蛋白酶 D 和 L 还参与胚胎形成期间卵黄代谢，为相关胚层组织形成和发育提供营养，因而卵母细胞发育阶段组织蛋白酶含量和活性的改变，影响卵黄形成、卵母细胞和胚胎发育，从而引起卵子活力发生变化（Repnik et al.，2012；Hiramatsu et al.，2002）。鱼类在繁殖产卵季节，其卵子组织蛋白酶 D 和 L 含量存在种属间差异。大菱鲆繁殖产卵期，卵子组织蛋白酶 D 和 L 含量呈现相反的变化趋势，表明这两种酶对 Vtg 的催化裂解存在严格的时序性，这种时序性可能与卵内物质代谢密切相关，进而保证了活性高的胚胎产生。

对大菱鲆繁殖产卵周期内卵子 RNA、DNA、蛋白质含量研究发现，大菱鲆繁殖产卵期卵子 DNA 和蛋白质含量无显著差异性变化；而排卵中期卵子 RNA 含量显著高于早期和晚期（$P<0.05$），同时早期和晚期卵子 RNA 含量无显著差异；此外 RNA/DNA 和 RNA/蛋白质也呈现同 RNA 含量相一致的变化趋势（表 4-6）。

表 4-6　大菱鲆繁殖期卵子 RNA、DNA、蛋白质含量（μg）

指标	早期	中期	晚期	F	P
RNA/卵子	0.334±0.077[a]	0.775±0.037[b]	0.359±0.050[a]	13.87	0.003
DNA/卵子	0.078±0.006[a]	0.083±0.009[a]	0.099±0.007[a]	2.040	0.210
蛋白质/卵子	10.186±0.502[a]	9.953±0.201[a]	10.182±0.222[a]	0.160	0.859
RNA/DNA	4.234±0.774[a]	9.521±1.110[b]	3.716±0.776[a]	12.710	0.007
RNA/蛋白质	0.033±0.008[a]	0.778±0.002[b]	0.035±0.005[a]	14.630	0.002

注：同行数据后肩标不同字母者表示差异显著（$P<0.05$）；相同字母者表示差异不显著（$P>0.05$）

对大菱鲆繁殖产卵周期卵子卵黄蛋白原、组织蛋白酶、RNA、RNA/DNA、RNA/蛋白质与受精率、孵化率、仔鱼畸形率相关性研究发现，大菱鲆繁殖期卵子卵黄蛋白原、组织蛋白酶、RNA、RNA/DNA、RNA/蛋白质与受精率、孵化率、仔鱼畸形率显著相关（表 4-7）。

表 4-7 大菱鲆繁殖期卵子卵黄蛋白原、组织蛋白酶、RNA、RNA/DNA、RNA/蛋白质与受精率、孵化率和仔鱼畸形率相关性

因变量	自变量	方程	R^2	P
Vtg	FR	y=261.004x–173.671	0.975	0.002
CTD	FR	y=143.273×0.981^x	0.940	0.003
RNA	FE	y=21.175e$^{0.002x}$	0.948	0.003
RNA/DNA	FE	y=23.72×1.134^x	0.909	0.004
RNA/蛋白质	FE	y=23.381e$^{17.187x}$	0.956	0.002
Vtg	HR	y=168.929x–95.382	0.900	0.006
CTD	HR	y=105.518/e$^{0.013x}$	0.989	0.006
RNA	HR	y=28.025×1.001^x	0.836	0.010
RNA/DNA	HR	y=30.329×1.088^x	0.897	0.015
RNA/蛋白质	HR	y=28.216e$^{11.613x}$	0.942	0.009
Vtg	LD	y=40.861/e$^{1.4684x}$	0.953	0.002
CTD	LD	y=3.074ln$x$–0.733	0.968	0.007
RNA	LD	y=30.920–3.199ln$x$	0.828	0.001
RNA/DNA	LD	y=14.691/e$^{0.045x}$	0.995	0.001
RNA/蛋白质	LD	y=15.429/e$^{6.367x}$	0.918	0.003

注：FR. 受精率；HR. 孵化率；LD. 仔鱼畸形率；CTD. 组织蛋白酶

DNA、RNA 和蛋白质同细胞生长发育密切相关。DNA 被认为是稳定遗传物质，RNA 同蛋白质合成密切相关，而 RNA/DNA 和 RNA/蛋白质则表明了细胞转录效率和蛋白质合成能力。对硬骨鱼类研究证实，DNA、RNA、蛋白质含量及 RNA/DNA 和 RNA/蛋白质值对个体的发生、发育有重要调控作用（Bulow，1987；Millward et al.，1973）。本研究中，在大菱鲆繁殖期，排卵中期卵子 RNA 含量、RNA/DNA 和 RNA/蛋白质值显著高于早期和晚期，这表明大菱鲆排卵中期卵子具有高的转录和蛋白质合成能力；而卵子蛋白质含量在整个繁殖期间并没发生显著变化，我们推测这可能和卵母细胞成熟过程中蛋白质翻译后加工修饰有关。

以上研究结果表明，Vtg 和组织蛋白酶促进了大菱鲆繁殖期卵母细胞的成熟，同时高含量的 RNA 和高 RNA/蛋白质值增强了卵子内蛋白质合成能力，提高了卵子的活性，上述指标可用来有效评价大菱鲆卵子质量，进而提高养殖效率，但是仍需要对不同年龄大菱鲆在不同的产卵季节的卵子分子组成进行深入研究，以便进一步寻找新的生物指标来评价卵子质量。

四、大菱鲆繁殖期卵巢液生化组成与卵质相关性分析

对大多数体外受精鱼类而言，卵子成熟后随卵巢液一起释放到卵巢腔中，由卵巢腔上皮细胞分泌的卵巢液为受精前卵子提供了体内生存的环境。卵巢液具有信息素功能，可诱导鱼类产卵行为，同时卵巢液可以激活精子运动性，适当延长卵子受精时限，提高卵子受精率，对卵子成熟和精卵的结合都有重要调控作用，其生化组成直接影响卵子质量。目前，对大菱鲆等养殖海水鱼类卵子质量的评价通常是对其外观形态（色泽、沉浮性）及生产性状（受精率、孵化率和仔鱼畸形率）检测，关于卵巢液的基础生化组成等方面的研究相对较少。因此，对大菱鲆繁殖周期内卵巢液生化组成进行深入分析，可为大菱鲆卵子质量评价及进一步完善海水鱼类种苗生产提供理论依据。

大菱鲆为分批产卵鱼类，其卵子发育时序的不同，必然引起卵巢液生化组成的改变，进而影响卵子质量。Fauvel 等（1993）研究发现，大菱鲆（*Scophthalmus maximus*）卵子过熟同卵巢液的 pH 低显著相关；对虹鳟卵子质量研究也得到了相似的结果（Wojtczak et al.，2007；Aegerter and Jalabert，2004）。卵巢液蛋白质含量也可以用来评价由卵子过熟导致的卵质下降，这已在褐鳟卵子活性研究中得到证实（Mansour et al.，2008）。研究表明，在大菱鲆繁殖期，排卵中期卵巢液蛋白质含量显著低于早期和晚期，且晚期卵巢液蛋白质含量最高，显著高于早期和中期，排卵中期卵巢液 pH 显著高于早期和晚期，且早期和晚期卵巢液 pH 无显著差异（表 4-8）。此外，发现高 pH、低蛋白质含量的卵巢液其卵子的受精率和孵化率要高。卵巢液 pH、蛋白质含量同受精率存在显著相关性。其中 pH 和蛋白质含量与受精率呈 Inverse 型曲线相关（图 4-6）。卵巢液离子成分为卵子提供了稳定的体内生存环境，同时在自然产卵和人工授精过程中，相关离子可以激发精子活性，延长受精时限。对硬骨鱼类受精生物学研究表明，卵巢液中阳离子（Na^+、

表 4-8　大菱鲆繁殖期卵巢液 pH、离子、蛋白质和相关酶类含量

指标	早期	中期	晚期
pH	7.74±0.03[a]	8.04±0.03[b]	7.53±0.01[c]
Na^+/（mmol/L）	192.3±14.19	206.67±3.53	230.67±20.70
K^+/（mmol/L）	9.60±2.20	10.67±1.07	12.80±2.23
Ca^{2+}/（mmol/L）	2.61±0.36	2.65±0.18	3.49±0.69
Cl^-/（mmol/L）	153.33±6.66	165.33±2.67	180.00±12.86
蛋白质/（mg/mL）	3.96±0.05[a]	0.54±0.01[b]	7.63±0.55[c]
ACP/（U/g 蛋白质）	45.28±4.51[a]	27.86±2.33[b]	56.90±1.83[c]
AKP/（U/g 蛋白质）	13.73±3.50[a]	48.55±3.25[b]	14.33±2.95[a]
AAT/（U/g 蛋白质）	40.05±8.65[a]	7.45±0.26[b]	41.11±1.06[a]

注：同行数据后肩标不同字母者表示差异显著（$P<0.05$）；相同字母者表示差异不显著（$P>0.05$）；ACP. 酸性磷酸酶；AKP. 碱性磷酸酶；AAT. 天冬氨酸转移酶

K^+、Ca^{2+}）浓度可影响精子能动性，同受精能力密切相关。但是在大菱鲆繁殖期，卵巢液中 Na^+、K^+、Ca^{2+}、Cl^-浓度在整个繁殖期无显著差异，这可能是由种属差异所致（表 4-8）。

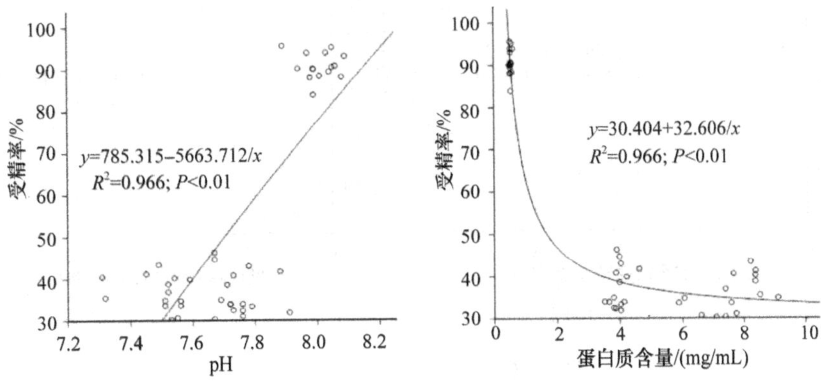

图 4-6 卵巢液 pH、蛋白质含量同受精率相关性

磷酸酶是生物体内普遍存在、与生命活动密切相关的酶系，有众多的催化底物和复杂的生理学功能（Bruce and Sapkota，2012）。其中碱性磷酸酶（AKP）和酸性磷酸酶（ACP）作为物质代谢过程中两种重要调控酶类，广泛参与生物体内物质的转运、吸收、生长、分泌等多种生理活动，对生物体的生长和发育极为重要。AKP 是一类膜结合蛋白，在碱性条件下催化磷酸基团的移除，通过跨膜运输参与核酸、蛋白质与脂类物质代谢，从而调控细胞的增殖、凋亡和分化（Ali et al.，2005）；而 ACP 定位于溶酶体和内膜系统，在酸性条件下催化磷酸单脂水解，在代谢调节、能量转化及信号转导上起重要作用，同时作为溶酶体标志酶，参与生物大分子消化、凋亡或坏死细胞的清除，在分解清除被吞噬异物和免疫保护方面发挥重要作用（Kong et al.，2012），因此 AKP 和 ACP 活性的变化对生物体内复杂的生理活动有重要调控作用。天冬氨酸转移酶（AAT）是一类存在于线粒体内的水解酶，当细胞受损时，由细胞内分泌到细胞外，因此它常被用来作为细胞膜完整/受损的生物标志（Delvin，1992）。卵巢液中 AKP、ACP 和 AAT 活性对卵子受精率的影响，因鱼类种属不同而存在差异。鲑属卵巢液中 AKP 的活性与受精率显著相关，ACP 活性则对受精率无显著影响（Lahnsteiner et al.，1995）；虹鳟卵巢液中 ACP 和 AAT 活性同其卵子活性显著相关，而哲罗鲑卵巢液中 AKP 和 ACP 活性与受精率无显著相关性（李雪等，2012）。在大菱鲆繁殖期，排卵中期卵巢液 AKP 的活性显著高于早期和晚期，而早期和晚期卵巢液的 AKP 活性无显著差异；晚期卵巢液 ACP 的活性显著高于早期和中期，同时中期卵巢液 ACP 活性显著低于早期和晚期。此外，排卵中期卵巢液 AAT 活性显著低于早期和晚期，而早期和晚期卵巢液的 AAT 活性无显著差异。另外，卵巢液磷酸酶和天冬氨酸转移酶同受精率呈 Exponential 型曲线相关（图 4-6）；AAT 活性与受精率呈 Logarithmic 型曲线相关（图 4-7）。卵巢液中 AKP 和 ACP 活性在大菱鲆繁殖周期内与受精率呈

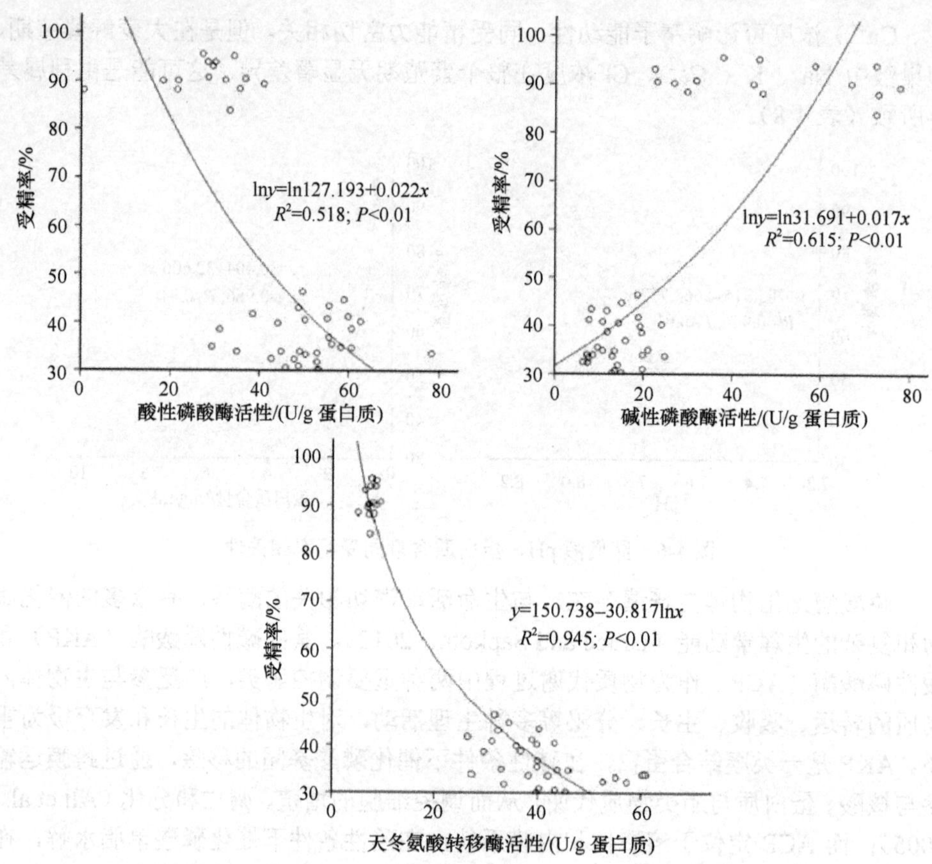

图 4-7　卵巢液酸性磷酸酶、碱性磷酸酶和天冬氨酸转移酶活性同受精率相关性

指数型显著相关，且二者活性变化规律呈现相反的变化趋势。排卵中期卵巢液AKP 活性升至最高，ACP 降至最低，这表明卵巢液可能通过持续的物质代谢维系卵子在体内的最佳生理状态，从而使得大菱鲆排卵中期的卵子受精率显著高于早期和晚期。排卵中期卵巢液 AAT 活性最低，且 AAT 活性与受精率呈指数型显著相关，也进一步表明了大菱鲆繁殖期排卵中期的卵子质量最佳。

综上，在大菱鲆繁殖周期内，卵巢液 pH，蛋白质含量，AAT、AKP 和 ACP 活性变化显著，且都与受精率显著相关，上述指标在一定程度上可反映卵子质量优劣，可作为评判卵子质量的辅助指标。卵巢液对卵子成熟和后期精卵结合有显著影响，而卵子和卵巢液之间又是通过何种方式来进行物质、能量和信息的交流，现在尚不得知，尚需对卵子和卵巢液生化组成进行深入研究，既可为探讨卵子和卵巢液之间互作打下基础，又可为卵子质量评价提供相关依据，从而为完善养殖鱼类种苗生产技术提供理论依据。

参 考 文 献

陈大元. 2000. 受精生物学. 北京: 科学出版社

李雪, 张颖, 尹家胜. 2012. 哲罗鲑卵子和卵腔液的生化组成与其发眼率的相关性. 中国水产科学, 19(2): 223-228

林浩然. 2011. 鱼类生理学. 广州: 中山大学出版社

吴莹莹, 柳学周, 王青印, 等. 2012. 大菱鲆成熟精子、卵子及精子入卵早期过程的电镜观察. 渔业科学进展, 33(3): 42-47

张雪雷, 王文琪, 肖志忠, 等. 2013. 超低温保存后大菱鲆(*Scophthalmus maximus*)精子的生理活性及其超微结构研究. 海洋与湖沼, 44(4): 1103-1107

Aegerter S, Jalabert B. 2004. Effects of post-ovulatory oocyte ageing and temperature on egg quality and on the occurrence of triploid fry in rainbow trout, *Oncorhynchus mykiss*. Aquaculture, 231: 59-71

Ali AT, Penny CB, Paiker JE, et al. 2005. Alkaline phosphatase is involved in the control of adipogenesis in the murine preadipocyte cell line, 3T3-L1. Clin Chim Acta, 354: 101-109

An KW, Nelson ER, Habibi HR, et al. 2008. Molecular characterization and expression of three GnRH forms mRNA during gonad sex-change process, and effect of GnRHa on GtH subunits mRNA in the protandrous black porgy (*Acanthopagrus schlegeli*). Gen Comp Endocrinol, 159: 38-45

Ando H, Urano A. 2005. Molecular regulation of gonadotropin secretion by gonadotropin releasing hormone in salmonid fishes. Zool Sci, 22: 379-389

Arabaci M, Diler I, Sari M. 2004. Induction and synchronisation of ovulation in rainbow trout, *Oncorhynchus mykiss*, by administration of emulesified buserelin (GnRHa) and its effects on egg quality. Aquaculture, 237: 475-484

Aristizabal E, Suárez J, Vega A, et al. 2009. Egg and larval quality assessment in the Argentinean red porgy (*Pagrus pagrus*). Aquaculture, 287: 329-334

Avery TS, Killen SS, Hollinger TR. 2009. The relationship of embryonic development, mortality, hatching success, and larval quality to normal or abnormal early embryonic cleavage in atlantic cod, *Gadus morhua*. Aquaculture, 289: 265-273

Babiak I, Dabrowski K. 2003. Refrigeration of rainbow trout gametes and embryos. J Exp Zoolog A: Comp Exp Biol, 300: 140-151

Baron D, Houlgatter R, Fostier A, et al. 2005. Large-scale temporal gene expression profiling during gonadal differentiation and early gametogenesis in rainbow trout. Biol Reprod, 73: 959-966

Barr FA, Elliott PR, Gruneberg U. 2011. Protein phosphatases and the regulation of mitosis. J Cell Sci, 124: 2323-2334

Bobe J, Labbe C. 2010. Egg and sperm quality in fish. Gen Comp Endocrinol, 165: 535-548

Bobe J, Maugars G, Nguyen T, et al. 2003. Rainbow trout follicular maturational competence acquisition is associated with an increased expression of follicle stimulating hormone receptor and insulin-like growth factor 2 messenger RNAs. Mol Reprod Dev, 66: 46-53

Bonnet E, Fostier A, Bobe J. 2007. Characterization of rainbow trout egg quality: a case study using four different breeding protocols, with emphasis on the incidence of embryonic malformations. Theriogenology, 67: 786-794

Boulekbache H. 1981. Energy metabolism in fish development. Amer Zool, 12: 377-389

Bromage N, Bruce M, Basavaraja N, et al. 1994. Egg quality determinants in finfish: the role of overripening with special reference to the timing of stripping in the atlantic halibut *Hippoglossus hippoglossus*. J World Aquac Soc, 25: 13-21

Brooks S, Tyler CR, Sumpter JP. 1997. Egg quality in fish: what makes a good egg. Rev Fish Biol Fish, 7: 387-416

Bruce DL, Sapkota GP. 2012. Phosphatases in SMAD regulation. FEBS Lett, 586: 1897-1905

Bulow FJ. 1987. RNA: DNA ratios as indicator of growth in fish: a review. *In*: Summerfelt RC, Hall GE. Age and Growth of Fish. Iowa: Iowa State University Press: 45-64

Campbell PM, Pottinger TG, Sumpter JP. 1994. Preliminary evidence that chronic confinement stress reduces the quality of gametes produced by brown and rainbow trout. Aquaculture, 120: 151-169

Carrillo M, Bromage N, Zanuy S, et al. 1989. The effect of modifications in photoperiod on spawning time, ovarian development and egg quality in the sea bass (*Dicentrarchus labrax* L.). Aquaculture, 81: 351-365

Ciereszko A, Wojtczak M, Dietrich GJ, et al. 2009. A lack of consistent relationship between distribution of lipid droplets and egg quality in hatchery-raised rainbow trout, *Oncorhynchus mykiss*. Aquaculture, 289: 150-153

Contreras-sanchez WM, Schreck CB, Fitzpatrick MS, et al. 1998. Effects of stress on the reproductive performance of rainbow trout (*Oncorhynchus mykiss*). Biol Reprod, 58: 439-447

Dadzie S, Hyder M. 1976. Compensatory hypertrophy of the remaining ovary and the effects of methallibure in the unilaterally ovariectomized *Tilapia aurea*. Gen Comp Endocrinol, 29: 433-440

Daniel Ż, Katarzyna P, Katarzyna T, et al. 2011. Oocyte quality indicators in Eurasian perch, *Perca fluviatilis* L. , during reproduction under controlled conditions. Aquaculture, 313: 84-91

Dayal JS, Ali SA, Thirunavukkarasu AR, et al. 2003. Nutrient and amino acid profiles of egg and larvae of Asian sea bass, *Lates calcarifer* (Bloch). Fish Physiol Biochem, 29: 141-147

Delvin TM. 1992. Textbook of Biochemistry with Clinical Correlations. New York: Wiley-Liss Inc

Faulk CK, Holt GJ. 2008. Biochemical composition and quality of captive-spawned cobia *Rachycentron canadum* eggs. Aquaculture, 279: 70-76

Fauvel C, Omnѐ MH, Suquet M, et al. 1993. Reliable assessment of overripening in turbot (*Scophthalmus maximus*) by a simple pH measurement. Aquaculture, 117: 107-113

Finn RN. 2007. Vertebrate yolk complexes and the functional implications of phosvitins and other subdomains in vitellogenins. Biol Reprod, 76: 926-935

Fores R, Iglesias J, Olmedo M. 1990. Induction of spawning in turbot (*Scophthalmus maximus* L.) by a sudden change in the photoperiod. Aquac Eng, 9(5): 357-366

Formacion MJ, Venkatesh B, Tan CH, et al. 1995. Overripening of ovulated eggs in goldfish, *Carassius auratus*: II. Possible involvement of postovulatory follicles and steroids. Fish Physiol Biochem, 14: 237-246

Fuiman LA, Ojanguren AF. 2011. Fatty acid content of eggs determines antipredator performance of fish larvae. J Exp Mar Biol Ecol, 407: 155-165

Furuita H, Hori K, Suzuki, et al. 2007. Effect of n-3 and n-6 fatty acids in broodstock diet on reproduction and fatty acid composition of broodstock and eggs in the Japanese eel *Anguilla japonica*. Aquaculture, 267: 55-61

Furuita H, Tanaka H, Yamamoto T, et al. 2002. Effects of high levels of n-3 HUFA in broodstock diet on egg quality and egg fatty acid composition of Japanese flounder, *Paralichthys olivaceus*. Aquaculture, 210: 323-333

Giménez G, Estevez A, Lahnsteiner F, et al. 2006. Egg quality criteria in common dentex (*Dentex dentex*). Aquaculture, 260: 232-243

Gunasekera RM, Shim F, Lam TJ. 1995. Effect of dietary protein level on puberty, oocyte growth and egg chemical composition in the tilapia, *Oreochromis niloticus* (L.). Aquaculture, 134: 169-183

Haffray P, Fostier A, Normant Y, et al. 1995. Influence du maintien enmer ou de la période du transfer en eau douce des reproducteurs de saumon atlantique Salmo salar sur la maturation sexuelle et la qualité des gamètes. Aquat Living Resour, 8: 135-145

Halm S, Ibañez AJ, Tyler CR, et al. 2008. Molecular characterisation of growth differentiation factor 9 (gdf9) and bone morphogenetic protein 15 (bmp15) and their patterns of gene expression during the ovarian reproductive cycle in the European sea bass. Mol Cell Endocrinol, 291: 95-103

Hansen JH, Puvanendran V. 2010. Fertilization success and blastomere morphology as predictors of egg and juvenile quality for domesticated Atlantic cod, *Gadus morhua*, broodstock. Aquac Res, 41: 1791-1798

Harvey B, Kelley RN. 1984. Short-term storage of *Sarotherodon mossambicus* ova. Aquaculture, 37: 391-395

Henrotte E, Mandiki RSNM, Prudencio AT, et al. 2010. Egg and larval quality, and egg fatty acid composition of Eurasian perch breeders (*Perca fluviatilis*) fed different dietary DHA/EPA/AA ratios. Aquac Res, 41: 53-61

Hiramatsu H, Matsubara T, Weber GM, et al. 2002. Vitellogenesis in aquatic animals. Fish Sci, 68: 694-698

Hiramatsu N, Matsubara T, Fujita T, et al. 2006. Multiple piscine vitellogenins: biomarkers of fish exposure to estrogenic endocrine disruptors in aquatic environments. Mar Biol, 149: 35-47

Ings JS, Van Derkraak GJ. 2006. Characterization of the mRNA expression of StAR and steroidogenic enzymes in zebrafish ovarian follicles. Mol Reprod Dev, 73: 943-954

Izquierdo MS, Ndez-palacios H, Tacon AGJ. 2001. Effect of broodstock nutrition on reproductive performance of fish. Aquaculture, 197: 25-42

Jensen JO, Alderdice DF. 1984. Effect of temperature on short-term storage of eggs and sperm of chum salmon. Aquaculture, 37: 251-265

Jerez S, Rodriguez C, Cejas JR, et al. 2012. Influence of age of female gilthead seabream (*Sparus aurata* L.) broodstock on spawning quality throughout the reproductive season. Aquaculture, 350: 54-62

Jones A. 1972. Studies on egg development and larval rearing of turbot, *Scophthalmus maximus* L., and brill, *Scophthalmus rhombus* L., in the laboratory. J Mari Biol Assoc UK, 52: 965-986

Kamler E. 2005. Parent-egg-progeny relationships in teleost fishes: an energetics perspective. Rev Fish Biol Fish, 15: 399-421

Kjörsvik E. 1994. Egg quality in wild and broodstock cod *Gadus morhua* L. J World Aquac Soc, 25: 22-31

Kjörsvik E, Hoehne-reitan K, Reitan KI. 2003. Egg and larval quality criteria as predictive measures for juvenile production in turbot (*Scophthalmus maximus* L.). Aquaculture, 227: 9-20

Kohn YY, Symonds JE. 2012. Evaluation of egg quality parameters as predictors of hatching success and early larval survival in hapuku (*Polyprion oxygeneios*). Aquaculture, 342: 42-47

Kong XH, Wang SP, Jiang HX, et al. 2012. Responses of acid/alkaline phosphatase, lysozyme, and catalase activities and lipid peroxidation to mercury exposure during the embryonic development of goldfish *Carassius auratus*. Aquat Toxi, 120: 119-125

Lahnsteiner F, Kletzl M. 2012. The effect of water temperature on gamete maturation and gamete quality in the European grayling (*Thymalus thymallus*) based on experimental data and on data from wild populations. Fish Physiol Biochem, 38: 455-467

Lahnsteiner F, Patarnello P. 2005. The shape of the lipid vesicle is a potential marker for egg quality determination in the gilthead seabream, *Sparus aurata*, and in the sharpsnout seabream,

Diplodus puntazzo. Aquaculture, 246: 423-435

Lahnsteiner F, Patarnellob P. 2004. Egg quality determination in the gilthead seabream, *Sparus aurata*, with biochemical parameters. Aquaculture, 237: 443-459

Lahnsteiner F, Weismann T, Patzner RA. 1995. Composition of the ovarian fluid in 4 salmonid species: *Oncorhynchus mykiss*, *Salmo trutta* f. *lacustris*, *Saivelinus alpinus* and *Hu-cho hucho*. Reprod Nutr Dev, 35: 456-474

Lanes CFC, Bizuayehu TT, Bolla S, et al. 2012. Biochemical composition and performance of atlantic cod (*Gadus morhua* L.) eggs and larvae obtained from farmed and wild broodstocks. Aquaculture, 324: 267-275

Levavi-sivan B, Bogerd J, Mañanó EL, et al. 2010. Perspectives on fish gonadotropins and their receptors. Gen Comp Endocrinol, 165: 367-389

Lubzens E, Young G, Bobe J, et al. 2010. Oogenesis in teleosts: how fish eggs are formed. Gen Comp Endocrinol, 165: 367-389

Mansour N, Lahnsteiner F, Mcniven MA, et al. 2008. Morphological characterization of arctic charr, *Salvelinus alpinus*, eggs subjected to rapid postovulatory aging at 7℃. Aquaculture, 279: 204-208

Mansour N, Lahnsteiner F, Mcniven MA, et al. 2011. Relationship between fertility and fatty acid profile of sperm and eggs in arctic char, *Salvelinus alpinus*. Aquaculture, 318: 371-378

Mansour N, Lahnsteiner F, Patzer RA. 2007. Distribution of lipid droplets is an indicator of egg quality in brown trout, *Salmo trutta* fario. Aquaculture, 273: 744-747

Marino G, Panini E, Longobardi A, et al. 2003. Induction of ovulation in captive-reared dusky grouper, *Epinephelus marginatus* (Lowe, 1834), with a sustained-release GnRHa implant. Aquaculture, 219: 841-858

Mcevoy LA. 1984. Ovulatory rhythms and over-ripening of eggs in cultivated turbot, *Scophthalmus maximus* L. J Fish Biol, 24: 437-448

Millward DJ, Garlick PJ, James WPT, et al. 1973. Relationship between proteins synthesis and RNA content in skeletal muscle. Nature, 241: 204-205

Montserrat N, González A, Méndez E, et al. 2004. Effects of follicle stimulating hormone on estradiol-17 beta production and P-450 aromatase (CYP19) activity and mRNA expression in brown trout vitellogenic ovarian follicles *in vitro*. Gen Comp Endocrinol, 137: 123-131

Mourente G, Odriozola JM. 1990. Effect of broodstock diets on lipid classes and their fatty acid composition in eggs of gilthead sea bream (*Sparus aurata* L.). Fish Physiol Biochem, 8: 93-101.

Mylonas CC, Fostier A, Zanuy S. 2010. Broodstock management and hormonal manipulations of fish reproduction. Gen Comp Endocrinol, 165: 516-534

Penney RW, Lush PL, Wade J, et al. 2006. Comparative utility of egg blastomere morphology and lipid biochemistry for prediction of hatching success in atlantic cod, *Gadus morhua* L. Aquac Res, 37: 272-283

Planas M, Ferreiro MJ, Fernandez-Reiriz MJ, et al. 1989. Evolución de la composición bioquímica y actividadesenzimáticas en huevos de rodaballo (*Scophthalmus maximus.*) durante la embriogénesis. *In*: Yufera M. Acuicultura Intermareal. Andalucía: Cadiz: 215-227

Repnik U, Stoka V, Turk V, et al. 2012. Lysosomes and lysosomal cathepsins in cell death. Biochimica et Biophysica Acta, 1824: 22-33

Samaee SM, Mente E, Estevez A, et al. 2010. Embryo and larva development in common dentex (*Dentex dentex*), a pelagophil teleost: the quantitative composition of egg-free amino acids and their interrelations. Theriogenology, 73: 909-919

Sawatari E, Shikina S, Takeuchi T, et al. 2007. A novel transforming growth factor-b superfamily member expressed in gonadal somatic cells enhances primordial germ cell and spermatogonial proliferation in rainbow trout (*Oncorhynchus mykiss*). Dev Biol, 301: 266-275

Schreck CB. 2010. Stress and fish reproduction: the roles of allostasis and hormesis. Gen Comp Endocrinol, 165: 549-556

Schulz RW, de França LR, Lareyre JJ, et al. 2010. Spermatogenesis in fish. Gen Comp Endocrinol, 165: 390-411

Silversand C, Norberg B, Haux C. 1996. Fatty-acid composition of ovulated eggs from wild and cultured turbot (*Scophthalmus maximus*) in relation to yolk and oil globule lipids. Mar Biol, 125: 269-278

Sower SA, Schreck CB, Donaldson EM. 1982. Hormone-induced ovulation of coho salmon (*Oncorhynchus kisutch*) held in seawater and fresh water. Can J Fish Aquat Sci, 39: 627-632

Stratholt ML, Donaldson M, Lilley NR. 1997. Stress induced elevation of plasma cortisol in adult female coho salmon (*Oncorhynchus kisutch*), is reflected in egg cortisol content, but does not appear to affect early development. Aquaculture, 158: 141-153

Suwa K, Yamashita M. 2007. Regulatory mechanisms of oocyte maturation and ovulation. *In*: Babin PJ, Cerdà J, Lubzens E. The Fish Oocyte: from Basic Studies to Biotechnological Applications. Dordrecht: Springe: 323-347

Tocher DR. 2010. Fatty acid requirements in ontogeny of marine and freshwater fish. Aquac Res, 41: 717-732

Trippel EA, Neil SRE. 2004. Maternal and seasonal differences in egg sizes and spawning activity of northwest Atlantic haddock (*Melanogrammus aeglefinus*) in relation to body size and condition. Can J Fish Aquac Sci, 61: 2097-2110

Tyler CR, Sumpter JP. 1996. Oocyte growth and development in teleosts. Rev Fish Biol Fish, 6: 287-318

Unuma T, Kondo S, Tanaka H, et al. 2005. Relationship between egg specific gravity and egg quality in the Japanese eel, *Anguilla japonica*. Aquaculture, 246: 493-500

Villamizar N, Blanco-Vives B, Migaud H, et al. 2011. Effects of light during early larval development of some aquaculture teleosts: a review. Aquaculture, 315: 86-94

Wojtczak M, Dietrich GJ, Słowińska M, et al. 2007. Ovarian fluid pH enhances motility parameters of rainbow trout (*Oncorhynchus mykiss*) spermatozoa. Aquaculture, 270: 259-264

Wuertz S, Gessner J, Kirschbaum F, et al. 2007. Expression of IGF-Ⅰ and IGF-Ⅰ receptor in male and female sterlet, acipenser ruthenus-evidence for an important role in gonad maturation. Comp Biochem Physiol, 147A: 223-230

Zakeri M, Marammazi JG, Kochanian P, et al. 2009. Effects of protein and lipid concentrations in broodstock diets on growth, spawning performance and egg quality of yellowfin sea bream (*Acanthopagrus latus*). Aquaculture, 295: 99-105

第五章　大菱鲆雌核发育二倍体的诱导

第一节　鱼类雌核发育诱导的原理及进展

种质是生物养殖业的核心物质基础。优良品种对农业、畜牧业生产力的提升作用有目共睹，良种对产业增长的贡献率一般在40%以上，海水养殖环境可控性差，因此良种的作用将更突出，但与畜禽产品良种覆盖率高达50%，水稻、玉米达100%相比，海水养殖业良种覆盖率极低，仅为25%左右。我国海水鱼类养殖远较淡水鱼类发展晚，对品种改良的研究也较淡水鱼类滞后，育种方法主要集中于选择育种、杂交育种和染色体工程育种，而分子标记辅助育种和基因组选择育种尚未应用于养殖生产。截至目前，全国水产原种和良种审定委员会审定通过的海水鱼类种质改良新品种有杂交种大菱鲆“丹法鲆”和牙鲆“鲆优1号”、选育种大黄鱼“闽优1号”、全雌苗种牙鲆“北鲆1号”和“北鲆2号”，后3者在品种培育过程中均利用了雌核发育诱导技术。由此可见，雌核发育诱导技术已成为我国海水鱼类遗传育种和遗传改良的重要组成部分。

一、人工诱导鱼类雌核发育的原理

雌核发育是指卵子经同源或异源精子激发后依靠自己的细胞核经过染色体加倍发育成个体的生殖行为。关于鱼类天然雌核发育的生物学原理，有的学者认为：在受精过程中，无论是同源精子或是异源精子，入卵后都呈凝质的固缩状态，不能核化成雄性原核（male pronucleus），也不能与雌性原核融合，卵细胞在DNA复制后只进行第一次减数分裂，排出第一极体，卵细胞的染色体数目不减少，仍保持二倍体的染色体数。还有的学者认为：卵母细胞通过第一次减数分裂异常——卵核染色体不减数来保存其染色体倍性，卵受精区域存在能识别异源精子的受体，它能区别同源精子和异源精子，并对异源精核的解凝起抑制作用。

人工雌核发育是根据天然雌核发育的原理进行的，是采用物理或化学方法对精子遗传灭活，用遗传灭活后的精子与卵子受精，通过抑制第二极体的释放或第一次有丝分裂，使得染色体二倍体化而发育成子代的一种特殊的有性生殖方式。一方面，鉴于天然雌核发育精子入卵后不能在卵质中自然核化这一特点，人工雌核发育必须在精子入卵前人为地进行精子遗传物质的失活处理。另一方面，天然雌核发育的卵子其自身具有不进行第二次减数分裂、不排出第二极体的特性，人工雌核发育则必须阻止第二次减数分裂和第二极体排出，获得减数分裂型雌核发育（meiotic gynogenesis），又称异质雌核发育（hetero gynogenesis）。此外，人工雌核发育还可通过抑制第一次卵裂，使染色体组二倍化，从而获得有丝分裂型雌核发育（mitotic gynogenesis），又称同质雌核发育（homo gynogenesis）（楼允东，2001）（图 5-1）。

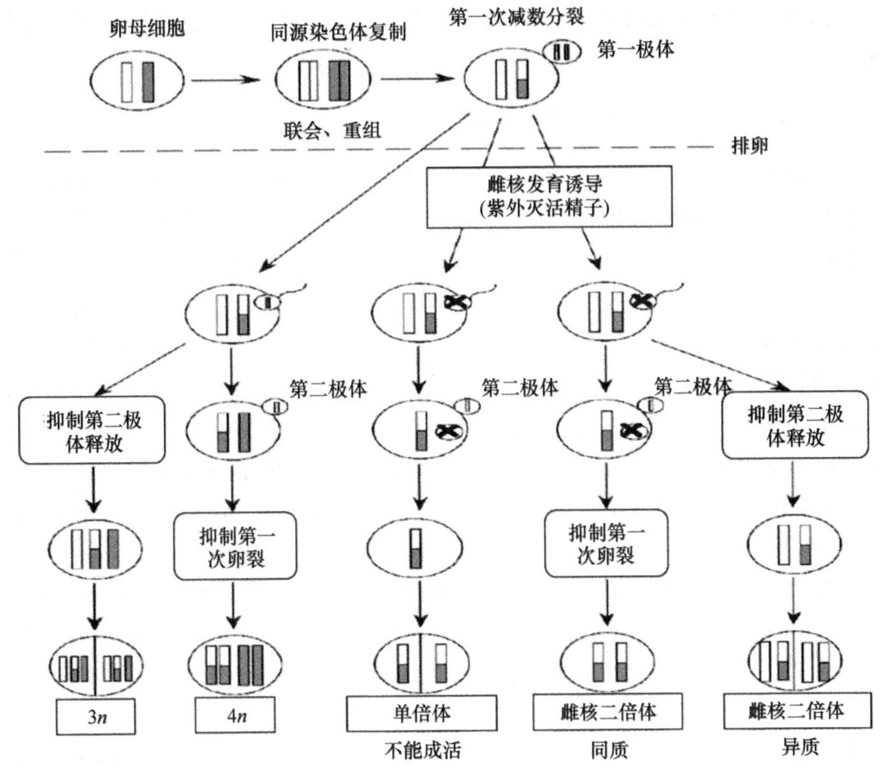

图 5-1　鱼类染色体工程育种操作原理图（摘自 Arai，2001）

鱼类人工雌核发育主要应用于纯合系的快速建立、性别控制、基因–着丝粒作图和性别遗传机制研究等方面。对于鱼类育种来说，利用纯合系间杂交来获得较大的杂种优势已被广泛认可。理论上，自交需 10 代近交系数才到 0.9 以上，一代雌核发育世代近交系数可高达 0.55~0.79（Thompson，1983），比全同胞近交（F=0.25）和自体受精（F=0.50）都要高。通过一代有丝分裂雌核发育，理论上可以获得基因型完全纯合的子代个体（double haploid，DH），而对子代个体进行一次减数分裂诱导即可获得克隆系（clone）。此外，雌核发育过程中由于等位基因的纯合化，有害隐性基因控制的性状会得以表达，易于从子代诱导群体中去除带有有害隐性基因的个体，同时隐性致死基因会被自然淘汰，从而提高了选择效应。

二、人工诱导海水鱼类雌核发育的研究进展

鱼类人工雌核发育诱导技术包括精子选择及其遗传物质灭活、染色体二倍体化诱导、子代个体鉴定等。多数海水鱼类的卵子和初孵仔鱼都比淡水鱼类脆弱，苗种培育期又呈现相对较高的死亡率（Planas and Cunha，1999；Zohar，1989），因此对海水鱼类进行雌核发育诱导，需要更为关注其亲鱼培育和配子质量评价技术。

1. 亲鱼培育和配子质量评价方法

亲鱼和配子质量直接关系到受精率、胚胎发育、孵化率、仔、稚鱼成活和生长（丁福红等，2009；贾玉东和雷霁霖，2012），因此将直接决定染色体组操作的效果，在进行海水鱼类染色体组操作时，需要摸清试验鱼亲鱼培育的营养需求、光温参数、性激素诱导亲鱼成熟排卵和产精的最佳条件、精卵采集时间、配子质量评价方法和精子的短期保存方法，保证获得成熟度相对一致的优质卵子和成活率较高的精子，以提高子代诱导率和成活率。

海水鱼类由于其不同的繁殖习性，卵子质量评价标准也不一致，对大多数种类而言，卵子的直径、表面色泽、透明度、沉浮性、油球的形态和分布状况、卵巢液的 pH 可在一定程度上反映其质量的优劣（Bobe and Labbé，2010；Bromage et al.，1994；Brooks et al.，1997；Kjørsvik et al.，2003），可以快速地对卵子质量进行初步评价，并建立试验物种的卵子快速评价标准，应用于染色体组操作试验。

此外，精子质量也影响染色体组操作的诱导率。精子质量快速检测主要包括检测其成活率、运动速度、扩散能力、黏稠度，计算机辅助精子分析系统（computer-assisted sperm analysis system，CASAS）的开发和应用，便于对精子质量进行快速和准确的检测，广泛应用于染色体组操作试验（Alavi and Cosson，2005，2006；Cosson et al.，2008；Rurangwa et al.，2004；丁福红等，2009）。大多数海水鱼类在整个繁殖周期均能产精，并且精液量大，精子活力好，便于采集和保存（Alavi and Cosson，2005，2006；Bobe and Labbé，2010；Cosson et al.，2008；Rurangwa et al.，2004），方便采用同源精子诱导雌核发育以保证获得较高的受精率。但是对于鲆鲽类而言，尤其是大菱鲆（Suquent et al.，1994）、塞内加尔鳎（刘新富等，2008）和漠斑牙鲆（Luckenbach et al.，2004）等，其精液量少，精子密度低，精子采集和保存都相对困难，造成诱导雌核发育时难以获得足量的成活率高的同源精子，因此选择合适的异源精子诱导该类型海水鱼类雌核发育成为更好的途径。理论上，采用同源精子诱导雌核发育时，遗传物质失活不彻底的精子可能产生正常二倍体、三倍体或嵌合体子代，难以保证雌核发育后代的遗传物质全部来自雌鱼。采用远缘异源精子诱导雌核发育可以克服使用同源精子带来的缺陷，诱导时未经处理或遗传物质没有完全灭活的精子所产生的杂交个体不能成活，保证了异

源精子不参与雌核发育后代的个体发育。异源精子诱导雌核发育已经在多种海水鱼类获得成功（Colburn et al.，2009；Gomelsky et al.，1998；Howell et al.，1995；Khan et al.，2000；Peruzzi and Chatain，2000；Sugama et al.，1990；Wang et al.，2005），而且鱼类精子超低温冷冻保存技术的普及（Suquet et al.，2000；陈松林，2007）减轻了亲鱼培育和雌核发育的工作量，容易形成规范化操作规程。

2. 精子遗传物质灭活

精子遗传物质灭活主要有化学和物理处理 2 种方法。化学方法常用的药物有甲苯胺蓝、甲基硫酸已烷、吖啶黄、已烯脲和二甲基硫酸盐等，化学药物的处理效果较差，且有可能影响子代发育和对环境造成污染，很少使用（胡则辉和徐君卓，2007）。物理方法有 γ 射线、X 射线和紫外线（UV）辐射处理，γ 射线和 X 射线具有较大的穿透力，便于大量精子的处理，其作用是导致染色体断裂，但是这两种射线需要有特定射线发射装置和特别安全的保护措施，且处理后对精子的运动能力和受精能力造成较大影响，断裂的染色体片段还可能存在于雌核发育胚胎中，从而影响子代成活率，因此在鱼类雌核发育诱导中未得到普及；紫外线照射处理，操作简便且比较安全，广泛应用于鱼类雌核发育诱导（Felip et al.，2001；Ihssen et al.，1990；Khan et al.，2000）。紫外线照射处理灭活精子遗传物质的原理是作用于 DNA 上，断裂 DNA 的氢键，在 DNA 同一条链上或者相邻两条链上形成胸腺嘧啶（thymine，T）二聚体，从而影响 DNA 的正常复制和转录。采用紫外线照射处理后的精液时，需要避免可见光的照射，以防止光修复的发生（Felip et al.，2001）。

紫外线照射剂量的确定一般通过 Hertwig 效应曲线试验来完成，遗传物质完全灭活的精子与卵受精后，其胚胎发育和初孵仔鱼表现出典型的单倍体综合征（haploid syndrome）（Felip et al.，2001）。精子遗传物质灭活的最佳紫外线照射剂量受精子来源（鱼种）、密度、照射时稀释倍数、精液厚度、温度等因素的综合影响，因此，即便同一物种精子的最适照射剂量，不同的学者往往得到不同的结果。表 5-1 列出了几种常用海水鱼类精子最佳的紫外线照射剂量及其照射条件。

表 5-1　几种常用海水鱼类精子照射条件及 UV 照射剂量

精子来源	诱导物种	照射条件	UV 剂量/（erg/mm^2）	参考文献
真鲷 *Pagrus major*	牙鲆	稀释倍数 1：50，厚度 0.5mm	5 000~10 000	Yamakawa et al.，1987
		—	4 800	Tabata and Gorie，1988
		—	4 560	Yamamoto，1999
		稀释倍数 1：50	7 300	刘海金等，2010
	漠斑牙鲆	稀释倍数 1：10，厚度 0.3mm	7 200	柳学周等，2011
	金头鲷	稀释倍数 1：30	3 000	Gorshkov et al.，1998

续表

精子来源	诱导物种	照射条件	UV 剂量/（erg/mm²）	参考文献
舌齿鲈 *Dicentrarchus labrax*	舌齿鲈	稀释倍数 1∶100	3 300~6 600	Colombo et al.，1995
	舌齿鲈	稀释倍数 1∶10，厚度 0.3mm	35 000	Felip et al.，1999
	舌齿鲈	稀释倍数 1∶20，厚度 0.9mm	32 000	Peruzzi and Chatain，2000
花鲈 *Lateolabrax japonicus*	半滑舌鳎	稀释倍数 1∶20，厚度 0.15mm	≥3 000	Chen et al.，2009
	半滑舌鳎	稀释倍数 1∶20，厚度 0.5mm	8 000	杨景峰，2009
牙鲆 *Paralichthys olivaceus*	牙鲆	稀释倍数 1∶50，厚度 0.1mm	660~1 380	Tabata et al.，1986
	牙鲆	稀释倍数 1∶50，厚度 0.2mm	3 770	许建和，2005
	大菱鲆	稀释倍数 1∶50，厚度 2mm	36 000	Xu et al.，2008
大菱鲆 *Scophthalmus maximus*	大菱鲆	稀释倍数 1∶10，厚度 2mm	30 000	Piferrer et al.，2004

3. 人工诱导单倍体胚胎染色体组二倍体化的方法

采用遗传物质灭活的精子与正常卵子受精后形成单倍体，单倍体胚胎必须经过人工诱导进行染色体组二倍体化，从而完成雌核发育诱导。人工诱导主要包括物理（温度和静水压）方法和化学（秋水仙碱、细胞松弛素 B）方法等。鱼类雌核发育人工诱导试验中物理方法比化学药物处理使用广泛，其中温度休克因设备简单、操作安全、方便、处理卵量不受限制而比静水压法更适用于工厂化育苗。但静水压法诱导雌核发育对卵子的损伤小于温度休克法，对第一次卵裂的抑制效果也明显好于温度休克法，能够获得更高的雌核发育率（接近 100%）；此外，对于一些冷水性鱼类，如大西洋庸鲽，温度休克法往往难以实现染色体的加倍，而静水压法则不受试验鱼生活习性的限制。温度休克法和静水压法诱导染色体组加倍都要对处理起始时间、处理持续时间和处理水温或压力水平 3 因素进行探索优化，其中处理起始时间对染色体组二倍体化的影响要高于后两者，温度休克法诱导试验中休克水温不仅与诱导水温本身有关，还受诱导水温与产卵和孵化水温差值的影响。静水压法中压力水平主要受卵子体积的影响，并且抑制第一次卵裂的压力强度通常高于抑制第二极体排放的强度（Felip et al.，2001；Komen and Thorgaard，2007）。表 5-2 列出了国内外主要海水鱼类雌核发育的诱导方法和条件。

三、海水鱼类雌核发育与性别决定机制的鉴定

人工诱导鱼类雌核发育技术在纯系快速建立、性别控制和单性苗种培育、遗

表 5-2 国内外主要海水养殖鱼类人工诱导雌核发育方法

诱导鱼种	精子来源	卵子二倍体化方法	雌核发育类型	参考文献
真鲷 *Pagrus major*	黑鲷	热休克，*T*=35℃，It=3min AF，Dt=2.5min	减数分裂型	Sugama et al.，1990
	真鲷	静水压，*P*=700kg/cm²，It=45min AF，Dt=5min	有丝分裂型	Takigawa et al.，1994
	条石鲷	静水压，*P*=700kg/cm²，It=46min AF，Dt=5.5min	有丝分裂型	Kato et al.，2001，2002
	条石鲷	冷休克，*T*=1℃，It=3min AF，Dt=30min	减数分裂型	Kato et al.，2001，2002
舌齿鲈 *Dicentrarchus labrax*	舌齿鲈	冷休克，*T*=0℃±0.5℃，It=5min AF，Dt=10min	减数分裂型	Felip et al.，1999
	舌齿鲈	冷休克，*T*=0~1℃，It=5min AF，Dt=10min	减数分裂型	Peruzzi and Chatain，2000
	舌齿鲈	静水压，*P*=8500psi，It=6min AF，Dt=2min	减数分裂型	Peruzzi and Chatain，2000
	舌齿鲈	静水压，*P*=81MPa，It=64~79min AF，Dt=4min	有丝分裂型	Bertotto et al.，2005
大黄鱼 *Pseudosciaena crocea*	大黄鱼	冷休克，*T*=0℃，It=3min AF，Dt=10~15min	减数分裂型	王晓清等，2006
	大黄鱼	静水压，*P*=200kg/cm²，It=2min AF，Dt=2min	减数分裂型	王晓清等，2006
	浅色黄姑鱼	静水压，*P*=45MPa，It=3min AF，Dt=2min	减数分裂型	王德祥等，2006
	大黄鱼	冷休克，*T*=3℃，It=3min AF，Dt=12min	减数分裂型	Xu et al.，2008
牙鲆 *Paralichthys olivaceus*	牙鲆	冷休克，*T*=0℃，It=2~5min AF，Dt=45~60min	减数分裂型	Tabata et al.，1986
	牙鲆	静水压，*P*=650kg/cm²，It=60min AF，Dt=6min	有丝分裂型	Tabata and Gorie，1988
	真鲷	冷休克，*T*=0℃±0.5℃，It=3min AF，Dt=45min	减数分裂型	刘海金等，2010
	牙鲆	冷休克，*T*=0~2℃，It=85min AF，Dt=45min	有丝分裂型	许建和，2005
	牙鲆	静水压，*P*=600kg/cm²，It=85min AF，Dt=6min	有丝分裂型	许建和，2005
	牙鲆	静水压，*P*=55MPa，It=75min AF，Dt=6min	有丝分裂型	庄岩，2007
大菱鲆 *Scophthalmus maximus*	大菱鲆	冷休克，*T*=–1~0℃，It=6.5min AF，Dt=25min	减数分裂型	Piferer et al.，2004
	牙鲆	冷休克，*T*=1℃，It=6min AF，Dt=25min	减数分裂型	Xu et al.，2008
	花鲈	冷休克，*T*=0℃，It=6min AF，Dt=25min	减数分裂型	苏鹏志等，2008
漠斑牙鲆 *Paralichthys lethostigma*	漠斑牙鲆/鲻	冷休克，*T*=0~2℃，It=3~4min AF，Dt=45~50min	减数分裂型	Luckenbach et al.，2004
	黑鲷	静水压，*P*=8500psi，It=1~2min AF，Dt=6min	减数分裂型	Morgan et al.，2006
	真鲷	冷休克，*T*=0~2℃，It=3min AF，Dt=45min	减数分裂型	柳学周等，2011
	黑鲷	冷休克，*T*=3℃，It=4min AF，Dt=45min	减数分裂型	徐加涛等，2011

续表

诱导鱼种	精子来源	卵子二倍体化方法	雌核发育类型	参考文献
欧鳎 *Solea solea*	大西洋庸鲽	冷休克，T=2~4℃，It=10~15min AF，Dt=1~2h	减数分裂型	Howell et al.，1995
大西洋庸鲽 *Hippoglossus hippoglossus*	大西洋庸鲽	静水压，P=8500psi，It=15min AF，Dt=5min	减数分裂型	Tvedt et al.，2006
半滑舌鳎 *Cynoglossus semilaevis*	花鲈	冷休克，T=5℃，It=5min AF，Dt=20~25min	减数分裂型	Chen et al.，2009

注：AF. 受精后；It. 起始时间；Dt. 持续时间；T. 温度；P. 压力

传连锁图谱构建和基因定位等方面均有广泛应用。本节将重点介绍雌核发育诱导技术在鱼类性别决定机制研究中的应用。

鱼类处于脊椎动物进化承前启后的关键地位，其性别决定机制具有原始性、多样性和易变性的特点，作为低等的变温脊椎动物，具有向卵巢/精巢双向分化潜能的原始性腺的性别分化除受性别遗传因素影响外，尚受水温、密度、营养等环境因素的影响（Devlin and Nagahama，2002；Penman and Piferrer，2008；Piferrer et al.，2012），因此，大体上鱼类性别决定机制可分为 2 种，一种是遗传性别决定（genetic sex determination，GSD）机制，另一种是环境性别决定（environmental sex determination，ESD）机制。

雌核发育诱导技术中精子遗传物质完全灭活，不参与子代发育，子代遗传物质仅来源于母本，分析子代性别比例是进行鱼类性别决定机制研究的重要方法。理论上，不考虑性别决定相关基因的遗传重组，如果雌核发育子代均表现为雌性，则表明该品种为雌性同配型（染色体组成为 XX 型）；如果子代雌性和雄性比例相当，则暗示该品种为雌性异配型（染色体组成为 ZW 型）；如果雌核发育子代雌性比例介于两者之间甚至更低，或者不同批次诱导子代性别比例差异显著，则暗示该品种性别决定除受遗传因素影响外，还受环境因素影响。表 5-3 列出了通过分析雌核发育诱导子代性别比例所推测的鱼类性别决定机制。

表 5-3　鱼类雌核发育子代性比及其性别决定机制

诱导鱼种	子代雌性性比/%	雌核发育类型	性别决定机制	参考文献
鲤科（Cyprinidae）				
金鱼 *Carassius auratus*	100	天然	XX-XY	陈本德，1982
锦鲤 *Cyprinus carpio*	100	减数分裂型	XX-XY	Nagy et al.，1978
	100	减数分裂型	XX-XY	Wu et al.，1986
鲢 *Hypophthalmichthys molitrix*	100	减数分裂型	XX-XY	Mims and Shelton，1988
暗色颌须 *Gnathopogon caerulescens*	64.7~97	减数分裂型	XX-XY+E	Fujioka，1998
高体鳑鲏 *Rhodeus ocellatus*	12.5	有丝/减数分裂型	ZZ-ZW+E	Kawamura，1998

续表

诱导鱼种	子代雌性性比/%	雌核发育类型	性别决定机制	参考文献
慈鲷科（Cichlidae）				
奥利亚罗非鱼 *Oreochromis aureus*	72.2~94.7	减数分裂型	ZZ-ZW+E	Avtalion and Don，1990
莫桑比克罗非鱼 *Oreochromis mossambicus*	100	减数分裂型	XX-XY	Pandian and Varadaraj，1990
尼罗罗非鱼 *Oreochromis niloticus*	64.7	有丝分裂型	XX-XY+E	Müller-Belecke and Hörstgen-Schwark，1995
	82.8~100	减数分裂型		Mair et al.，1991
鲑科（Salmonidae）				
银大马哈鱼 *Oncorhynchus kisutch*	77.3~100	减数分裂型	XX-XY	Refstie et al.，1982 Piferrer et al.，1994
虹鳟 *Oncorhynchus mykiss*	100	减数分裂型	XX-XY	Chourrout and Quillet，1982
玫瑰大马哈鱼 *Oncorhynchus rhodurus*	100	有丝分裂型	XX-XY	Kobayashi et al.，1994
大西洋鲑 *Salmon salar*	100	减数分裂型	XX-XY	Quillet and Gaignon，1990
鲷科（Sparidae）				
真鲷 *Pagrus major*	100	减数分裂型	XX-XY	Sugama et al.，1990
鲈科（Percoidea）				
河鲈 *Perca fluviatilis*	100	减数分裂型	XX-XY	Rougeot et al.，2005
狼鲈科（Moronidae）				
舌齿鲈 *Dicentrarchus labrax*	50	减数分裂型	ZZ-ZW+E	Felip et al.，2002
鲀科（Tetraodontidae）				
红鳍东方鲀 *Takifugu rubripes*	93	减数分裂型	XX-XY+E	Kakimoto et al.，1994a
鲆科（Bothidae）				
褐牙鲆 *Paralichthys olivaceus*	97.1	减数分裂型	XX-XY+E	Tabata，1991
	48~93	减数分裂型		Yamamoto，1999
	50~88	有丝分裂型		
大西洋牙鲆 *Paralichthys dentatus*	0~62.5	减数分裂型	XX-XY+E	Colburn et al.，2009
鳎科（Soleoidae）				
欧鳎 *Solea solea*	40	减数分裂型	ZZ-ZW+E	Howell et al.，1995
舌鳎科（Cynoglossidae）				
半滑舌鳎 *Cynoglossus semilaevis*	40	减数分裂型	ZZ-ZW	Chen et al.，2009
鲽科（Pleuronectidae）				
大西洋庸鲽 *Hippoglossus hippoglossus*	100	减数分裂型	XX-XY	Tvedt et al.，2006
黄盖鲽 *Limanda yokohamae*	100	减数分裂型	XX-XY	Kakimoto et al.，1994b

注：E 表示环境因素对性别决定有影响

但是需要指出的是，减数分裂型雌核发育诱导技术由于第一次减数分裂中期同源染色体间的联会、交叉和重组，有可能造成性别决定相关基因的遗传重组（尤其是对于 ZW-ZZ 遗传性别决定类型的鱼类），从而使得子代遗传性别比例出现不同程度的波动。在不考虑环境因素对性别分化影响的前提下，ZW-ZZ 遗传性别决定类型的鱼类减数分裂型雌核发育子代性别比例有多种可能。如果性别决定位点与着丝粒完全连锁，在第一次减数分裂同源染色体配对形成联会复合体后，非姐妹染色单体间性别决定位点不会发生分离，第二次减数分裂时，未发生交换的 Z、W 染色体分别分配到不同的配子中，第二极体释放被抑制的减数分裂型雌核发育诱导产生比例各占一半的纯合的 ZZ 和 WW 型子代。如果位于 W 染色体上的性别决定位点与着丝粒非完全连锁，则在第一次减数分裂过程中同源染色体非姐妹染色单体间性别决定位点和着丝粒将发生一定比例的重组，产生染色单体分别为 ZW 型的杂合型配子，在减数分裂型雌核发育诱导子代中存在 ZZ、WW 和 ZW 3 种遗传类型，如果 WW 型超雌个体能存活，子代雌性性别比例将为 50%~100%（完全交换类型）（Devlin and Nagahama，2002）。采用有丝分裂型雌核发育诱导技术，无论减数分裂过程中非姐妹染色单体间是否发生遗传重组，均能得到基因位点完全纯合的双单倍体子代（doubled haploid，DH），理论上可以精确地判定试验鱼种的性别决定机制（图 5-2）。但众多研究表明，同减数分裂型雌核发育子代和正常交配子代相比，DH 苗种更容易受环境

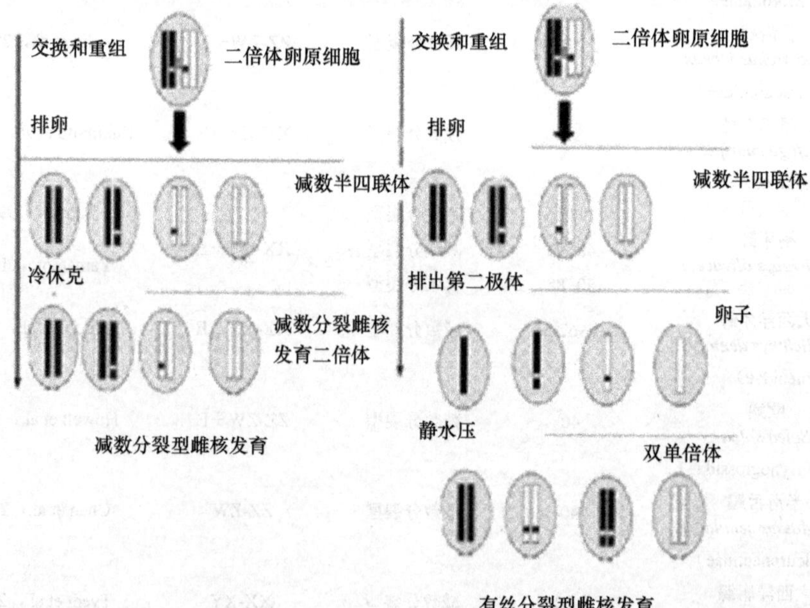

图 5-2　鱼类减数分裂型和有丝分裂型雌核发育遗传重组示意图
（摘自 Komen and Thorgaard，2007）

因素的影响发生雌性–雄性的性反转，任何影响鱼类性别分化关键时期基因表达级联反应的环境因素改变，都可能造成 DH 苗种性别反转发生，杂合性个体则可以通过其遗传机制调控基因表达的级联反应来缓冲环境因素的影响（Komen and Thorgaard，2007）。此外，多数鱼类性别决定位点并非单一地位于性染色体上，常染色体上往往存在多个性别决定相关基因，对于该类型鱼类雌核发育诱导子代，雌性性比一般偏高（Devlin and Nagahama，2002）。

总之，在探明环境因素对试验鱼种性别分化影响的前提下，通过雌核发育诱导技术（减数分裂型或有丝分裂型）获得子代苗种，施加安全剂量的性激素（不影响性别比例）以抵消环境因素对性别分化的影响，结合性反转亲鱼的回交试验等方法，是研究鱼类性别决定机制的重要途径。

第二节　大菱鲆减数分裂型雌核发育二倍体的诱导

迄今已报道的大菱鲆雌核发育相关研究中，Baynes 等（2006）采用大西洋庸鲽精子与大菱鲆卵受精，首次报道了大菱鲆减数分裂型雌核发育诱导条件，并规模化诱导了 2 批次雌核发育苗种；Piferrer 等（2004）采用紫外线照射处理的大菱鲆精子诱导并培育出一定数量的减数分裂型雌核发育二倍体苗种；国内 Xu 等（2008）和苏鹏志等（2008）分别对紫外线照射处理的牙鲆精子和未经处理的冷冻鲈鱼精子诱导大菱鲆减数分裂型雌核发育开展过研究，但未见后续规模化培育的雌核发育苗种的相关报道。理论上，采用同源精子诱导雌核发育时，遗传物质灭活不彻底的精子可能导致出现正常二倍体、三倍体或嵌合体子代，不能保证雌核发育后代的遗传物质全部来自雌鱼；另外，大菱鲆雄鱼精液量少，雌雄成熟同步性差（Suquent et al.，1994），获得同源精子诱导雌核发育所需的足够精液量存在一定困难。采用杂交亲和性差的远缘异源精子诱导雌核发育可以很好地克服使用同源精子带来的缺点，这样诱导时未经处理和遗传物质没有完全灭活的精子所产生的杂交个体不能成活，保证了异源精子的遗传物质不参与雌核发育后代的个体发育。

真鲷是我国常见养殖海水鱼类，雄鱼性成熟早（2 龄）、精液量大，其精子用于多种鱼类雌核发育的诱导（Gorshkov et al.，1998；Peruzzi and Chatain，2000；Yamakawa et al.，1987；刘海金等，2010；柳学周等，2011）。利用来源充足、保存和使用便利的真鲷冷冻精子作为刺激源，建立稳定可靠的大菱鲆异源冷冻精子诱导减数分裂型雌核发育技术，并利用该技术生产和培育批量雌核发育苗种，可为探明大菱鲆性别决定机制及创制伪雄或超雌亲鱼奠定基础。

一、真鲷精子的遗传灭活

真鲷冷冻精子解冻和稀释处理：采用快速水浴解冻（水温 37~40℃），解冻过程中轻轻摇动冷存管，至冷存管中大部分样品溶解，然后放置室温下至完全解冻。

用 4℃预冷的 Hank's 保护液将解冻后的精液稀释至终浓度的 1/20（原始精液：保护液=1∶19）。

Hertwig 效应试验：将稀释的真鲷精液平铺在直径 9cm 的细胞培养皿中（厚度 0.4mm），采用紫外交联仪（型号 SCIENT Z03-Ⅱ，宁波新芝生物科技有限公司）进行不同剂量梯度的照射处理，11 个照射剂量梯度分别为：0erg/mm^2、2880erg/mm^2、3600erg/mm^2、4320erg/mm^2、5040erg/mm^2、5760erg/mm^2、6480erg/mm^2、7200erg/mm^2、8640erg/mm^2、10 800erg/mm^2 和 12 960erg/mm^2。各批照射处理后真鲷精子分别与同尾雌鱼的同批卵子受精，设大菱鲆精子正常受精的试验组为对照，统计各试验组的受精率和孵化率。试验取不同雌鱼卵重复 1 次，对两次试验数据进行分析，获得真鲷精子紫外线照射处理的最适剂量，并应用于后续试验。

对照组（正常受精）的受精率和孵化率分别为 80.52%±2.22% 和 82.57%±5.12%，真鲷冷冻精子与大菱鲆卵子杂交组的受精率高达 74.89%±3.37%，但胚胎不能孵化出膜。不同剂量紫外线照射处理的真鲷精子与大菱鲆卵受精后的受精率和孵化率如图 5-3 所示，照射剂量小于 7200erg/mm^2 时各试验组间受精率差异不显著，均高于 60%，略低于杂交组，达到 8640erg/mm^2 时受精率迅速下降，仅有 41.74%±2.50%，其后随照射剂量的增加，受精率逐渐降低。从 2880erg/mm^2 开始，孵化率随照射剂量的增加逐渐升高，6480erg/mm^2 时达到最高值 4.46%±0.08%，至 7200erg/mm^2 时又开始略有下降（4.14%±0.38%），其后随照射剂量的增加迅速降低。因此，真鲷精子（稀释倍数为 20 倍、厚度为 0.4mm）遗传物质灭活的紫外线处理最佳剂量为 6480~7200erg/mm^2。

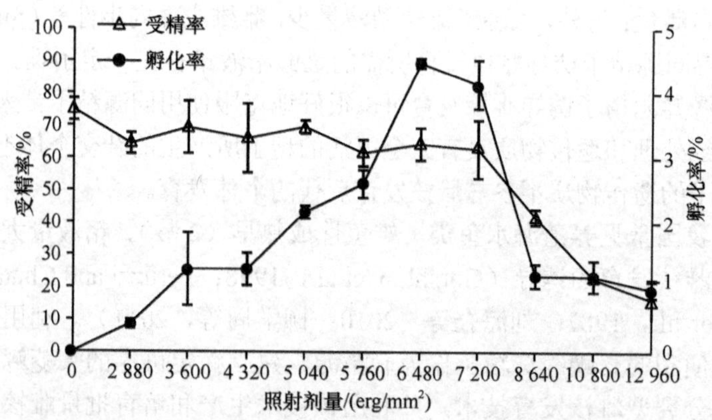

图 5-3 采用不同剂量紫外线照射处理的真鲷精子激活大菱鲆卵后的受精率和孵化率

二、大菱鲆减数分裂型雌核发育冷休克诱导条件的建立

采用软件（正交设计助手Ⅱv3.1）设计 L9（34）正交试验，对起始时间、处理水温和持续时间 3 个因素及其不同水平的冷休克诱导条件进行检验（试验

设计见表 5-4)。试验取不同雌鱼卵重复 1 次，将 2 次试验结果的平均值进行正交分析，获得最佳冷休克诱导条件并应用于后续试验。

表 5-4 对照组和冷休克诱导条件正交试验组胚胎的受精率和孵化率

分组	起始时间/min	持续时间/min	处理水温/℃	受精率/%	孵化率/%
试验组					
Ⅰ	3	15	−2	89.04±2.71[a]	5.23±0.69[a]
Ⅱ	3	30	0	89.72±3.85[a]	6.38±1.32[a]
Ⅲ	3	45	2	77.69±5.76[ab]	8.14±1.79[a]
Ⅳ	6.5	15	0	88.04±2.31[a]	17.31±3.64[bcd]
Ⅴ	6.5	30	2	80.04±5.38[ab]	19.18±4.20[bc]
Ⅵ	6.5	45	−2	84.90±3.34[a]	52.28±3.27[e]
Ⅶ	10	15	2	88.29±4.71[a]	0.85±0.29[f]
Ⅷ	10	30	−2	85.56±2.24[a]	32.44±1.56[g]
Ⅸ	10	45	0	68.29±3.72[c]	14.15±0.89[bd]
对照组	—	—	—	85.74±4.02	77.82±6.10
杂交组	—	—	—	94.09±1.50	0
单倍体组	—	—	—	87.35±4.07	3.91±0.43

注：同列中标有不同小写字母的表示组间差异显著（$P<0.05$），标有相同小写字母的表示组间差异不显著（$P>0.05$）

受精与孵化条件：人工干法受精，精卵比为 1mL 稀释精液（20×）：10g 卵，每个试验组用容积为 500mL 的玻璃杯盛放 5g 卵，加入 0.5mL 精液后，轻轻混匀，加入少量海水（约 20mL）激活精子，1min 后，加入 250mL 海水完成受精，将受精卵静置备用。冷休克处理过的受精卵置于漂浮在 2m^3 玻璃钢水槽中的网袋中孵化，受精、孵化用海水水温为 14.5℃±0.5℃、pH 为 7.8~8.2、盐度为 31.6，孵化期间换水量为 300%/天。

胚胎发育观察：每组取卵 30 粒，置于倒置显微镜（型号：37XB，上海光学仪器五厂）下观察，使用 Nikon Coolpix 4500 数码相机拍摄各发育阶段的图像，统计受精率（受精率=受精卵数量÷上浮卵总数×100%，统计卵数为 100 粒左右，时间为受精后 4h）和孵化率（孵化率=初孵仔鱼数量÷受精卵总数×100%）。

表 5-4 为正交设计冷休克诱导条件的 9 个试验组及对照组（正常受精）、杂交组和单倍体组的受精率和孵化率。其中，9 个正交设计试验组中，受精率除第Ⅸ组（68.29%±3.72%）和第Ⅲ组（77.69%±5.76%）较低外，其他各试验组间差异不显著；孵化率第Ⅵ组显著高于其他组，达到 52.28%±3.27%，第Ⅶ组最低，仅有 0.85%±0.29%。

对 9 个试验组孵化率采用正交设计助手Ⅱ进行直观分析，结果如表 5-5 所示，极差大小顺序为：起始时间（TAF）＞处理水温（WT）＞持续时间（D），说明在设定的冷休克处理条件 3 因素 3 水平（TAF：3min、6.5min、10min。*D*：15min、30min、45min。WT：2℃、0℃、2℃）内，起始时间对大菱鲆雌核发育胚胎孵化率影响最大，其他依次为处理水温和持续时间。通过比较分析各因素 3 个水平的均值大小，可以得出大菱鲆减数分裂型雌核发育冷休克诱导的最适参数为：TAF=6.5min、*D*=45min 和 WT=–2℃。

表 5-5　冷休克条件对大菱鲆雌核发育孵化率影响的正交分析

因素	均值 1	均值 2	均值 3	极差
起始时间（TAF）	6.583	29.590	15.813	23.007
持续时间（*D*）	7.797	19.333	24.857	17.060
处理水温（WT）	29.983	12.613	9.390	20.593

三、真鲷冷冻精子诱导大菱鲆减数分裂型雌核发育的效果

1. 不同倍性胚胎诱导率的比较

取同一尾雌鱼卵，分成 6 份（各 10mL）分别诱导对照组、三倍体组、雌核发育二倍体组、单倍体组和杂交组，统计各组卵的受精率和孵化率，观察和记录胚胎发育情况。对照组：与大菱鲆精子受精，作为普通二倍体组。三倍体组：与大菱鲆精子受精，受精卵进行冷休克诱导。雌核发育二倍体组：采用紫外线照射处理的真鲷精子作为激活源，激活后的卵子进行冷休克诱导。单倍体组：采用紫外线照射处理的真鲷精子激活卵子，激活后的卵子未经冷休克诱导。杂交组：与未经紫外线处理的真鲷精子受精，杂合子未经冷休克诱导。杂交加倍组：与未经紫外线处理的真鲷精子受精，杂合子经过冷休克诱导。

各试验组的受精率除雌核发育二倍体组（71.4%±4.44%）较低外，其余组差异不显著（*P*＞0.05）。真鲷精子与大菱鲆杂交组不能发育到孵化期。单倍体组只有少量胚胎可以孵出，孵化率仅有 4.5%±1.91%，且初孵仔鱼全部畸形，呈现典型的单倍体综合征。三倍体组和雌核发育二倍体组孵化率均较对照组明显偏低（*P*＜0.05），且畸形率明显高于对照组，但两者间差异不显著（*P*＞0.05）（表 5-6）。

表 5-6　各试验组受精率、孵化率和初孵仔鱼畸形率数据统计

试验组	受精率/%	孵化率/%	仔鱼畸形率/%
普通二倍体（对照组）	78.8±3.30^{a}	83.4±3.02^{a}	1.9±1.31^{a}
三倍体	77.2±0.90^{a}	44.6±2.40^{b}	5.5±1.14^{b}
杂交	76.6±2.85^{a}	—	—
单倍体	74.9±3.03^{a}	4.5±1.91^{c}	100^{c}
雌核发育二倍体	71.4±4.44^{a}	42.4±3.54^{b}	6.4±0.62^{b}

注：同列标注相同字母者表示组间差异显著（*P*＜0.05），标不同字母者表示组间差异不显著（*P*＞0.05）

2. 不同倍性胚胎发育时序和形态的比较

大菱鲆普通二倍体、三倍体、与真鲷精子杂交体、单倍体、雌核发育二倍体的胚胎发育时序见表 5-7，具体发育过程如下。

表 5-7　各试验组大菱鲆胚胎发育时序

胚胎发育时序	普通二倍体组	杂交组	单倍体组	雌核发育二倍体组	三倍体组	图版
受精	0	0	0	0	0	
胚盘形成	1h10min	1h10min	1h10min	2h20min	2h20min	
2 细胞期	2h	2h	2h	2h40min	2h40min	图 5-4A
4 细胞期	2h45min	2h45min	2h45min	3h15min	3h15min	图 5-4B
8 细胞期	3h25min	3h20min	3h15min	3h45min	3h45min	图 5-4C
16 细胞期	4h05min	4h	4h	4h25min	4h20min	图 5-4D
32 细胞期	4h55min	4h45min	4h40min	5h05min	5h	图 5-4E
64 细胞期	5h55min	5h45min	5h45min	6h25min	6h20min	图 5-4F
多细胞期	9h10min	8h55min	8h45min	9h35min	9h20min	图 5-4G，图 5-4H
高囊胚期	10h10min	9h55min	9h45min	10h45min	10h35min	图 5-4 I，图 5-4J
低囊胚期	11h55min	11h35min	11h20min	12h15min	12h05min	图 5-4K
原肠早期	16h40min	16h15min	16h55min	17h05min	17h	图 5-4L
原肠中期	23h30min	22h55min	23h55min	23h55min	23h40min	图 5-4M，图 5-4N
原肠后期	29h10min	28h15min	30h05min	29h35min	29h20min	图 5-4O~图 5-4Q
神经胚期	34h50min	33h10min	37h25min	35h30min	34h55min	图 5-4R，图 5-4S
卵黄栓期	38h35min	37h05min	42h05min	39h10min	38h55min	图 5-4T~图 5-4X
尾芽期	47h35min	46h15min	52h40min	48h10min	47h50min	图 5-4b~图 5-4d
晶体期	60h05min		65h45min	60h50min	60h35min	图 5-4e~图 5-4g
心跳期	71h15min	—	76h40min	71h45min	71h30min	图 5-4h，图 5-4i
出膜前期	91h15min	—	100h40min	91h55min	91h30min	图 5-4j~图 5-4n
出膜期	109h15min		124h40min	112h15min	109h30min	图 5-4o~图 5-4s

（1）卵裂期

大菱鲆受精卵直径为 0.98mm±0.05mm，油球径为 0.13mm±0.02mm（n=30）。在受精水温 14.5℃，孵化水温 14.5℃±0.5℃，pH7.8~8.2，盐度 29.7 的条件下，各试验组的大菱鲆胚胎发育，从受精卵开始约 1h10min 以后，原生质在动物极集中而形成圆形胚盘，此时动物极因重力关系而向下，植物极朝上。然后开始细胞分裂，第一次纵裂等分成大体平均的 2 细胞（图 5-4A）；第二次纵裂与第一次相交等分成大体平均的 4 细胞（图 5-4B）；第三次的纵裂沟位于第一次纵裂沟的左右两侧，分成 8 细胞（图 5-4C）；第四次纵裂有两个纵裂沟，位于第二个纵裂沟的两侧，分成 16 细胞（图 5-4D）；第五次纵裂分成 32 细胞（图 5-4E），细胞形状已不太规则，但细胞界限仍清晰；此后除纵裂外，开始有横裂，经过 64 细胞期（图 5-4F）、128 细胞期（图 5-4G），进入多细胞期（图 5-4H），细胞数量继续增加，呈桑椹状，进入桑椹胚时期。卵裂期，各试验组胚胎发育形态相似，但细胞分裂速度不同，经冷休克处理的三倍体组和雌核发育二倍体组发育明显较慢，二者间分裂速度几乎一致。单倍体组细胞分裂速度稍快于普通二倍体组和杂交组。此阶段，各组发育速度依次为单倍体组＞杂交组＞普通二倍体组＞三倍体组＞雌核发育二倍体组。

（2）囊胚期

细胞继续分裂，胚盘明显突出于卵黄上，高矗于动物极，呈圆面包状，中央有囊胚腔，处于高囊胚时期（图 5-4I，图 5-4J）；囊胚细胞继续分裂，胚盘高度有下降趋势，边沿向外扩展，与卵黄囊交界处坡度变得平缓，进入低囊胚期（图 5-4K）。此期，除单倍体组（图 5-4J）的囊胚冒稍小外，其余各试验组在形态上没有大的区别，分裂速度与卵裂期一致。低囊胚以后，单倍体组分裂速度开始变缓。

（3）原肠期

原肠初期，细胞向胚盘边沿流动，在胚盘四周边缘的细胞越积越多，外包并内卷形成胚环（图 5-4L）；细胞不仅继续向胚盘边沿内卷，而且流向胚环的某部，形成加厚部分；胚盘下包 1/5，胚盾由胚环的加厚部分明显突出（图 5-4M），形成胚体原基，进入原肠中期；胚盘下包 1/3，胚体初现（图 5-4N）；胚盘下包 1/2，胚体向前延伸，由此进入后期的原肠作用（图 5-4O~图 5-4Q），直至胚体逐步完善和器官分化。此期，普通二倍体组（图 5-4L，图 5-4O）、三倍体组（图 5-4M）和雌核发育二倍体组（图 5-4N）胚胎在形态上没有明显差异；杂交组胚胎（图 5-4Q）发育速度明显快于其余各组，但胚体雏形非常模糊，多数胚盘下包至 1/2 处时，仍不能清晰地分辨出胚体雏形；单倍体组胚胎（图 5-4P）发育速度最慢，胚环比较单薄，形状不规则，胚盘表面凸凹不平，胚体比较模糊。各组发育速度依次为杂交组＞普通二倍体组＞三倍体组＞雌核发育二倍体组＞单倍体组。

（4）神经胚期

胚盘继续下包，胚体不断延伸，胚盘下包 2/3 时，头突出现（图 5-4R），胚盘下包 3/4~4/5 时，头部明显扩大，听区亦扩大，头的两侧突出一对眼囊（图 5-4S）。此阶段，杂交组胚体细长、模糊，头突未见扩大，各器官均不能辨认；单倍体组下包速度非常慢，胚盘表面凸凹不平，颗粒感重，胚体粗短，出现很多畸形胚胎；雌核发育二倍体组和三倍体组胚胎发育形态与普通二倍体组类似。此阶段各组胚盘下包速度依次为杂交组＞普通二倍体组＞三倍体组＞雌核发育二倍体组＞单倍体组。

（5）卵黄栓期

胚盘继续下包，绕卵黄近一周，胚体两侧共同组成一个圆孔，即胚孔，围在胚孔内的卵黄栓已经形成（图 5-4T~图 5-4X）。此阶段，杂交组胚体（图 5-4U）仍比较模糊，头突小，各器官仍不清晰，胚体较为细长；单倍体组（图 5-4V）此阶段持续时间很长，胚体粗短、模糊，表面颗粒感很重；雌核发育二倍体组（图 5-4W）、三倍体组（图 5-4X）和普通二倍体组（图 5-4T）胚胎发育形态类似，但雌核发育二倍体组发育要明显慢于三倍体组和普通二倍体组，而后两者发育速度近乎一致。此期发育速度依次为杂交组＞普通二倍体组＞三倍体组＞雌核发育二倍体组＞单倍体组。

（6）尾芽期

原口关闭后，随着胚胎发育，肌节清晰可见，原口关闭处胚体末端向外伸展出现尾芽，即为尾芽期。此期，胚体前、中、后脑明显，前脑顶端两侧出现一对嗅窝，在后脑的两侧出现一对听囊，体背部出现浅棕色色素丛（图 5-4b~图 5-4d）。杂交组（图 5-4c）仅剩少数漂浮胚胎，胚体细长，各部分器官不清晰；单倍体组（图 5-4d）胚体粗短，头突大；雌核发育二倍体组、三倍体组与普通二倍体组（图 5-4b）胚胎发育形态没有明显差异。此期胚胎发育速度仍与前面保持一致。

（7）晶体期

围心腔形成；尾部与卵黄分离，尾形成；肌节明显；视囊内晶体出现；开始出现心跳，但心跳不规律，胚体开始伸缩（图 5-4e~图 5-4g）。此时，杂交组（图 5-4f）浮卵进一步减少，胚体模糊，表面色素明显多于普通二倍体胚体（图 5-4e），未能成功观察到杂交组的晶体出现；单倍体组（图 5-4g）胚体粗短更加明显，胚体弯曲也变得明显。此后，杂交组因不能清晰地观察到各器官的发育且浮卵很少，不再统计杂交组的胚胎发育时序。此期发育速度为普通二倍体组＞三倍体组＞雌核发育二倍体组＞单倍体组。

（8）心跳期

胚体绕卵黄 3/4，尾延长，晶体形成，耳石形成，心跳 30~50 次/min，胚体两侧浅棕色色素丛增多，胚体开始间歇扭动（图 5-4h，图 5-4i）。至此期，杂交组受精卵全部下沉。各组发育速度依次为普通二倍体组＞三倍体组＞雌核发育二倍体组＞单倍体组。

（9）出膜前期

尾继续延长，胚体绕卵黄 4/5，体干部浅棕色色素丛增多，背鳍褶前部及尾鳍褶中部出现浅棕色色素丛，心跳增加，胚胎扭动频繁，即将出膜（图 5-4j~图 5-4n）。

（10）出膜期

初孵仔鱼正在出膜，体色透明，背、臀、尾鳍褶上的色素丛明显（图 5-4o~图 5-4s）。单倍体组（图 5-4p，图 5-4q）孵出个体较少，耗时最长，全部表现出典型的单倍体综合征，即仔鱼粗短，头大，尾小，脊柱弯曲，多数眼睛晶体发育不完善，仔鱼孵出后很快沉入网底；三倍体组（图 5-4s）、雌核发育二倍体组（图 5-4r）初孵仔鱼同普通二倍体组（图 5-4o）形态间没有明显差异，只是畸形比例稍高于普通二倍体组；三倍体组和普通二倍体组孵化出膜时间差异不大，雌核发育二倍体组较二者滞后约 3h，单倍体组又比雌核发育二倍体组滞后约 12h。

3. 不同倍性胚胎初孵仔鱼的倍性鉴定

单倍体组初孵仔鱼均表现出明显的单倍体综合征（图 5-4p，图 5-4q），单倍体组诱导率为 100%。由图 5-5 和图 5-6 可知，银染核仁法统计的大菱鲆普通二倍体组、雌核发育二倍体组、三倍体组初孵仔鱼的核仁数目分别为 1.12~1.59、1.18~1.50、1.74~2.09。根据 Piferrer 的结论，二倍体和三倍体的核仁组织区（nucleolus organizer region，NOR）数目分界线为 1.735，大于 1.735 者为三倍体，小于 1.735 为二倍体。统计的大菱鲆普通二倍体组和雌核发育二倍体组核仁数目均小于 1.735，说明雌核发育二倍体组初孵仔鱼全部为二倍体，进一步证明了所有存活个体都是雌核发育子代。三倍体组初孵仔鱼核仁数目均大于 1.735，三倍体组诱导率高达 100%，证实前述所得减数分裂型雌核发育诱导条件可以完全抑制第二极体的释放。

四、大菱鲆减数分裂型雌核发育苗种的培育及养殖

选取 2 尾大菱鲆雌鱼进行采卵，将每尾雌鱼的卵分成 2 份，分别进行正常受精和雌核发育诱导，参照雷霁霖（2005）等的方法对受精卵进行孵化和苗种培育。选取其中 1 尾雌鱼的半同胞正常苗种和雌核发育苗种进行跟踪观测（养殖水温 8~25℃），4 月龄前 2 批苗种（平均全长＜10.0cm）分池培养，4 月龄后各挑选 150 尾鱼苗进行荧光标记后同池混养，定期从 2 批苗种中各随机捞取 30 尾苗种测量全长和体质量，同时统计两批苗种孵化后 60 日龄和 180 日龄时的成活率。

表 5-8 为雌核发育及其半同胞普通二倍体 2 批苗种的受精率、孵化率和成活率等参数。其中，雌核发育组 2 次试验的平均受精率（74.08%）比对照组的略低（80.68%），无显著差异（$P>0.05$）；雌核发育组 2 次试验胚胎的孵化率（48.60% 和 55.20%）均显著低于对照组（76.38%和 87.29%）（$P<0.05$）；雌核发育苗种孵化后 60 日龄内成活率非常低，仅相当于普通二倍体的 10%左右，但 60 日龄后两者基本相似，差异不显著。

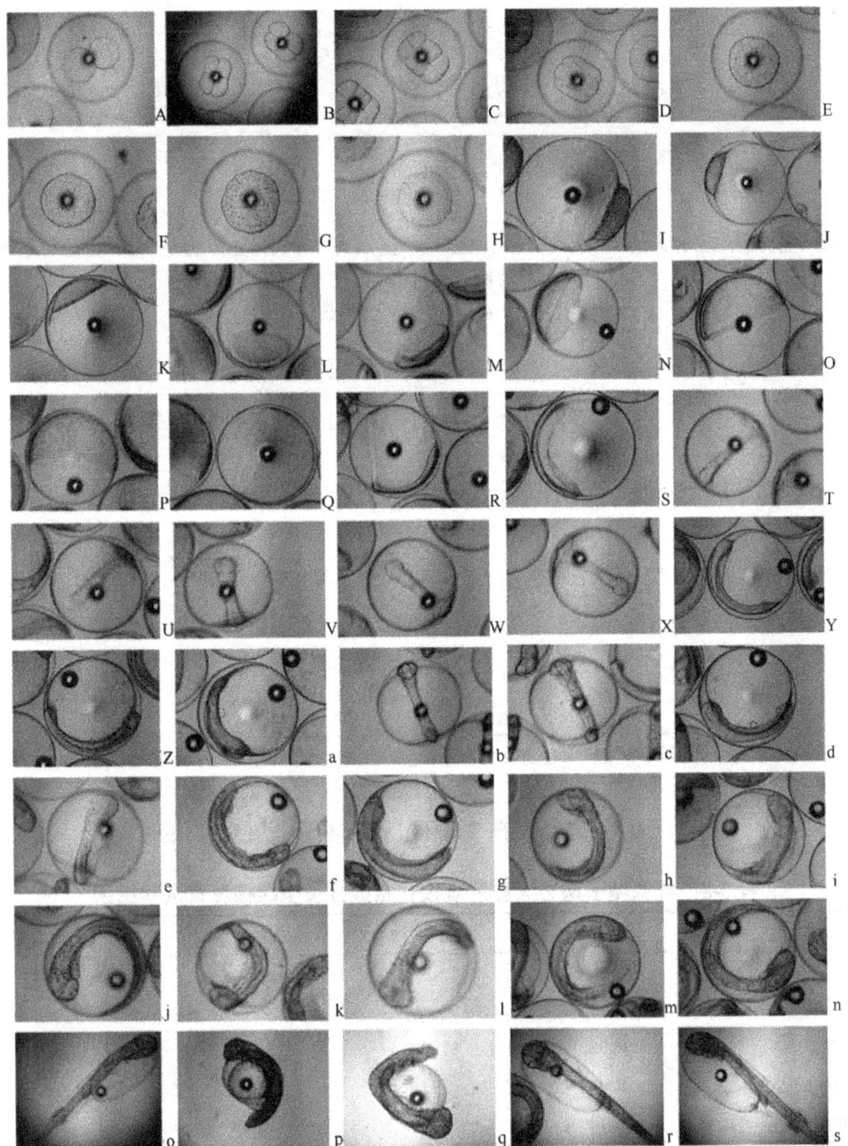

图 5-4　普通二倍体组（DI）、杂交组（CR）、单倍体组（HA）、雌核发育二倍体组（GY）和三倍体组（TR）胚胎发育过程

A. 2 细胞期；B. 4 细胞期；C. 8 细胞期；D. 16 细胞期；E. 32 细胞期；F. 64 细胞期；G. 128 细胞期；H. 多细胞期；I. 普通二倍体组高囊胚期；J. 单倍体组高囊胚期；K. 普通二倍体组低囊胚期；L. 普通二倍体组原肠早期；M. 三倍体组胚盾期；N. 雌核发育二倍体组原肠中期；O. 普通二倍体组原肠后期；P. 单倍体组原肠后期；Q. 杂交组原肠后期；R、S. 普通二倍体组神经胚期；T. 普通二倍体组卵黄栓期；U. 杂交组卵黄栓期；V. 单倍体组卵黄栓期；W. 雌核发育二倍体组卵黄栓期；X. 三倍体组卵黄栓期；Y. 普通二倍体组克氏囊期；Z. 杂交组克氏囊期；a. 单倍体组克氏囊期；b. 普通二倍体组尾芽期；c. 杂交组尾芽期；d. 单倍体组尾芽期；e. 普通二倍体组晶体期；f. 杂交组晶体期；g. 单倍体组晶体期；h. 普通二倍体组心跳期；i. 单倍体组心跳期；j. 普通二倍体组出膜前期；k. 杂交组心跳期后沉卵；l. 单倍体组出膜前期；m. 雌核发育二倍体组出膜前期；n. 三倍体组出膜前期；o. 普通二倍体组初孵仔鱼；p、q. 单倍体组初孵仔鱼；r. 雌核发育二倍体组初孵仔鱼；s. 三倍体组初孵仔鱼

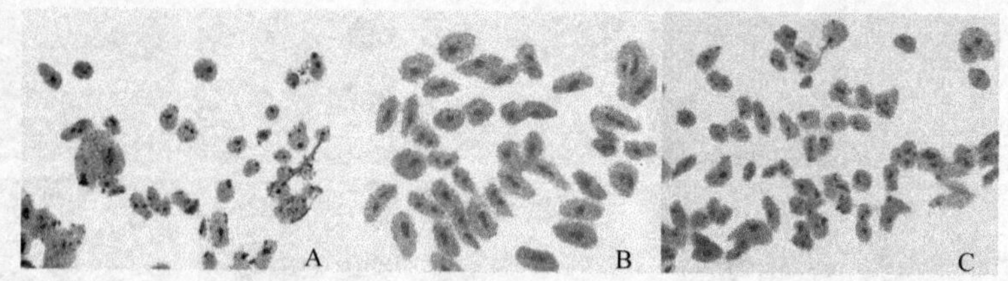

图 5-5　银染法显示大菱鲆普通二倍体组、雌核发育二倍体组和三倍体组初孵仔鱼间期细胞核仁（彩图可扫描封底二维码获取）

A. 普通二倍体组；B. 雌核发育二倍体组；C. 三倍体组

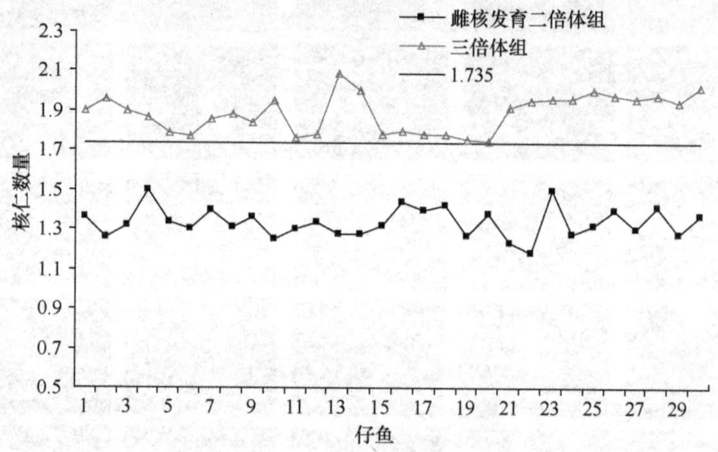

图 5-6　大菱鲆雌核发育二倍体组和三倍体组的核仁数量统计

表 5-8　异源精子诱导大菱鲆规模化减数分裂型雌核发育试验结果

变量	对照组 I	对照组 II	雌核发育诱导组 I	雌核诱发育导组 II
卵量	50	50	250	200
受精率/%	82.10±6.93	79.25±5.99	74.91±3.35	73.25±5.01
孵化率/%	76.38	87.29	55.20	48.60
60dph 成活率/%	8.59	5.97	0.61	0.50
180dph 成活率/%	92.14	89.29	92.38	84.29

注：同行标有不同小写字母的表示组间差异显著（$P<0.05$），标有相同小写字母的表示组间差异不显著（$P>0.05$）

雌核发育及其半同胞普通苗种的全长和体质量比较结果分别见图 5-7 和图 5-8。14 月龄前，雌核发育苗种的生长速度较半同胞普通苗种慢，其中 5、6 月龄时，两者全长差异显著（$P<0.05$），4、5、6、9、11 月龄时两者体质量差异显著（$P<0.05$）；14 月龄后，雌核发育苗种的生长加快，全长和体质量逐渐接近或略高于普通苗种，至 17 月龄时，雌核发育和半同胞普通苗种的全长和体质量基本相似，分别为 28.35cm±1.39cm、447.35g±72.07g 和 28.64cm±0.94cm、444.09g±53.05g。

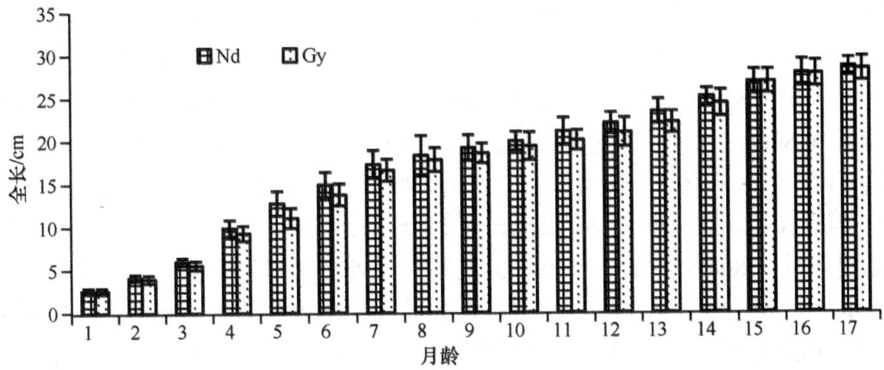

图 5-7 大菱鲆减数分裂型雌核发育苗种与普通苗种全长的比较（平均值±标准差）

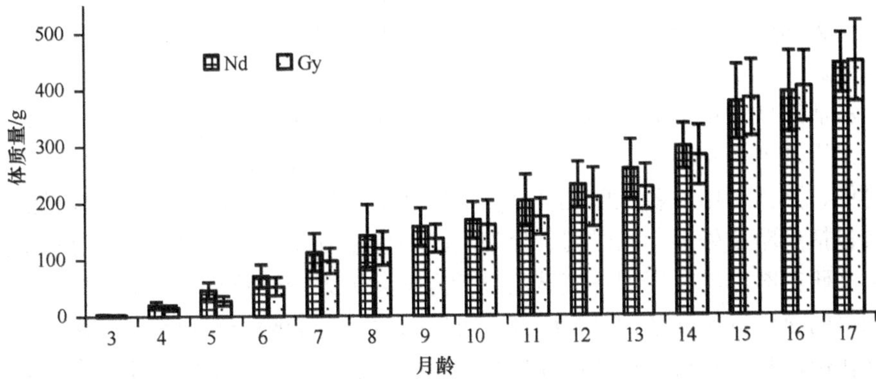

图 5-8 大菱鲆减数分裂型雌核发育苗种与普通苗种体质量的比较（平均值±标准差）

Nd. 普通苗种；Gy. 雌核发育苗种

五、存在问题及前景展望

精子遗传物质灭活是人工诱导鱼类雌核发育的关键环节之一，常用方法有 γ 射线、X 射线辐射处理和紫外线照射处理，其中紫外线照射处理因安全性高和操作方便最为常用。紫外线照射处理对精子的损伤包括受精能力的减弱和遗传物质的灭活两个方面，其最佳照射处理剂量可以通过 Hertwig 效应曲线来确定（Felip et al.，2001）。上述设定的紫外线处理剂量范围内，照射剂量小于 7200erg/mm^2 时受精率各试验组间差异不显著，略低于杂交组，达到 8640erg/mm^2 时迅速下降，表明剂量低于 7200erg/mm^2 的紫外线照射处理对真鲷精子受精能力的影响是比较小的。与典型的 Hertwig 效应曲线不同，随着紫外线照射剂量的逐渐增加，各处理组大菱鲆孵化率的变化趋势不是由高逐渐降低至最低点后再逐渐升高，而是呈由低逐渐升高至最高点后再下降的趋势，且除未经紫外线照射处理的杂交组外，其余各处理组均有一定数量的单倍体胚胎孵出，造成这种现象的原因包括：①未经紫外线处理的真鲷精子与大菱鲆卵受精后的杂合胚胎出现严重发育遗传缺陷而不能顺利孵出；②所试验的紫外线照射剂量均可造成部分真鲷精子遗传物质灭活，而且灭活比例随着照射剂量的增加逐渐升高，胚胎孵化率也随之升高，至照射剂量升至 6480erg/mm^2 时孵化率最高，此后受较高紫外线照射剂量的影响，受精率开始下降，导致孵化率也开始下降。另外，照射剂量高达 12 960erg/mm^2 时受精率仍然接近 20%，剂量低至 2880erg/mm^2 时就可以有单倍体胚胎孵出，说明使用较宽范围剂量（2880~12 960erg/mm^2）的紫外线处理都可以得到符合大菱鲆雌核发育要求的真鲷遗传灭活精子，这与以往相关研究中报道的真鲷精子遗传物质灭活的紫外线最佳照射剂量范围较宽的现象相吻合（3000~10 000erg/mm^2）。由于紫外线的穿透能力较弱，照射处理时精液的厚度、密度及温度等可影响最佳灭活剂量的选择，因此，为方便不同研究者相互比较和借鉴试验数据，在确定鱼类精子遗传物质灭活的最佳紫外线处理剂量时，应该对照射时精液厚度和精液密度进行统一规范。

激活后卵子单倍染色体的二倍化是人工诱导鱼类雌核发育的另外一个关键环节，采用的方法主要包括静水压法和温度休克法两种方法，其中温度休克法因操作简便、不需专用设备及卵处理量大而被普遍采用。影响温度休克法效果的主要因素包括受精后处理起始时间、处理温度和持续时间 3 个。采用目前进行多因素多水平研究时广泛使用的正交试验设计方法，对大菱鲆减数分裂型雌核发育染色体加倍的冷休克诱导条件进行研究，可以探索 3 种影响因素和水平对诱导效果的相互作用，从而获得最佳的诱导参数。结果表明上述 3 因素中，起始时间对冷休克诱导效果的影响最大，其他依次为处理水温和持续时间，这与 Felip 等（2001）综述中总结的海水鱼类温度休克法各因素对染色体加倍诱导效果的影响规律相一致。正交分析确定的冷休克法诱导雌核发育单倍体二倍体化的最佳处理起始时间为受精后 6.5min，与相关研究结果基本一致（Piferrer et al.，2004；Xu et al.，2008；苏鹏志等，2008）。据报道，鲢卵子受精 5min 后就发育至第二次减数分裂后期，期间经历了精子通过受精孔、受精孔堵塞、受精锥形成、皮层滤泡破裂、精子向细胞质内运动及星状体形成等一系列细胞学过程（张建社，1984），而大菱鲆正常受精后 8min 胚胎还停留在第二次减数分裂中期（孙威等，2005），其细胞学变化进程明显慢于鲢，受精后 3min 就进行冷休克处理很可能影响了上述某些进程，致使诱导效率降低；大菱鲆卵正常受精后 8~12min 胚胎进入第二次减数分裂后期，12~16min 第二极体开始排放，至 16~20min 第二极体完全排出卵细胞外（孙威等，2005）。根据试验结果，受精后 10min 开始进行冷休克处理的诱导效率只有 6.5min 的 50%左右，说明大菱鲆减数分裂型雌核发育冷休克处理的最佳时机应该是在第二次减数分裂由中期开始启动向后期进行的时期；当然，采用紫外线处理的真鲷精子进行激动后，大菱鲆卵的细胞学变化时序与同源精子受精卵的是否有所差异还需要进一步研究。

同其他鲆鲽类相比，冷休克抑制大菱鲆卵第二极体排出的处理水温（–2℃）明显低于牙鲆（Yamamoto，1999；刘海金等，2010）、漠斑牙鲆（Luckenbach et al.，2004；柳学周等，2011）和半滑舌鳎（Chen et al.，2009；田永胜等，2008），与大西洋庸鲽（Holmefjord and Refstie，1997）类似，引起这种差别可能的原因是大菱鲆的产卵繁殖水温比牙鲆、漠斑牙鲆和半滑舌鳎低，而冷休克诱导水温不仅与诱导水温本身有关，还受诱导水温与产卵和孵化水温差值的影响（Piferrer et al.，2003）。

与普通二倍体相比，大菱鲆单倍体、雌核发育二倍体、杂交二倍体和三倍体在胚胎发育时序和形态上均有不同差异。其中，在胚胎发育时序方面，雌核发育二倍体和三倍体从细胞分裂时期至多细胞期，两者分别耗时 9h35min 和 9h20min，胚胎发育速度略慢于普通二倍体（9h10min），这与牙鲆细胞分裂期雌核发育二倍体、三倍体分裂速度显著慢于普通二倍体的胚胎发育时序不同（刘海金等，2008），推测原因，主要是由于冷休克抑制牙鲆受精卵第二极体释放所需的处理持续时间显著较大菱鲆长，同时牙鲆胚胎发育速度较大菱鲆快。原肠期后，大菱鲆三倍体发育速度慢慢接近普通二倍体而快于雌核发育二倍体；至孵化期，普通二倍体耗时 109h15min，三倍体耗时 109h30min，雌核发育二倍体要滞后 3h 左右，耗时 112h15min。牙鲆三倍体孵化时间也要快于雌核发育二倍体，吴敏（1988）、洪一江等（1993）认为这与正常二倍体受精卵经冷休克处理抑制第二极体释放形成三倍体，由于增加了一个基因组，这个额外的基因组可能为胚胎发育中的主要步骤提供额外的和不受约束的等位基因，从而授予一种新的遗传调节有关。

大菱鲆单倍体胚胎具有与普通二倍体胚胎相似的时序，在卵裂期和囊胚期要稍快于普通二倍体，从原肠期开始，单倍体发育速度逐渐变慢，在原肠期滞留时间最长，胚盘下包运动受阻明显，发育速度很慢，胚孔很大，神经胚期以后，各期分期比较困难，单倍体综合征逐渐明显，孵化时间（124h40min）要比普通二倍体（109h15min）滞后近 16h。大菱鲆单倍体胚胎先快后慢的发育速度与牙鲆（刘海金等，2008）、半滑舌鳎（田永胜等，2008）、大鳞副泥鳅（赵振山等，1999）、两栖类（吴仲庆，1985）单倍体发育规律相似，推测原因，朱作言（1982）认为卵裂是胚胎发育的初始阶段，卵裂期和囊胚期的形态发生是受母本 mRNA 和蛋白质控制的，从原肠期开始的细胞分化和器官分化则由胚胎细胞的基因表达调控，因此推测单倍体由于进入的异源精子遗传物质、蛋白质失活，避免了胚胎识别、排除父本 mRNA 的过程，原肠期前胚胎的形态发生要快于普通二倍体；原肠期后由于单套染色体组不能完全行使胚胎发育过程所需的正常遗传功能，而出现胚胎发育速度滞后的现象。另外，大菱鲆单倍体孵化率（4.5%）明显低于相关报道（Xu et al.，2008；戈文龙等，2005；许建和等，2006），而与 Piferrer 等（2004）结果相似，推测原因，除与卵质差异、物种差异及孵化条件等有关外，也可能与灭活真鲷冷冻精液所用紫外照射剂量过高，导致精子的中心粒受到破坏，从而无法组成卵子的有丝分裂器以保证胚胎发育的顺利进行有关（邓岳松等，1998）。

真鲷冷冻精液与大菱鲆卵杂交胚胎从受精后至尾芽期，发育速度一直快于普通二倍体，尤其是原肠期胚盘下包速度显著快于其余各组。这与鮸状黄姑鱼和大黄鱼杂交子代形成鲜明对比（马梁等，2002），可能与物种间的不同有关，另外真鲷与大菱鲆分属鲈形目（Perciformes）和鲽形目（Pleuronectiformes），亲缘关系更远，染色体数目与组型（Bouza et al.，1994；刘静和田明诚，1991；刘忠强和武振彬，1992）均无法配对，受精后则可能因父本的远缘性导致排除父本mRNA的速度比普通二倍体快，同时细胞分化期开始后，基因表达调控紊乱导致胚胎发育速度加快。

各试验组胚胎发育在形态上有所区别，杂交组胚体细长，不清晰，头突小，各器官分化不明显，不能通过心跳期；单倍体组胚体粗短，头大，胚体弯曲，多数器官分化不全，初孵仔鱼表现出典型的单倍体综合征；雌核发育二倍体组、三倍体组与普通二倍体组除发育时序不同外，发育特征并无明显差别，但雌核发育二倍体组和三倍体组胚胎发育过程中畸形胚胎比例显著提高，初孵仔鱼畸形率也显著高于普通二倍体组。

从跟踪胚胎发育时序和形态的过程可以看出，在胚胎发育阶段，单倍体组和杂交组特征明显，易与雌核发育二倍体组、三倍体组和普通二倍体组相区分。而后三者在发育形态上没有明显差异，仅发育时序略有差异，对三者间的区分仍需依赖倍性鉴定和微卫星分析等技术手段，而冷休克处理使染色体加倍对大菱鲆三倍体、雌核发育二倍体胚胎发育的影响仍需进一步深入研究。

迄今，有关雌核发育后代生长性能的研究主要集中在淡水鱼类，海水鱼类中有报道的只有牙鲆（Tabata，1991）、欧鲈（Felip et al.，2002）和真鲷（Kato et al.，2001）等少数种类。理论上，鱼类雌核发育苗种除了诱导过程中不可避免地对胚胎造成一定的物理损伤外，染色体二倍化可以导致等位基因高度纯合，致使隐性有害基因得以表达的概率升高，作为刺激源的异源精子带入的遗传物质也可能产生干扰，这些因素都会导致雌核发育苗种前期的成活率和生长速度比对照组低。大菱鲆雌核发育苗种的养殖性状也不例外，表现为至孵化后60日龄成活率只有对照组的10%左右，生长速度14月龄前低于对照组，14月龄后大菱鲆雌鱼生长优势开始显现，使得17月龄时雌核发育苗种整体和对照组的生长速度基本持平。

总之，真鲷冷冻精子是诱导大菱鲆雌核发育的一种理想刺激源：首先，真鲷精子与大菱鲆卵子可以正常受精，但两者分属鲈形目和鲽形目，亲缘关系较远，染色体数目也不同[真鲷 $2n$=48（刘忠强和武振彬，1992），大菱鲆 $2n$=44（Bouza et al.，1994）]，杂交组和杂交加倍胚胎都不能顺利孵出，理论上可以保证所获得的雌核发育后代全部为卵子单倍染色体加倍而来的二倍体，胚胎发育形态观察和初孵仔鱼的倍性检测也证实了这一点，这样可以避免对同源精子诱导的雌核发育子代进行亲子鉴定等繁琐工作；其次，真鲷是常见鱼类，精液量大，来源丰富，精子冷冻技术成熟，使用简便，减轻了亲鱼培育和雌核发育的工作量，容易形成规范化操作规程。利用真鲷冷冻精子作为刺激源，分别采用 Hertwig 效应试验及正交设计试验对减数分裂型雌核发育诱导的两个关键步骤（精子遗传物质的紫外线灭活和染色体二倍化）进行了优化，建立了稳定可靠的真鲷冷冻精子诱导大菱鲆减数分裂型雌核发育技术，重复诱导和培育了 2 批大菱鲆雌核发育苗种，并对其中一批雌核发育苗种及其半同胞普通苗种的成活率和生长进行了跟踪和比较，这对于今后大菱鲆性别决定机制的明晰、规模化全雌苗种的生产、纯系的快速建立及关键功能基因的定位等研究都具有重要意义。

第三节　大菱鲆有丝分裂型雌核发育二倍体的诱导

鱼类有丝分裂型雌核发育诱导通过抑制第一次卵裂使染色体加倍，均由染色单体复制而成，理论上可以获得等位基因完全纯合的子代个体。有丝分裂型雌核发育诱导不仅是养殖鱼类性别控制和性别决定机制研究的重要方法，而且是获得纯合系的最快速有效方法（Felip et al.，2001）。有丝分裂型雌核发育子代再通过一次减数分裂型雌核发育诱导，理论上即可制备纯合克隆（Arai，2001）。减数分裂型雌核发育诱导，由于在第一次减数分裂中期联会复合体非姐妹染色单体等位基因间的交换和重组，子代仍可能有较高的杂合度。克隆系是免疫学、内分泌学、发育学、分子生物学和遗传图谱构建的理想试验材料，同时在鱼类育种领域，通过两个克隆系杂交可以最大限度地发挥杂交优势，双克隆杂交形成的杂合克隆，经过选育可以成为优良品种（品系），既具有杂合性，即杂种优势，又具有克隆性，即个体间完全一致（Komen and Thorgaard，2007），成为快速选育新品种的有效方法。

有丝分裂型雌核发育首先在模式生物——斑马鱼诱导成功（Streisinger et al.，1981），随后经历快速发展，在多种淡水鱼类进行了诱导试验，目前包括鲤科、鲑科和慈鲷科在内的主要淡水鱼类养殖经济品种都建立了有丝分裂型雌核发育诱导技术，并获得子代群体作为育种材料应用于养殖生产（Komen and Thorgaard，2007）。与淡水鱼类研究相对应，海水鱼类仅有 4 种鱼类成功诱导获得有丝分裂型雌核发育子代群体，分别是褐牙鲆（Tabata and Gorie，1988）、真鲷（Kato et al.，2001，2002；Takigawa et al.，1994）、欧鲈（Bertotto et al.，2005）和半滑舌鳎（Chen et al.，2012）。究其原因，Bertotto 等（2005）认为相较于淡水鱼类，多数产浮性卵的海水鱼类受精期短、可操作性差和仔鱼培育成活率低；Goudie 等（1995）认为淡水鱼类品种养殖历史较长，各科研单位或育苗场都或多或少地进行了品种选育工作，致使一些隐性有害基因或者致死基因被淘汰，所以有丝分裂型雌核发育子代成活率较高，有丝分裂诱导成功率较高，相反，海水鱼类养殖历史短，多数品种仍处于野生状态或者刚刚起步开展品种选育工作，有丝分裂型雌核发育子代存活率低，较难获得有丝分裂型雌核发育子代群体。

大菱鲆减数分裂型雌核发育诱导方法国内外均已有相关报道，但有丝分裂型雌核发育诱导方法尚未建立。采用紫外线灭活的真鲷冷冻精子作为刺激源，通过单因子试验分别筛选起始时间、压力和持续时间 3 因素的最佳诱导条件，建立了静水压法诱导大菱鲆有丝分裂型雌核发育的试验条件，并利用该方法生产和培育批量有丝分裂型雌核发育苗种，将为探明大菱鲆性别决定机制、创制伪雄或超雌亲鱼和构建克隆系奠定基础。

一、真鲷冷冻精子遗传物质的灭活

真鲷冷冻精液由中国科学院海洋研究所精子冷冻保存库提供，置于–180℃液氮中保存。

真鲷冷冻精子解冻和稀释处理：采用快速水浴解冻（水温 37~40℃），解冻过程中轻轻摇动冷存管，至冷存管中大部分样品溶解，然后放置室温下至完全解冻。用 4℃预冷的 Hank's 保护液将解冻后的精液稀释至终浓度的 1/20（原始精液∶保护液=1∶19）。

紫外线照射处理：将稀释的真鲷精液平铺在直径 9cm 的细胞培养皿中（厚度 0.4mm），采用紫外交联仪（型号 SCIENT Z03-Ⅱ，宁波新芝生物科技有限公司），以 6480~7200erg/mm^2 剂量进行紫外线照射处理，处理后的精液置于 4℃冰箱中避光保存备用。

二、大菱鲆有丝分裂型雌核发育的静水压诱导条件

大菱鲆未受精卵采集的亲鱼培育水温为 12.5℃±0.5℃、光照周期为 14L∶10D，人工注射催产激素诱导排卵。

受精与孵化条件：人工干法受精，精卵比为 1mL 稀释精液（20×）∶10g 卵，每个试验组用容积为 500mL 的玻璃杯盛放 10g 卵，加入 1mL 精液后，轻轻混匀，加入少量海水（约 20mL）激活精子，1min 后，加入 250mL 海水完成受精，将受精卵静置备用。受精卵置于漂浮在 2m^3 玻璃钢水槽中的网袋中孵化，受精及处理前孵化条件为水温 14.5℃±0.5℃，pH7.8~8.2，盐度 31.6，处理后置于开放式流水玻璃钢水槽中孵化，孵化水温 12.2℃±0.5℃，换水量 600%/天。

胚胎发育观察：每组取卵 30 粒，置于显微镜（型号：Nikon E200）下观察，使用 Canon A640 数码相机拍摄各发育阶段的图像，并分别统计受精率（FR=受精卵数量÷上浮卵总数×100%，统计卵粒数为 100 粒左右，统计时间为受精后 4h）、孵化率（HR=初孵仔鱼总数÷受精卵总数×100%）和畸形率（AR=畸形仔

鱼总数÷初孵仔鱼总数×100%)。

将受精卵以 200 目筛绢收集后，置于盛有 14.5℃海水的压力容器中（静水压机 Key-B001，青岛海星仪器有限公司）处理，升压时在空压机的驱动下快速达到所需压力水平（≤5s），处理结束后快速泄压。处理后的受精卵按上述条件孵化培育。每次试验取单倍体组（haploid control，HC）和普通二倍体组（normal diploid control，NC）作为对照，并取不同雌鱼卵重复 2 次，将 3 次试验结果的平均值进行分析，获得最佳静水压诱导条件并应用于后续试验。

1. 处理起始时间

通过处理起始时间的单因子试验，固定处理压力 70MPa，处理持续时间 6min，即对用紫外线灭活遗传物质的真鲷冷冻精子诱导的大菱鲆受精卵在受精后不同时间[70min AF、75min AF、80min AF、85min AF、90min AF 和 95min AF（after fertilization）]实施静水压处理，比较各处理组间的孵化率及初孵仔鱼畸形率，以确定有丝分裂型雌核发育诱导的最佳处理起始时间。结果如图 5-9 所示，在受精和孵化水温为 14.5℃±0.5℃、处理压力为 70MPa、处理持续时间为 6min 条件下，各处理组胚胎的孵化率均极显著低于对照组二倍体胚胎（68.78%±4.92%，数据未显示）($P<0.01$)，且均呈现较高比例的初孵仔鱼畸形率；各处理组间，受精后 80min 之前起始静水压诱导，苗种孵化率显著低于 85min AF 和 90min AF 2 个处理组（$P<0.05$），仔鱼畸形率较高，受精后 85min 和 90min 处理组孵化率（2.15%±0.35%和 2.46%±0.37%）显著高于其他各处理组，仔鱼畸形率也较低（48.68%±11.36%和 41.95%±9.99%），两者间差异均不显著（$P>0.05$）。因此，在受精和孵化水温为 14.5℃±0.5℃条件下，大菱鲆有丝分裂型雌核发育诱导的最佳处理起始时间为受精后 85~90min。

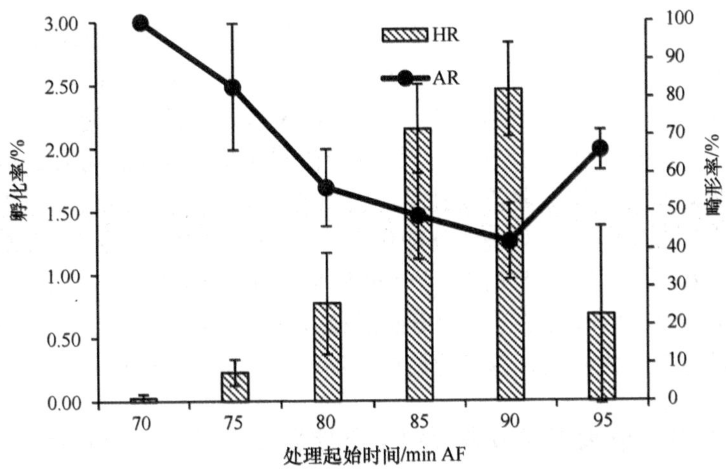

图 5-9　不同处理起始时间对大菱鲆有丝分裂型雌核发育诱导苗种孵化率和畸形率的影响

2. 处理压力

在受精和孵化水温为 14.5℃±0.5℃、处理起始时间为 90min AF、持续时间为 6min 条件下，不同处理压力（60MPa、65MPa、70MPa、75MPa、80MPa 和 85MPa）对大菱鲆有丝分裂型雌核发育诱导效果的影响见图 5-10。结果显示，在试验压力范围 65~85MPa 内，均可获得一定比例的初孵仔鱼，其中 70MPa 和 75MPa 处理组孵化率显著高于其他处理组，后者较前者初孵仔鱼畸形率稍低，综合比较孵化率和畸形率，75MPa 压力下有丝分裂型雌核发育诱导率最高（0.90%±0.40%）。大菱鲆有丝分裂型雌核发育诱导的最佳处理压力为 75MPa。

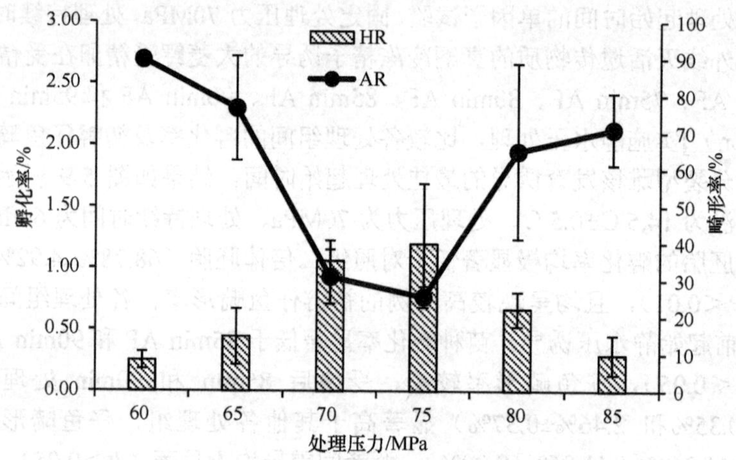

图 5-10 不同处理压力对大菱鲆有丝分裂型雌核发育诱导苗种孵化率和畸形率的影响

3. 处理持续时间

在受精和孵化水温为 14.5℃±0.5℃、处理起始时间为 90min AF、处理压力为 75MPa 条件下，不同处理持续时间（2min、4min、6min、8min 和 10min）对大菱鲆有丝分裂型雌核发育诱导效果的影响见图 5-11。在试验设定的处理持续时间 2~10min 内，各处理组均可获得一定比例的初孵仔鱼，持续时间为 2min、8min、10min 的处理组孵化率显著较低且呈现较高的畸形率（$P<0.05$），处理持续时间为 4min 和 6min 时，2 个处理组间孵化率（2.83%±1.33%和 2.66±0.86%）差异不显著（$P>0.05$），但后者初孵仔鱼畸形率（45.90%±7.89%）显著低于前者（57.83%±11.15%）（$P<0.05$），有丝分裂雌核发育诱导率可达 1.46%±0.23%。因此，大菱鲆有丝分裂型雌核发育诱导的最佳处理持续时间为 6min。

三、大菱鲆有丝分裂型和减数分裂型雌核发育诱导的比较研究

取同一尾雌鱼卵，分成 4 份（各 10mL）进行如下试验，统计各组卵的受精

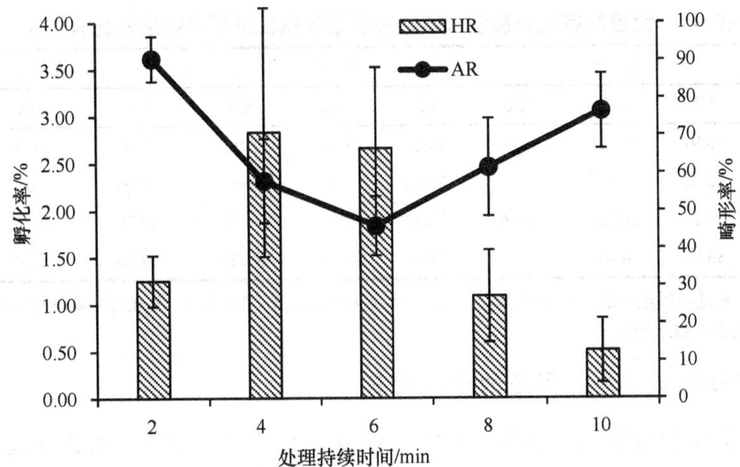

图 5-11 不同处理持续时间对大菱鲆有丝分裂型雌核发育诱导苗种孵化率和畸形率的影响

率和孵化率，观察和记录胚胎发育情况。

普通对照组（NC）：与大菱鲆精子受精，作为普通二倍体组。

阴性对照组（SC）：杂交四倍体作为阴性对照，与未经紫外线照射处理的真鲷精子受精，采用上述试验建立的静水压处理条件，进行染色体加倍处理，作为阴性对照，以验证精子遗传物质灭活不彻底是否可诱导杂交四倍体。

减数分裂型雌核发育组（MEI）：采用紫外线照射处理的真鲷精子作为激活源，激活后进行冷休克处理(处理条件为受精后 6.5min 在以–2℃海水中持续处理 25min)。

有丝分裂型雌核发育组(MIT)：采用紫外线照射处理的真鲷精子作为激活源，激活后进行静水压处理。

1. 受精率、孵化率和初孵仔鱼畸形率的比较

在受精和处理前孵化水温为 14.5℃±0.5℃条件下，大菱鲆有丝分裂型雌核发育组（MIT）诱导条件为受精后 90min 在 75MPa 压力下持续处理 6min，减数分裂型雌核发育组（MEI）诱导条件为受精后 6.5min 在–2℃海水中持续处理 25min，处理结束后将受精卵直接置于开放式流水的水泥池中孵化，水温为 12.2℃±0.5℃，设置普通受精组作为对照组（NC）和杂交四倍体组作为阴性对照组（SC）。结果表明（表 5-9），4 个试验组均具有较高的受精率，作为阴性对照的杂交四倍体组不能顺利孵化出膜，2 种类型的雌核发育组胚胎孵化率均显著低于普通二倍体组，初孵仔鱼畸形率则显著高于普通二倍体组，其中 MIT 胚胎孵化率仅有 0.78%~4.41%，又显著低于 MEI（26.08%~31.22%），畸形率（41.25%~53.06%）显著高于后者（21.46%~24.08%）。

表 5-9　大菱鲆有丝分裂型和减数分裂型雌核发育诱导效果的比较（%）

处理组	第一组			第二组			第三组		
	FR	HR	AR	FR	HR	AR	FR	HR	AR
NC	90.91	78.84	5.67	86.19	71.48	5.05	80.51	64.30	7.08
SC	88.32	0	—	78.46	0	—	68.93	0	—
MEI	87.20	31.22	21.46	70.72	26.61	24.08	60.76	26.08	23.12
MIT	83.96	4.41	53.06	67.94	0.78	41.25	64.86	1.59	45.61

注：NC. 普通对照组；SC. 阴性对照组；MEI. 减数分裂雌核发育组；MIT. 有丝分裂雌核发育组；FR. 受精率；HR. 孵化率；AR. 畸形率

2. 胚胎发育时序和形态的比较研究

对所诱导的普通二倍体组（NC）、杂交四倍体组（SC）、减数分裂型雌核发育组（MEI）和有丝分裂型雌核发育组（MIT）的胚胎时序（表 5-10）和形态差异（图 5-12）进行跟踪观察。在处理前孵化水温为 14.5℃±0.5℃、处理后至出膜期孵化水温为 12.2℃±0.5℃条件下，细胞分裂期，杂交四倍体组即表现出典型的畸形分裂，在整个胚胎发育阶段都呈现严重的畸形；有丝分裂型雌核发育组、减数分裂型雌核发育组与普通二倍体组相比，细胞正常分裂，无形态差异。囊胚期，杂交四倍体组胚胎的囊胚冒形态不整；有丝分裂型雌核发育组也有大量受精卵呈现囊胚帽形态畸形的现象，而 MEI 和 NC 则无形态差异。原肠期，有丝分裂型雌核发育组有大量受精卵胚盘四周边缘不整齐，卵下沉比例增加；杂交四倍体组细胞内卷受阻，胚盘边缘极度不规则，胚环结构不明显，胚盘表面凸凹不平，细胞排列稀疏，呈现具多个空洞的形态，胚盘下包速度正常，卵开始大量下沉。神经胚期，有丝分裂型雌核发育组大量受精卵胚胎表面细胞不够紧密，有空洞，胚体不清晰，但同样存在一定比例的正常个体；杂交四倍体组胚盘下包正常，但全部受精卵胚盘表面细胞排列较有丝分裂型雌核发育组更为稀疏，表面空洞极大，胚体也不清晰；MEI 和 NC 形态上仍无明显差异。克氏囊期，杂交四倍体组未观察到克氏囊，其他组均有 1~2 个克氏囊出现。卵黄栓期，杂交四倍体组胚体均十分模糊，胚体四周散落大量细胞；有丝分裂型雌核发育组较其他组畸形胚体数目明显多。尾芽期，杂交四倍体组尾芽可见，但受精卵再次出现大量下沉，仅余不足 10%的受精卵；有丝分裂型雌核发育组畸形胚体四周分散一些空泡状物质，推测为离散的细胞。晶体期，有丝分裂组畸形胚体数量较多，呈现两种形态，一是胚体模糊，不成形，二是头突不完整，周围散落很多零碎细胞团，集中于头部；杂交四倍体组仅余少量卵，各器官发育十分不明显，胚胎至出膜期全部死亡。心跳期，杂交四倍体组仅残余个别漂浮卵，其胚体模糊，各器官发育不明显；统计各试验组 105h 时心跳次数，依次为普通二倍体组 30 次/min、减数分裂型雌核发育组 20 次/min、有丝分裂型雌核发育组 15 次/min。出膜前期、有丝分裂期，有丝分裂型雌核发育组下沉卵比例明显高于 NC 和 MEI，胚体畸形率也要高于 MEI 和 NC，MEI 和 NC 胚体正常。出膜期，有丝分裂型雌核发育组初孵仔鱼畸形率显著高于减数分裂型雌核发育组，减数分裂型雌核发育组则显著高于普通二倍体组，畸形初孵仔鱼主要表现为两种，一种是胚体明显粗短、骨骼弯曲，另外一种则是胚体长度基本正常但骨骼弯曲明显。除杂交四倍体组外，有丝分裂型雌核发育组、减数分裂型雌核发育组和普通二倍体组孵化时间分别为 159h、156h 和 147h，有丝分裂型雌核发育组胚胎发育速度明显较慢。

表 5-10　大菱鲆普通二倍体组、减数分裂型雌核发育组、有丝分裂型雌核发育组和杂交四倍体组胚胎发育时序

胚胎发育时序	普通二倍体组	减数分裂型雌核发育组	有丝分裂型雌核发育组	杂交四倍体组
受精	0	0	0	0
2 细胞期	3h10min	3h40min	4h20min	4h20min
4 细胞期	3h50min	4h35min	5h25min	5h25min
8 细胞期	5h	5h30min	6h20min	6h15min
16 细胞期	6h	6h35min	7h30min	7h30min
32 细胞期	7h30min	8h05min	8h35min	8h35min
64 细胞期	9h	9h45min	10h45min	10h45min
高囊胚期	14h	14h50min	15h55min	15h55min
低囊胚期	18h15min	18h50min	19h45min	19h45min
原肠早期	28h20min	28h55min	19h30min	29h35min
原肠中期	30h30min	31h05min	31h45min	31h45min
原肠后期	36h30min	37h	37h45min	37h45min
神经胚期	46h50min	50h45min	51h45min	51h45min
克氏囊期	58h30min	59h15min	60h05min	—
卵黄栓期	62h25min	63h45min	64h15min	64h55min
尾芽期	71h25min	72h15min	72h45min	75h
晶体期	89h	90h15min	90h45min	—
心跳期	102h	103h45min	104h15min	—
出膜前期	123h	127h15min	128h30min	—
出膜期	147h	156h	159h	—

四、大菱鲆有丝分裂型雌核发育的规模化诱导

1. 规模化诱导的有丝分裂型雌核发育苗种培育及养殖

大菱鲆规模化有丝分裂型雌核发育诱导试验采集 4 尾不同雌鱼的成熟卵子，共获得 1100g 未受精卵，混匀后分取 50g 未受精卵进行正常受精作为对照组，剩余未受精卵经紫外线灭活的真鲷精子激活后，以上述所获有丝分裂型雌核发育诱导条件分 3 次进行静水压处理。表 5-11 为雌核发育及普通二倍体苗种的受精率、孵化率和成活率等参数。其中，有丝分裂型雌核发育组受精率（84.57%±4.23%）比对照组的略低（87.64%±5.40%），无显著差异（$P>0.05$）；雌核发育组胚胎孵化率（1.34%）显著低于普通二倍体组（67.83%）；雌核发育组苗种孵化后 40 日

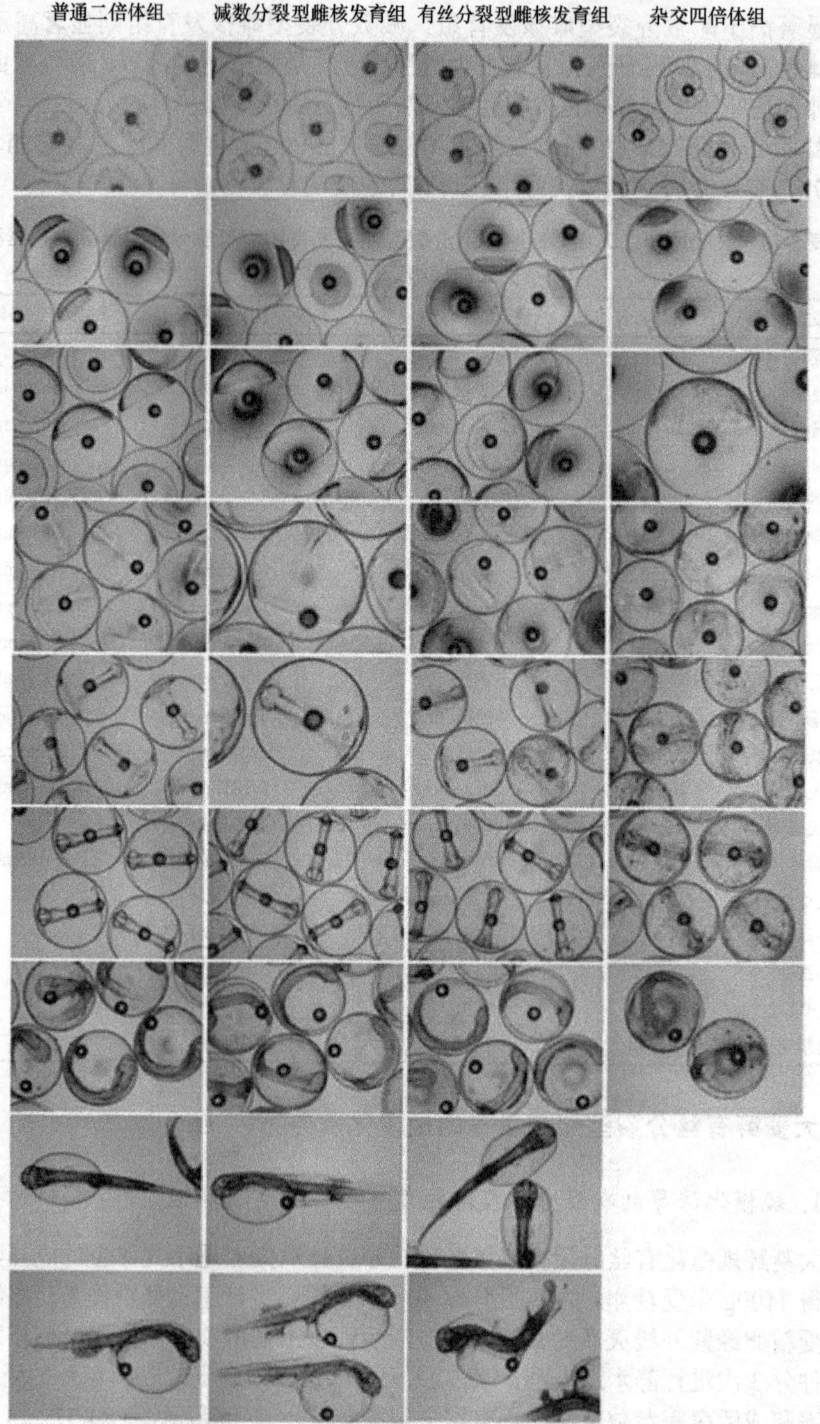

图 5-12　大菱鲆普通二倍体组、减数分裂型雌核发育组、有丝分裂型雌核发育组和杂交四倍体组胚胎发育形态比较（彩图可扫描封底二维码获取）

表 5-11　大菱鲆有丝分裂型雌核发育规模化诱导结果

变量	普通二倍体组	雌核发育组	显著性差异
用卵量/g	50	1050	N/A
卵粒数/粒	6.0×10^4	12.6×10^5	N/A
精液量/mL	2.5[a]	80.0[b]	N/A
受精率/%	87.64±5.40	84.57±4.23	NS
孵化率/%	67.83	1.34	$P<0.01$
孵化后 1 日龄正常仔鱼比例/%	62.06	0.71	$P<0.01$
孵化后 1~40 日龄成活率/%	18.78	2.46	$P<0.01$
孵化后 40~60 日龄成活率/%	82.12	51.08	$P<0.01$
孵化后 60~150 日龄成活率/%	95.42	98.95	NS
孵化后 150 日龄体质量（n=20）/g	33.02±6.23	16.18±11.30	$P<0.05$
孵化后 150 日龄全长（n=20）/cm	12.24±0.77	9.18±2.03	$P<0.05$
孵化后 150 日龄存活苗种数量/尾	4790	94	N/A

注：a. 大菱鲆原始精液；b. 真鲷稀释精液（1/20）；N/A. 未分析；NS. 差异不显著

龄内成活率非常低（2.46%），同期普通二倍体组成活率为 18.78%，40~60 日龄，雌核发育组苗种成活率（51.08%）低于对照组（82.12%），60 日龄后两组试验苗种成活率基本相似，差异不显著。雌核发育组苗种生长速度显著低于普通二倍体组，至孵化后 5 月龄，前者全长和体质量分别为 9.18cm±2.03cm 和 16.18g±11.30g，后者全长和体质量可达 12.24cm±0.77cm 和 33.02g±6.23g，此外，有丝分裂型雌核发育组苗种个体间生长速度差异较大。

2. 规模化诱导的有丝分裂型雌核发育苗种倍性鉴定

随机选取 180 日雌核发育诱导组 30 尾苗种，剪取少量鳃丝，蒸馏水冲洗数遍，分别固定于荧光染料（4′,6-diamidino-2-phenylindole，DAPI）溶液中，通过漩涡混合器震荡处理制备单细胞悬液，以流式细胞仪测定其倍性，用所获普通二倍体作为对照，其 DNA 相对吸光峰值设定为 100。结果表明（图 5-13），有丝分裂型雌核发育子代所有检测苗种 DNA 的相对吸光峰值均为 100。由此说明，紫外线处理的真鲷精子遗传物质灭活彻底，有丝分裂型雌核发育子代二倍体诱导率为 100%。

3. 有丝分裂型雌核发育苗种的基因纯合度分析

随机挑选 30 尾 180 日龄苗种，剪取尾鳍，同时与保存的母本尾鳍样品，以海洋动物基因组 DNA 提取试剂盒［天根生化科技（北京）有限公司，DP324］提取各样品基因组 DNA，保存于−80℃冰箱备用。参照大菱鲆遗传连锁图谱，选择 7 个来自不同连锁群上的微卫星标记，引物序列及退火温度参见表 5-12。PCR 反应体系为 20μL，包括 10×uffer 2.0μL、Mg^{2+}（25mmol/L）1μL、dNTPs（2mmol/L）

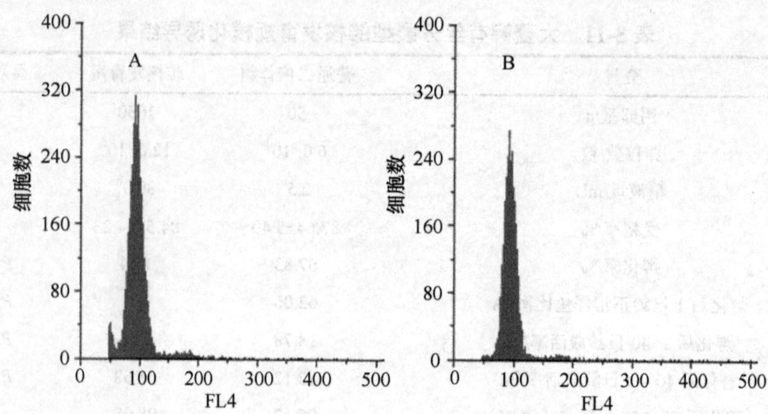

图 5-13 大菱鲆有丝分裂型雌核发育苗种倍性的流式细胞术鉴定

A.普通二倍体苗种；B.有丝分裂型雌核发育苗种

表 5-12 7 个微卫星引物的序列及退火温度

微卫星	连锁群	引物序列	重复序列	大小/bp	温度/℃
Smax-01	LG15	F: GGTGATAACGAGTTTGATGA R: TTCACAAGTAATCTCCCAAC	（TG）20	145~185	52
Smax-02	LG17	F: GGAGGATGTATTGAAAGTGT R: AGAGCAGGTCATTATACAGC	（TG）16	90~141	56
Smax-03	LG3	F: TGGTTAATTACAGCCTTTGG R: CTCATTTCCTTTTTGTTTGC	（AC）16	165~181	50
Smax-04b	LG19	F: GGGTCATCATCTTTAGTCT R: GTCACAGTTTCATTAGGAG	（AC）23	88~154	52
Sma3-12 INRA	LG6	F: CACAATTGAATCACGAGATG R: GCCACCACTGCGTAACAC	（TG）21	88~110	55
Sma4-14 INRA	LG7	F: GCGAGCAAATATCAGAAGG R: CCAGAAACAGCTCCGACTC	（GT）21	116~158	52
Sma1-125 INRA	LG13	F: CACACCTGACAAAGCTCAAC R: GCTGAACATTTTCATGTTGATAG	（TAGA）11-（TG）4	112~152	55

1μL、上下游引物各 1μL、模版 DNA 1~2μL、*Taq* DNA 聚合酶 1U，加适量 ddH_2O。反应程序为：94℃预变性 4min，94℃ 30s、52~56℃ 30s、72℃ 30s，30 个循环，最后 72℃延伸 10min。PCR 扩增产物各取 6μL 经 3%琼脂糖凝胶电泳检测，EB（溴化乙锭）染色，采用北京赛智创业科技有限公司凝胶成像系统及分析软件（SAGECREATION，北京）对电泳结果进行拍摄和分析。

利用 7 个大菱鲆微卫星分子标记，对 30 尾有丝分裂型雌核发育苗种进行基因纯合性分析，结果表明（图 5-14）（仅显示第 1~20 号苗种微卫星扩增结果），所选择的 7 个微卫星引物在母本中具有较好的多态性，4 个母本在所选择的 7 个微卫星位点只有 F3 和 F4 分别在 Smax-03（C）和 Sma3-12 INRA（E）为纯合子，其他均为杂合子，30 尾雌核发育苗种在 7 个微卫星位点除 1 个苗种在 Smax-03 位点杂合外，其他均呈现单一条带，所获得的雌核发育苗种等位基因高度纯合（纯合度高达 99.52%），进一步证实了其为有丝分裂型雌核发育子代。

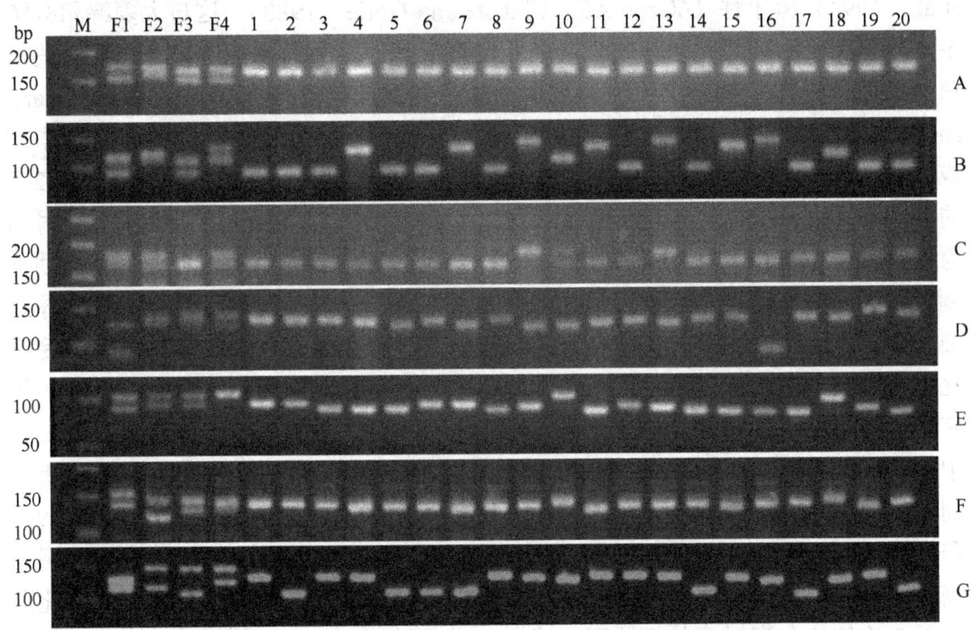

图 5-14 大菱鲆有丝分裂型雌核发育子代基因纯合度分析

A. Smax-01；B. Smax-02；C. Smax-03；D. Smax-04b；E. Sma3-12 INRA；F. Sma4-14 INRA；G. Sma1-125 INRA；M. 50bp marker；F1~F4. 雌亲本；1~20. 有丝分裂型雌核发育苗种

五、存在问题及应用前景

采用紫外线灭活遗传物质的真鲷冷冻精子与大菱鲆卵子受精，通过单因子试验，建立了大菱鲆有丝分裂型雌核发育的静水压诱导条件，并应用该试验条件成功获得有丝分裂型雌核发育群体 1 批次。胚胎发育观察结果表明，真鲷冷冻精子与大菱鲆卵受精形成的杂交二倍体、两者受精后经冷休克处理形成的杂交三倍体及静水压处理形成的杂交四倍体胚胎均不能顺利孵化出膜。灭活真鲷冷冻精子与大菱鲆卵受精形成的单倍体子代表现典型的单倍体综合征，孵化出膜后即死亡，诱导群体的倍性鉴定证实其全部为二倍体，基因纯合度分析证实子代个体基因高度纯合，由此可以确定所获诱导群体为有丝分裂型雌核发育子代。

静水压法诱导鱼类有丝分裂型雌核发育受处理起始时间、处理压力和处理持续时间 3 个因素影响，其中处理起始时间是关键影响因素（Diter et al.，1993；Francescon et al.，2004）。大菱鲆有丝分裂型雌核发育诱导的最佳处理起始时间为受精后 85~90min，在此时间之前或之后起始诱导处理，均导致孵化率下降、畸形率升高。与之前已建立有丝分裂型雌核发育诱导的其他 4 种海水鱼类相比，大菱鲆与欧鲈（85~97min AF）（Francescon et al.，2004）诱导处理起始时间相似，显著滞后于半滑舌鳎（21.5min AF）（Chen et al.，2012）、真鲷（45min AF）（Takigawa et al.，1994）和牙鲆（60min AF）（Tabata and Gorie，1988），这与大菱鲆和欧鲈亲鱼培育和受精卵孵化水温相似，胚胎发育较其他 3 种海水鱼类发育滞后有关。鱼类染色体操作中抑制第一次卵裂诱导染色体组加倍的细胞学研究表明（Zhang and Onozato，2004；Zhu et al.，2007），最佳处理起始时间是第一次有丝分裂中期或后期，即纺锤体形成到卵裂沟出现的时间内，大菱鲆在孵化水温为 15.5℃±0.2℃的条件下，第一次有丝分裂纺锤体形成时间为受精后 74~82min，卵裂沟出现时间为受精后 82~90min（孙威等，2005），进一步证实所获最佳处理起始时间可成功抑制大菱鲆受精卵第一次卵裂，但使用异源灭活精子诱导大菱鲆受精，是否会导致细胞学发育时序产生差异尚有待于进一步研究。众所周知，鱼类胚胎发育除受孵化水温影响外，同样受母本影响，因此，为避免孵化水温对诱导参数的影响，所有试验均保证在处理前孵化水温为 14.5℃±0.5℃。大菱鲆诱导处理起始时间试验中，前 2 次重复均为 90min AF 时有丝分裂型雌核发育诱导率最高，而第 3 次重复则 85min AF 最高，表明处理起始时间同样受母本影响，在鲤（Komen et al.，1991）和虹鳟（Diter et al.，1993）的研究中同样存在类似的“母本效益”。有丝分裂间隔时间（τ0）是胚胎发育早期卵裂中 2 次细胞分裂时间的间隔，分析不同孵化温度下 2 次细胞分裂时间的间隔可以建立 τ0 与孵化温度（*T*）的相关关系，与绝对时间相比，以 τ0 作为时间单位确定鱼类染色体组操作的处理起始时间，可以最大程度地避免母本和孵化温度对胚胎发育的影响。τ0 作为时间单位已在多种淡水鱼染色体组操作中获得应用，包括鲤（Shelton and Rothbard，1993）、丁鱥（*Tinca tinca*）（Flajšhans et al.，1993）、匙吻鲟（*Polyodon spathula*）（Mims et al.，1997；Shelton et al.，1997）、扁吻铲鲟（*Scaphirhynchus platorynchus*）（Shelton et al.，1997）、非洲鲶（*Clarias gariepinus*）（Váradi et al.，1999）和黑斑刺盖太阳鱼（*Pomoxis nigromaculatus*）（Gomelsky et al.，2000）等品种。因此，下一步进行大菱鲆有丝分裂型雌核发育诱导技术优化时，应首先建立大菱鲆有丝分裂间隔时间（τ0）与孵化温度的相关关系，并以 τ0 作为时间单位明确大菱鲆有丝分裂型雌核发育诱导的最佳起始时间，从而方便研究者在不同的孵化水温条件下开展有丝分裂型雌核发育诱导。

相比于处理起始时间，处理压力和处理持续时间对抑制第一次卵裂的影响相对较小，静水压法抑制鱼类第一次卵裂的效果普遍优于温度休克法。大菱鲆有丝分裂型雌核发育诱导的最佳处理压力为 75MPa，与真鲷（70MPa）（Kato et al.，2001）和半滑舌鳎（70MPa）（Chen et al.，2012）相似，稍高于牙鲆（65MPa）（Tabata and Gorie，1988），稍低于欧鲈（81~91MPa）（Bertotto et al.，2005）。当前文献中关于静水压压力单位使用比较混乱，包含千克每平方米和厘米磅每平方英寸等，致使对不同物种甚至同一物种的最佳处理压力不能直观地进行比较，今后应规范使用国际压力通用单位 Pa 进行表示。进行单位转换后，可以发现尽管鱼类受精卵大小（1.0~7.0mm）和体积（0.5~180μL）相差悬殊，但抑制第一次卵裂的最佳处理压力波动范围较小（50~91MPa），平均约 70MPa，由于处理压力对诱导有丝分裂型雌核发育的影响较小，因此，在进行新鱼种的有丝分裂型雌核发育诱导时，可以使用 70MPa 处理压力摸索处理起始时间和处理持续时间，再对处理压力进一步优化。处理持续时间则主要受胚胎发育速度和纺锤体形成–卵裂沟出现这一“有效处理时间”长短限制，一般为 3~10min（Komen and Thorgaard，2007），大菱鲆最佳处理持续时间为 6min，与多数冷温性鱼类相似。

大菱鲆有丝分裂型雌核发育子代成活率显著低于减数分裂型雌核发育子代，而畸形率则显著高于后者，与迄今所有研究过的鱼类结论一致。究其原因，一是减数分裂型雌核发育子代在第一次减数分裂中期同源染色体非姐妹染色单体间发生遗传重组，有丝分裂型雌核发育子代基因高度纯合（理论上所有位点均为纯合子），导致阴性致死基因表达概率显著提升，使得子代存活率下降、畸形率升高；二是减数分裂型雌核发育抑制第一次卵裂的处理起始时间明显晚于抑制第二极体释放的处理起始时间，抑制第二极体释放的时间为第二次减数分裂中后期，即受精后较短时间，对分批成熟、产卵的鱼类，胚胎在该时间点发育较为同步，受卵子发育成熟度和排放时间的影响较小，与之相反，有丝分裂型雌核发育抑制卵裂的有效诱导时间处于受精卵第一次有丝分裂的中后期，对分批成熟、产卵的鱼类，胚胎发育在该时间范围内受卵子发育成熟度和排放时间的影响较大，致使胚胎发育速度出现较大差异，因此通过物理方法抑制第一次卵裂时，会由胚胎发育的异步性导致较高的死亡率和畸形率。对大菱鲆普通二倍体的胚胎发育观察表明，不同受精卵卵裂沟出现时间存在较大差异，同时在随后的细胞分裂期，可在同一时间点观察到不同细胞数的个体存在，证实了第二种推测原因。

大菱鲆有丝分裂型雌核发育诱导率始终较低，小规模诱导试验表型正常的仔鱼诱导率仅有 0.54%~2.07%，而规模化诱导试验得率则仅有 0.71%。这一试验结果与半滑舌鳎（0.03%~0.5%）（Chen et al.，2012）、牙鲆（2.7%~5.3%）（Tabata and Gorie，1988）、真鲷（4.48%）（Kato et al.，2001）和欧鲈（6%）（Bertotto et al.，2005）基本一致，但显著低于大西洋鲑（20%）（Johnstone and Stet，1995）、鲤（15.5%）（Komen et al.，1991）和斑马鱼（30%）（Hörstgen-Schwark，1993）等养殖历史较长的遗传选育品种，相比于多数淡水鱼类品种，海水鱼类养殖品种大多仍处于野生状态，尚未经过或者刚刚启动品种选育工作，这可能是造成海水鱼类品种有丝分裂型雌核发育诱导成功率低的主要原因。由于减数分裂型雌核发育诱导率要显著高于有丝分裂型，而理论上其 1 个世代近交系数即可达 0.55~0.79，相当于 5~6 代家系选育的效果（Thompson，1983），也暗示着如果使用减数分裂型雌核发育子代未受精卵进行有丝分裂型雌核发育诱导有可能极大地提高诱导率，下一步将采用前期获得的大菱鲆减数分裂型雌核发育群体进行验证。

大菱鲆有丝分裂型雌核发育二倍体在仔、稚鱼培育阶段成活率（1~40dah：2.46%。40~60dah：51.08%）显著低于同期普通二倍体，此后成活率则与普通二倍体相似，这一方面是由基因高度纯合和静水压机械损伤所致，另一方面可能与有丝分裂型雌核发育苗种早期培育阶段对营养需求较高有关。同其他鱼类一样（Kato et al.，2001；Komen and Thorgaard，2007；Tabata and Gorie，1988），大菱鲆有丝分裂型雌核发育二倍体生长速度也显著低于普通二倍体。

尽管大菱鲆有丝分裂型雌核发育二倍体孵化率、成活率和生长率都远低于普通二倍体，但所获得有丝分裂型雌核发育苗种具有重要的潜在应用价值。一是建立大菱鲆稳定的全雌苗种生产技术，通过鉴定该群体性别比例，将有助于明确大菱鲆性别遗传决定机制。由于温度对大菱鲆性别分化的影响较小，如果其性别比例不偏离 1F∶1M（WW 型能成活）或 0F∶1M（WW 型不能成活），则大菱鲆性别遗传决定机制为 ZZ-ZW 型，如果呈现高比例的雌性群体，则表明大菱鲆性别决定机制为 XX-XY 型，在此基础上筛选伪雄鱼（XX♂型）或者超雌鱼（WW♀型），将有助于建立稳定的大菱鲆全雌苗种生产技术。二是利用该群体构建大菱鲆克隆系，利用 7 个微卫星引物对所获群体的基因纯合度分析表明，几乎所有个体在检测的 7 个微卫星位点均为纯合子，如果该群体雌鱼能够正常发育并达性成熟，产生有功能的配子，则在应用大量微卫星引物验证其基因纯合度的基础上，通过一次减数分裂诱导双单倍体（DH）个体可首次建立大菱鲆克隆系（clone），克隆系不仅是鱼类育种的重要试验材料，还能为遗传作图、QTL 定位、基因组学和免疫学等基础研究提供理想的材料。

参考文献

陈本德. 1982. 甲基睾丸酮诱导鲫鱼雌核发育子代性转换的研究. 水产学报, 6(2): 147-152

陈松林. 2007. 鱼类精子和胚胎冷冻保存理论与技术. 北京：中国农业出版社

邓岳松，罗琛，刘筠. 1998. 草鱼人工雌核发育的细胞学观察. 激光生物学报, 7(3): 207-211

丁福红，雷霁霖，刘新富，等. 2009. 鱼类配子质量研究进展与展望. 海洋科学, 33(12): 129-132

戈文龙，张全启，齐洁，等. 2005. 异源精子诱导牙鲆雌核发育二倍体. 中国海洋大学学报, 35(6): 1011-1016

洪一江，胡成钰，张丰旺，等. 1993. 冷休克对兴国红鲤胚胎发育的影响. 南昌大学学报(理科版), 17(2): 99-104

胡则辉，徐君卓. 2007. 人工诱导海水鱼类雌核发育的研究进展. 海洋渔业, 29(1): 78-83

贾玉东，雷霁霖. 2012. 硬骨鱼类卵子质量研究进展. 中国水产科学, 19(3): 545-555

雷霁霖. 2005. 海水鱼类养殖理论与技术. 北京：中国农业出版社

刘海金，侯吉伦，常玉梅，等. 2010. 真鲷精子诱导牙鲆减数分裂雌核发育. 水产学报, 34(4): 508-514

刘海金，王常安，朱晓琛，等. 2008. 牙鲆单倍体、三倍体、雌核发育二倍体和普通二倍体胚胎发育的比较. 大连水产学院学报, 23(3): 161-167

刘静, 田明诚. 1991. 真鲷和黑鲷染色体组型研究. 海洋科学, (3): 64-67
刘新富, 柳学周, 连建华, 等. 2008. 塞内加尔鳎规模化人工繁育技术研究. 海洋水产研究, 29(2): 10-16
刘忠强, 武振彬. 1992. 真鲷染色体组型的初步研究. 海洋水产研究, (13): 36-38
柳学周, 宁鑫, 徐永江, 等. 2011. 真鲷精子诱导漠斑牙鲆减数雌核发育. 中国水产科学, 18(6): 1259-1268
楼允东. 2001. 鱼类育种学. 北京: 中国农业出版社
马梁, 王军, 陈武各, 等. 2002. 鮸状黄姑鱼与大黄鱼人工杂交子代的胚胎发育. 厦门大学学报(自然科学版), 41(3): 378-381
苏鹏志, 陈松林, 杨景峰, 等. 2008. 异源冷冻精子诱导大菱鲆的雌核发育. 中国水产科学, 15(5): 715-721
孙威, 尤锋, 张培军, 等. 2005. 大菱鲆的受精生物学研究. 海洋科学, 29(12): 75-80
田永胜, 陈松林, 邵长伟, 等. 2008. 鲈鱼冷冻精子诱导半滑舌鳎胚胎发育. 海洋水产研究, 29(2): 1-9
王德祥, 苏永全, 王世锋, 等. 2006. 异源精子诱导大黄鱼雌核发育的研究. 高技术通讯, 16(11): 1206-1210
王晓清, 王志勇, 柳小春, 等. 2006. 大黄鱼人工诱导雌核发育后代的微卫星标记分析. 遗传, 28(7): 831-837
吴敏. 1988. 动物多倍体的遗传和进化. 动物学杂志, 23(5): 48-51
吴仲庆. 1985. 单套染色体组在泽蛙雌核单倍体发育中的作用. 动物学报, 31(1): 28-32
徐加涛, 尤锋, 许建和, 等. 2011. 黑鲷精子诱导漠斑牙鲆雌核发育研究. 水产科学, 30(12): 744-748
许建和, 尤锋, 吴雄飞, 等. 2006. 大黄鱼雌核发育二倍体的人工诱导. 海洋科学, 30(2): 37-42
许建和. 2005. 牙鲆和大黄鱼染色体组操作技术研究. 青岛: 中国科学院海洋研究所博士学位论文
杨景峰. 2009. 四种鲆鲽鱼类雌核发育及性别控制技术研究. 青岛: 中国海洋大学博士学位论文
张建社. 1984. 鲢鱼卵子成熟和受精细胞学的研究Ⅱ.卵子受精细胞学. 湖南师院学报(自然科学版), (3): 73-80
赵振山, 吴清江, 高贵琴, 等. 1999. 大鳞副泥鳅雄核发育单倍体胚胎发育的研究. 动物学研究, 20(3): 230-234
朱作言. 1982. 胡子鲶的胚胎发育. 水生生物学集刊, 7(4): 445-454
庄岩. 2007. 牙鲆四倍体及有丝分裂雌核发育二倍体的培育. 青岛: 中国海洋大学博士学位论文
Alavi SMH, Cosson J. 2005. Sperm motility in fishes. I. Effects of temperature and pH: a review. Cell Biol Int, 29(2): 101-110
Alavi SMH, Cosson J. 2006. Sperm motility in fishes. II. Effects of ions and osmolality: a review. Cell Biol Int, 30(1): 1-14
Arai K. 2001. Genetic improvement of aquaculture finfish species by chromosome manipulation techniques in Japan. Aquaculture, 197(1): 205-228
Avtalion RR, Don J. 1990. Sex-determining genes in tilapia: a model of genetic recombination emerging from sex ratio results of three generations of diploid gynogenetic *Oreochromis aureus*. J Fish Biol, 37(1): 167-173
Baynes SM, Verner-Jeffreys D, Howell BR. 2006. Research on finfish cultivation. Science Series Technical Report. Lowestoft, UK, 64
Bertotto D, Cepollaro F, Libertini A, et al. 2005. Production of clonal founders in the European sea

bass, *Dicentrarchus labrax* L., by mitotic gynogenesis. Aquaculture, 246(1): 115-124

Bobe J, Labbé C. 2010. Egg and sperm quality in fish. Gen Comp Endocr, 165(3): 535-548

Bouza C, Sanchez L, Martínez P. 1994. Karyotypic characterization of turbot (*Scophthalmus maximus*) with conventional, fluorochrome and restriction endonuclease-banding techniques. Mar Biol, 120(4): 609-613

Bromage N, Bruce M, Basavaraja N, et al. 1994. Egg quality determinants in finfish the role of overripening with special reference to the timing of stripping in the atlantic halibut *Hippoglossus hippoglossus*. Journal of the World Aquaculture Society, 25(1): 13-21

Brooks S, Tyler CR, Sumpter JP. 1997. Egg quality in fish: what makes a good egg? Rev Fish Biol Fisher, 7(4): 387-416

Chen S, Ji X, Shao C, et al. 2012. Induction of mitogynogenetic diploids and identification of WW super-female using sex-specific SSR markers in half-smooth tongue sole (*Cynoglossus semilaevis*) . Mar Biotechnol, 14(1): 120-128

Chen S, Tian Y, Shao C, et al. 2009. Artificial gynogenesis and sex determination in half-smooth tongue sole (*Cynoglossus semilaevis*). Mar Biotechnol, 11(2): 243-251

Chourrout D, Quillet E. 1982. Induced gynogenesis in the rainbow trout: sex and survival of progenies production of all-triploid populations. Theor Appl Genet, 63(3): 201-205

Colburn HR, Nardi GC, Borski RJ, et al. 2009. Induced meiotic gynogenesis and sex differentiation in summer flounder (*Paralichthys dentatus*). Aquaculture, 289(1): 175-180

Colombo L, Barbaro A, Libertini A, et al. 1995. Artificial fertilization and induction of triploidy and meiogynogenesis in the European sea bass, *Dicentrarchus labrax* L. J Appl Ichthyol, 12: 118-125

Cosson J, Groison AL, Suquet M, et al. 2008. Studying sperm motility in marine fish: an overview on the state of the art. J Appl Ichthyol, 24(4): 460-486

Devlin RH, Nagahama Y. 2002. Sex determination and sex differentiation in fish: an overview of genetic, physiological and environmental influences. Aquaculture, 208: 191-364

Diter A, Quillet E, Chourrout D. 1993. Suppression of first egg mitosis induced by heat shocks in the rainbow trout. J Fish Biol, 42(5): 777-786

Felip A, Piferrer F, Carrillo M, et al. 1999. The relationship between the effects of UV light and thermal shock on gametes and the viability of early developmental stages in a marine teleost fish, the sea bass (*Dicentrarchus labrax* L.). Heredity, 83(4): 387-397

Felip A, Pifferrer F, Carrillo M, et al. 2002. Growth, gonadal development and sex ratios of meiogynogenetic diploid sea bass. J Fish Biol, 61(2): 347-359

Felip A, Zanuy S, Carrillo M, et al. 2001. Induction of triploidy and gynogenesis in teleost fish with emphasis on marine species. Genetic, 111(1): 175-195

Flajšhans M, Linhart O, Kvasnička P. 1993. Genetic studies of tench (*Tinca tinca* L.): induced triploidy and tetraploidy and first performance data. Aquaculture, 113(4): 301-312

Francescon A, Libertini A, Bertotto D, et al. 2004. Shock timing in mitogynogenesis and tetraploidization of the European sea bass *Dicentrarchus labrax*. Aquaculture, 236(1): 201-209

Fujioka Y. 1998. Survival, growth and sex ratios of gynogenetic diploid honmoroko. J Fish Biol, 52(2): 430-442

Gomelsky B, Cherfas NB, Gissis A, et al. 1998. Induced diploid gynogenesis in white bass. The Progressive Fish-Culturist, 60(4): 288-292

Gomelsky B, Mims SD, Onders RJ, et al. 2000. Induced gynogenesis in black crappie. N Am J Aquacult, 62(1): 33-41

Gorshkov S, Gorshkova G, Hadani A, et al. 1998. Chromosome set manipulations and hybridization experiments in gilthead seabream (*Sparus aurata*). Ⅰ. Induced gynogenesis and intergeneric hybridization using males of the red seabream (*Pagrus major*). The Israeli Journal of Aquaculture-Bamidgeh, 50(3): 99-110

Goudie CA, Simco BA, Davis KB, et al. 1995. Production of gynogenetic and polyploid catfish by pressure-induced chromosome set manipulation. Aquaculture, 133(3-4): 185-198

Holmefjord I, Refstie T. 1997. Induction of triploidy in atlantic halibut by temperature shocks. Aquacult Int, 5(2): 168-173

Hörstgen-Schwark G. 1993. Production of homozygous diploid zebra fish (*Brachydanio rerio*). Aquaculture, 112(1): 25-37

Howell BR, Baynes SM, Thompson D. 1995. Progress towards the identification of the sex-determining mechanism of the sole, *Solea solea* (L.), by the induction of diploid gynogenesis. Aquaculture Reserach, 26: 135-140

Ihssen PE, McKay LR, McMillan I, et al. 1990. Ploidy manipulation and gynogenesis in fishes: cytogenetic and fisheries applications. Am Fish Soc, 119(4): 698-717

Johnstone R, Stet RJM. 1995. The production of gynogenetic atlantic salmon, *Salmo salar* L. Theor Appl Genet, 90(6): 819-826

Kakimoto Y, Aida S, Arai K, et al. 1994a. Induction of gynogenetic diploids in ocellated puffer *Takifugu rubripes* by cold and heat treatments (in Japanese). J Facul Appl Biol Sci, 33(2): 103-112

Kakimoto Y, Aida S, Arai K, et al. 1994b. Production of gynogenetic diploids by temperature and pressure treatments and sex reversal by immersion in methyltestosterone in marbled sole *Limanda yokohamae*. J Facul Appl Biol Sci, 33(2): 113-124

Kato K, Hayashi R, Yuasa D, et al. 2002. Production of cloned red sea bream, *Pagrus major*, by chromosome manipulation. Aquaculture, 207(1): 19-27

Kato K, Murata O, Yamamoto S, et al. 2001. Viability, growth and external morphology of meiotic- and mitotic-gynogenetic diploids in red sea bream, *Pagrus major*. J Appl Ichthyol, 17(3): 97-103

Kawamura K. 1998. Sex determination system of the rosy bitterling, *Rhodeus ocellatus ocellatus*. Developments in Environmental Biology of Fishes, 18: 251-260

Khan IA, Bhise MP, Lakra WS. 2000. Chromosome manipulation in fish- a review. Indian Journal of Animal Sciences, 70(2): 213-221

Kjørsvik E, Hoehne-Reitana K, Reitan KI. 2003. Egg and larval quality criteria as predictive measures for juvenile production in turbot (*Scophthalmus maximus* L.). Aquaculture, 227(1): 9-20

Kobayashi T, Ide A, Hiasa T, et al. 1994. Production of cloned amago salmon *Oncorhynchus rhodurus*. Fisheries Sci, 60(3): 275-281

Komen H, Thorgaard GH. 2007. Androgenesis, gynogenesis and the production of clones in fishes: a review. Aquaculture, 269(1): 150-173

Komen J, Bongers ABJ, Richter CJJ, et al. 1991. Gynogenesis in common carp (*Cyprinus carpio* L.): II. The production of homozygous gynogenetic clones and F1 hybrids. Aquaculture, 92: 127-142

Luckenbach JA, Godwin J, Daniels HV, et al. 2004. Induction of diploid gynogenesis in southern flounder (*Paralichthys lethostigma*) with homologous and heterologous sperm. Aquaculture, 237(1): 499-516

Mair GC, Scott AG, Penman DJ, et al. 1991. Sex determination in the genus oreochromis 1. Sex reversal, gynogenesis and triploidy in *O. niloticus* (L.). Theor Appl Genet, 82(2): 144-152

Mims SD, Shelton WL, Linhart O, et al. 1997. Induced meiotic gynogenesis of paddlefish *Polyodon spathula*. J World Aqucult Soc, 28(4): 334-343.

Mirza JA, Shelton WL. 1988. Induction of gynogenesis and sex reversal in silver carp. Aquaculture, 68(1): 1-14

Morgan AJ, Murashige R, Woolridge CA, et al. 2006. Effective UV dose and pressure shock for induction of meiotic gynogenesis in southern flounder (*Paralichthys lethostigma*) using black sea bass (*Centropristis striata*) sperm. Aquaculture, 259: 290-299

Müller-Belecke A, Hörstgen-Schwark G. 1995. Sex determination in tilapia (*Oreochromis niloticus*) sex ratios in homozygous gynogenetic progeny and their offspring. Aquaculture, 137(1): 57-65

Nagy A, Rajki K, Horvárth L, et al. 1978. Investigation on carp, *Cyprinus carpio* L. gynogenesis. J Fish Biol, 13(2): 215-224

Pandian TJ, Varadaraj K. 1990. Development of monosex female *Oreochromis mossambicus* broodstock by integrating gynogenetic technique with endocrine sex reversal. Journal of Experimental Zoology, 255(1): 88-96

Penman DJ, Piferrer F. 2008. Fish gonadogenesis. Part I: genetic and environmental mechanisms of sex determination. Rev Fish Sci, 16 (Supplement 1): 16-34

Peruzzi S, Chatain B. 2000. Pressure and cold shock induction of meiotic gynogenesis and triploidy in the European sea bass, *Dicentrarchus labrax* L.: relative efficiency of methods and parental variability. Aquaculture, 189(1): 23-27

Piferrer F, Benfey TJ, Donaldson EM. 1994. Gonadal morphology of normal and sex-reversed triploid and gynogenetic diploid coho salmon (*Oncorhynchus kisutch*). J Fish Biol, 45(4): 541-553

Piferrer F, Cal RM, Gómez C, et al. 2003. Induction of triploidy in the turbot (*Scophthalmus maximus*) Ⅱ. Effects of cold shock timing and induction of triploidy in a large volume of eggs. Aquaculture, 220(1): 821-831

Piferrer F, Cal RM, Gómez C, et al. 2004. Induction of gynogenesis in the turbot (*Scophthalmus maximus*): effects of UV irradiation on sperm motility, the hertwig effect and viability during the first 6 months of age. Aquaculture, 238(2): 403-419

Piferrer F, Ribas L, Díaz N. 2012. Genomic approaches to study genetic and environmental influences on fish sex determination and differentiation. Mar Biotechnol, 14(5): 591-604

Planas M, Cunha I. 1999. Larviculture of marine fish: problems and perspectives. Aquaculture, 177(1): 171-190

Quillet E, Gaignon JL. 1990. Thermal induction of gynogenesis and triploidy in Atlantic salmon (*Salmo salar*) and their potential interest for aquaculture. Aquaculture, 89: 351-364

Refstie T, Stoss J, Donaldson EM. 1982. Production of all female coho salmon (*Oncorhynchus kisutch*) by diploid gynogenesis using irradiated sperm and cold shock. Aquaculture, 29(1): 67-82

Rougeot C, Ngingo JV, Gillet L, et al. 2005. Gynogenesis induction and sex determination in the Eurasian perch, *Perca fluviatilis*. Aquaculture, 243(1-4): 411-415

Rurangwa E, Kimeb DE, Olleviera F, et al. 2004. The measurement of sperm motility and factors affecting sperm quality in cultured fish. Aquaculture, 234(1): 1-28

Shelton WL, Mims SD, Clark JA, et al. 1997. A temperature-dependent index of mitotic interval (τ0) for chromosome manipulation in paddlefish and shovelnose sturgeon. The Progreessive Fish-Culturist, 59(3): 229-234

Shelton WL, Rothbard S. 1993. Determination of the developmental duration tau-o for ploidy manipulation in carps. Isr J Aquacult-Bamid, 45(2): 73-81

Streisinger G, Walker C, Dower N, et al. 1981. Production of clones of homozygous diploid zebra fish (*Brachydanio rerio*). Nature, 291(5813): 293-296

Sugama K, Taniguchi N, Seki S, et al. 1990. Gynogenetic diploid production in the red sea bream using UV-irradiated sperm of black sea bream and heat shock. Nippon Suisan Gakk, 56(9): 1427-1433

Suquent M, Billard R, Cosson J, et al. 1994. Sperm features in turbot (*Scophthalmus maximus*): a comparison with other freshwater and marine fish species. Aquat Living Resour, 7(4): 283-294

Suquet M, Dreanno C, Fauvel C, et al. 2000. Cryopreservation of sperm in marine fish. Aquac Res, 31(3): 231-243

Tabata K. 1991. Induction of gynogenetic diploid males and presumption of sex determination mechanisms in the hirame *Paralichthys olivaceus*. Nippon Suisan Gakk, 57(5): 845-850

Tabata K, Gorie S, Nakamura K. 1986. Induction of gynogenetic diploid in hirame *Paralichthys olivaceus*. Bulletin of the Japanese Society of Scientific Fisheries, 52(11): 1901-1904

Tabata K, Gorie S. 1988. Induction of gynogenetic diploids in paralichthys olivaceus by suppression of the 1st cleavage with special reference to their survival and growth. Nippon Suisan Gakk, 54(11): 1867-1872

Takigawa Y, Mori H, Seki S, et al. 1994. Studies on the conditions for induction of mitotic-gynogenetic diploids in red sea bream, *Pagrus major* by hydrostatic pressure. Suisan Zoshoku, 42(3): 477-483

Thompson D. 1983. The efficiency of induced diploid gynogenesis in inbreeding. Aquaculture, 33: 237-244

Tvedt HB, Benfey TJ, Martin-Robichaud DJ, et al. 2006. Gynogenesis and sex determination in atlantic halibut (*Hippoglossus hippoglossus*). Aquaculture, 252(1): 573-583

Váradi L, Benkó I, Varga J, et al. 1999. Induction of diploid gynogenesis using interspecific sperm and production of tetraploids in African catfish, *Clarias gariepinus* Burchell (1822). Aquaculture, 173(1): 401-411

Wang J, Liu H, Min W, et al. 2005. Induced meiotic gynogenesis in tench, *Tinca tinca* (L.) using irradiated heterogenic sperm. Aquacult Int, 14(1): 35-42

Wu QJ, Ye YZ, Rongde C. 1986. Genome manipulation in carp (*Cyprinus carpio* L.). Aquaculture, 54(1): 57-61

Xu JH, You F, Sun W, et al. 2008. Induction of diploidy gynogenesis in turbot *Scophthalmus maximus* with left-eyed flounder *Paralichthys olivacues* sperm. Aquacult Int, 16(2): 623-634

Yamakawa T, Matsuda H, Tsujigado A, et al. 1987. Optimum dose of UV irradiation for induction of gynogenesis in flounder *Paralichthys olivaceus* using red sea bream sperm. Bull Fish Res Ins, (2): 51-53

Yamamoto E. 1999. Studies on sex-manipulation and production of cloned populations in hirame, *Paralichthys olicaceus* (Temminck et Schlegel). Aquaculture, 173(1): 235-246

Zhang X, Onozato H. 2004. Hydrostatic pressure treatment during the first mitosis does not suppress the first cleavage but the second one. Aquaculture, 240(1): 101-113

Zhu XP, You F, Zhang PJ, et al. 2007. Effects of hydrostatic pressure on microtubule organization and cell cycle in gynogenetically activated eggs of olive flounder (*Paralichthys olivaceus*). Therio Genol, 68(6): 873-881

Zohar Y. 1989. Endocrinology and fish farming: aspects in reproduction, growth, and smoltification. Fish Physiol Biochem, 7(1): 395-405

第六章 大菱鲆多倍体的诱导

第一节 鱼类多倍体诱导的原理及进展

多倍体（polyploid）是由德国学者 Winkler 在 1916 年提出的术语，是指体细胞中含有三个或三个以上染色体组的个体。多倍体育种（polyploid breeding）是指通过人工方法将物种染色体组加倍改造其遗传基础，从而培育出符合人们需求的优良品种，属于细胞工程育种的染色体组操作技术领域。多倍体被普遍认为蕴藏着丰富的遗传变异潜能，尤其是异源多倍体被认为是新种形成的重要途径，此外与选择育种、性别控制等技术结合可以定向培育新品种，成为鱼类育种领域的研究热点。

在鱼类，存在一些天然多倍体现象，是研究鱼类进化的良好材料。对鱼类多倍体的人工诱导研究，主要目的是获得三倍体，三倍体鱼类多数呈现性腺发育阻滞的特点，在养殖生产中可以实现控制鱼类过度繁殖、促进生长、提高抗逆性及提高肉质品质的目的。关于鱼类多倍体人工诱导的研究，最早的报道是在 1943 年 Makino 和 Ojima 以鲤为材料，将受精卵于受精后 5~10min 置于 0.5~3℃低温下处理 10~30min，通过细胞学观察，证实冷休克处理抑制了第二极体的释放，从而阻止了第二次减数分裂的完成，促使卵核染色体组加倍，奠定了人工诱导鱼类多倍体的理论基础。Swarup（1956）于 1956 年首次报道了低温诱导三棘刺鱼（*Gasterosteus aculeatus*）成功获得三倍体苗种，并饲养至成鱼。海水鱼类中，Purdom（1972）首次报道了冷休克诱导鲽（*Pleuronectes platessa*）与川鲽（*Platichthys flesus*）杂种三倍体获得成功。此后，诱导鱼类多倍体的研究越来越引起研究者的兴趣，相关报道也日益增多（Felip et al.，2001a，2001b；Khan et al.，2000；Piferrer et al.，2009）。我国鱼类多倍体育种研究比国外起步稍晚，始于 20 世纪 70 年代中期，主要集中于淡水鱼类品种，海水鱼类多倍体的人工诱导起步更晚，研究品种也相对更少。

一、鱼类多倍体诱导的原理和方法

人工诱导鱼类多倍体是通过生物、物理或者化学方法人工调控受精或染色体分裂条件使目标物种的染色体倍性发生变化，改变目标物种的性状，从而达到品种改良的目的（Felip et al.，2001a，2001b；Piferrer et al.，2009）。在养殖生产上，诱导三倍体（triploidy）的主要目的是利用三倍体的不育性产生的生长优势或者是抗性优势。四倍体（tetraploidy）的诱导和培育成功，理论上可以实现四倍体和二倍体杂交获得三倍体的产业化目标。

生物学方法主要是通过远缘杂交（种间杂交）获得异源多倍体。淡水鱼类通过远缘杂交获得异源三倍体、异源四倍体的研究报道很多，如红鲫（♀）×鲤（♂）的杂交 F1、F2 代均为二倍体，但 F2 代自交产生的 F3 代为四倍体鱼，F3 代两性可育的四倍体鱼自交获得 F4 代四倍体鲫鲤(刘筠等,2003;刘少军等,1999,2001)；草鱼（♀）×三角鲂（♂）获得草鲂杂交三倍体（刘思阳，1987a，1987b；刘思阳和李素文，1987）；在红鲫（♀）×团头鲂（♂）（孙远东等，2006）、兴国红鲤（♀）×草鱼（♂）（刘国安等，1987）等淡水鱼类杂交子代中均获得了不同比例的杂交三倍体、两性可育的杂交四倍体和天然雌核发育二倍体，并从细胞和分子水平上阐明了异源多倍体的形成机制（刘少军，2010）。海水鱼类相关研究相对较少，仅在大西洋鲑（♀）×褐鳟（♂）（Castillo et al.，2007）和大黄鱼（♀）与鮸状黄姑鱼（♂）（简林江等，2013）杂交子代中报道了异源三倍体的发生。海水鱼类多倍体诱导主要通过物理或化学方法抑制第二极体释放（三倍体）或者第一次卵裂（四倍体）实现（Felip et al.，2001b；Piferrer et al.，2009）。

同人工诱导鱼类雌核发育染色体组加倍方法一样，人工诱导多倍体染色体组加倍的物理方法应用得远较化学方法普遍，物理方法主要包括静水压法和温度休克法（高温/低温）两种（王清印，2007；尤锋，1997），两种方法各有其适用范围及优缺点。温度休克法的操作原理就是通过温度的剧烈变化引起卵子内酶的构型变化，破坏酶促反应，导致细胞分列时形成纺锤丝所需的 ATP 的供应途径受阻，使得已经完成染色体复制的细胞不能继续分裂，染色体组加倍，形成多倍体；静水压法的原理是利用高压阻断纺锤丝的形成，从而暂时性地阻止减数分裂或有丝分裂的进程，终止染色体移动，达到染色体加倍的目的。对于卵径较小、产浮性卵的海水鱼类（如大菱鲆、狼鲈、真鲷等），采用静水压法或者温度休克法均能取得较好的效果；对于卵径较大的海水鱼类，采用温度休克处理往往不能破坏其纺锤体结构，从而影响诱导效果，此时采用静水压处理相对能获得较好的诱导率；对于黏性卵，在采用静水压处理前，应首先进行脱黏处理，从而防止诱导处理时可能出现的问题。

众所周知，采用静水压诱导鱼类多倍体的最适压力与卵体积密切相关，但相关文献中关于静水压压强的单位有多种形式（帕、大气压、千克力/平方厘米、托等），限制了对鱼类不同物种或者同一物种不同品系之间诱导条件进行比较和借鉴，如果均转换为国际通用单位 MPa 表示，尽管鱼卵体积差别巨大（0.5~180μL），但抑制第二极体释放的最适压力条件波动范围为 58~85MPa，多数接近 62MPa（Piferrer et al.，2009）。由于三倍体诱导中压力条件对试验结果的影响相对弱于处理起始时间，因此，对新鱼种进行三倍体诱导试验时，可以尝试采用 62MPa 压力条件摸索处理起始时间和处理持续时间。温度休克法中，休克水温（高温或低温）受试验鱼种繁殖水温的影响，最适温度变化相对较大。表 6-1 归纳了静水压法和温度休克法诱导鱼类三倍体的常见试验条件。

表 6-1　静水压法和温度休克法诱导鱼类三倍体试验条件

诱导方法	处理起始时间	处理水平	处理持续时间
静水压		62MPa（58~85MPa）	2~6min
冷休克	温水性鱼类：2~7min AF 冷水性鱼类：15~20min AF	−1.8~4℃	2~20min（多数） 35min~3h（冷水性）
热休克		温水性：34~41℃ 冷水性：24~32℃	45s~3.5min（温水性） 10~25min（冷水性）

鱼类多倍体诱导中，处理起始时间对多倍体诱导率的影响最为显著。水温是影响鱼类胚胎发育速度的主要因素，因此处理起始时间与受精水温和孵化水温密切相关（尤其是发育速度较快的温水性鱼类品种）。以有丝分裂间隔时间（τ0）（Dettlaff and Dettlaff，1961）作为时间单位确定鱼类染色体组操作的处理起始时间，可以最大程度地避免孵化温度对胚胎发育的影响，在淡水鱼类染色体组操作中获得广泛应用（Cherfas et al.，1993，1995；Gomelsky，2003；Zou et al.，2004；张涛等，2008）。尽管对海水鱼类胚胎发育时序进行了大量研究，但是较少关注其卵裂间隔时间 τ0 与孵化水温线性关系的建立，限制了 τ0 在海水鱼类中的应用，因此，海水鱼类染色体操作应着重关注 τ0 与孵化水温关系的建立，以便于操作者根据不同的孵化水温条件较为精确地计算处理起始时间（Francescon et al.，2004）。

海水鱼类已有十几种养殖品种开展了三倍体诱导研究并且获得了批量的三倍体苗种（Arai，2001；Felip et al.，2001b；Tiwary et al.，2004），而且通过对物理诱导方法（静水压或温度休克法）3 个因素（处理起始时间、处理水平和处理持续时间）进行试验摸索，将较为方便地获得试验鱼种的三倍体苗种，但在生产实践中，利用四倍体产生的二倍体卵子或二倍体精子与正常精子和卵子受精，规模化生产三倍体将是更为经济合理的方法。相比于三倍体诱导，除舌齿鲈（Bertotto et al.，2005；Francescon et al.，2004；Peruzzi and Chatain，2003）和牙鲆（衣启麟等，2012）等少数品种外，海水鱼类四倍体鲜有成功的报道，淡水鱼类在鲤科（Gomelsky，2003）、鲑科（Chourrout，1984；Chourrout et al.，1986；Myers and Hershberger，1991；Refstie，1981；Thorgaard et al.，1981）、鮰科（Bidwell et al.，1985；Goudie et al.，1995）、慈鲷科（Gamal et al.，1999；Herbst，2002；Hussain et al.，1993；Myers，1986）等的多种养殖品种均开展了四倍体诱导条件研究，但由于四倍体胚胎孵化率极低，而且随着个体发育出现苗种死亡的现象（Francescon et al.，2004），不同组织和器官存在嵌合体现象（Fujimoto et al.，2013；Zhang and Onozato，2004a）和成熟雌、雄四倍体配子发育异常（Blanc et al.，1993；Chourrout et al.，1986；Chourrout and Nakayama，1987），物理方法诱导产生的可存活、可育的同源四倍体仅有虹鳟（*Oncorhynchus mykiss*）、团头鲂（*Megalobrama amblycephala*）和大鳞泥鳅（*Misgurnus mizolepis*）等少数品种。

二、鱼类多倍体倍性鉴定的方法及应用

鱼类多倍体苗种在表型上往往与普通二倍体没有显著差异，无法直观地观察多倍体诱导效果，因此必须通过直接或间接的生化分析方法进行苗种倍性鉴定，以评估诱导效果，这也是多倍体诱导中最重要的工作。

鱼类多倍体倍性鉴定的直接方法有染色体核型分析、DNA 含量测定、核仁组织区（NOR）计数和 SSR 分析等，其中染色体核型分析是最直观和精确的倍性鉴定方法，应用于多种海水鱼类染色体育种研究（Colombo et al.，1995；Felip et al.，1997；Gomelsky et al.，1998a，1998b），以杀死试验动物取组织（肾脏、胚胎或鳃）或通过体细胞无菌培养分析染色体数目和核型，但该方法相对费时、费力，不适于大样本量的统计分析。NOR-Ag 染法是 NOR 在间期转录时产生的一种酸性蛋白保留至中期并将染液中银离子还原为金属银而呈黑色的倍性分析方法，该方法可以初孵仔鱼为样本，无需药物诱导处理，将细胞分离后进行制片、染色、镜检观察，操作简单易行，适用于大样本量的诱导条件摸索试验结果分析，但由于鱼类 NOR 往往具有多态性且无法区分非整倍体和嵌合体，降低了其检测结果的准确性和应用范围（Piferrer et al.，2000）。采用流式细胞仪测定 DNA 相对含量是一种损伤最小、结果最精确、操作最简便的检测方法（Lecommandeur et al.，1994；Teplitz et al.，2011），唯一的缺点是需要价格昂贵的专用设备。SSR 分析是新近发展起来的一种倍性鉴定方法，精确度和准确度极高，尤其在异源多倍体鉴定中具有重要作用（Ye et al. 2009）。

倍性鉴定的间接方法有血红细胞（核）体积测量法、同工酶分析和生化分析等（Benfey，1999；Tiwary et al.，2004），其中血红细胞（核）体积测量法是鱼类倍性鉴定常用的间接方法（Beck and Biggers，1983；Benfey et al.，1984；Small and Benfey，1987；Wolters et al.，1982）。由于多倍体较正常二倍体多一至数套染色体组，其细胞和细胞核体积理论上与其染色体含量成正比，为正常二倍体的相应倍数，因此通过测量血红细胞（核）体积可以相对快速地鉴定倍性，适用于生产现场，其缺点是准确性相对较低，且不能检测出嵌合体。总之，鱼类多倍体倍性鉴定的直接和间接方法各有其优缺点，需要研究者随个体发育的不同时期和试验目的选择合适的检测方法。

三、海水鱼类多倍体育种研究进展及其应用前景

海水鱼类多倍体研究始于 1972 年 Purdom 人工诱导获得鲽（*Pleuronectes*

platessa）异源三倍体（Purdom，1972），随后在真鲷（*Pagrus major*）（Arakawa et al.，1987；Kitamura et al.，1991）、黑鲷（*Acanthopagrus schlegeli*）（Arakawa et al.，1987）、金头鲷（*Sparus aurata*）（Garrido-Ramos et al.，1996；Gorshkov et al.，1998）、条石鲷（*Oplegnathus fasciatus*）（Murata et al.，1994）、舌齿鲈（*Dicentrarchus labrax*）（Colombo et al.，1995；Felip et al.，1997，2001a；Peruzzi and Chatain，2000）、大西洋庸鲽（*Hippoglossus hippoglossus*）（Holmefjord and Refstie，1997）、大菱鲆（*Scophthalmus maximus*）（Cal et al.，2006；Piferrer et al.，2000，2003）、牙鲆（*Paralichthys olivaceus*）（You et al.，2001；王磊等，2011）、半滑舌鳎（*Cynoglossus semilaevis*）（李文龙，2012；张晓彦，2009）、条斑星鲽（*Verasper moseri*）（Mori et al.，2006）和大黄鱼（蔡明夷等，2010；林琪和吴建绍，2004；林琪等，2001；王军等，2001；吴建绍，2010；许建和等，2006）等多种重要海水养殖品种开展了三倍体人工诱导研究，前期研究主要集中于对三倍体诱导条件的探索，对诱导获得的三倍体苗种生产性能的研究相对滞后。在淡水鱼类中，Chourrout（1986）等用热休克法诱导的虹鳟四倍体亲鱼与正常二倍体交配获得 100%的三倍体子代，这些三倍体表现出明显的生长优势，并迅速进入商业化养殖；三倍体香鱼的生长速度和抗寒能力都强于普通二倍体，已经实现了商品化养殖。此外，大量研究也表明，三倍体生长速度因种而异，不同种类三倍体生长可能快于、近似于或慢于同种的二倍体（Felip et al.，2001a）；同一种类不同发育阶段三倍体的生长表现也不尽相同（Ihssen et al.，1990）；养殖条件、倍性诱导方法都会对三倍体的生长性能造成影响（Ihssen et al.，1990；Malison et al.，1993）。海水鱼类中，日本已开展了诱导牙鲆三倍体的研究与开发，三倍体牙鲆性腺发育阻滞，生长较二倍体快约 1.4 倍，受到养殖业者的欢迎，具有很大的商业价值和开发潜力；西班牙开展了舌齿鲈三倍体的诱导和养殖试验（Felip et al.，2001a），证实在苗种期三倍体生长速度与普通二倍体相比没有明显差异，但成熟期生长速度则明显快于普通二倍体，也表现出了一定的开发养殖潜力。

鱼类多倍体育种的目的就是期望稳定生产三倍体苗种，利用三倍体的生长优势或其不育性，达到提高群体生长速度、鱼体营养价值和控制过度繁殖的目的，从而提高养殖效益。因此生产实践中应用海水鱼类三倍体，在建立稳定的诱导技术基础上，需要深入开展其生理学、行为学和繁殖生物学的研究。通过对三倍体生长速度、饵料利用率、血液生化指标、行为学和生长内分泌的研究，对其养殖性能进行评估。对三倍体生长性能的评估尚需考虑诱导方法的物理损伤及遗传背景的影响，同时分析生长相关因子（生长激素、IGF）基因表达的差异，揭示其调控机制（Tiwary et al.，2004）。此外，还需对海水鱼类三倍体性腺和配子发育进行研究，以评估染色体组倍性加倍对性腺组织形态和配子发生的影响，并深入探讨其影响机制。

第二节 大菱鲆三倍体的诱导

多倍体育种作为细胞工程育种的重要组成部分，具有周期短、见效快和安全性高的特点，将会是大菱鲆良种培育的有效途径之一。对大菱鲆三倍体的人工诱导条件及其子代生长性能均已开展了相关研究。Piferrer 等（2000，2003）采用冷休克的方法首次建立了诱导处理条件并成功获得规模化的三倍体苗种。Cal 等（2010，2006）对三倍体苗种成活、生长和性腺发育进行了研究，大菱鲆三倍体除在孵化阶段成活率低于普通二倍体外，至 48 月龄成活率均较高，与普通二倍体差异不显著；生长速度在 12 月龄前与普通二倍体差异不显著，此后生长速度逐渐加快，显著高于普通二倍体；三倍体卵巢发育明显退化，精巢发育形态正常，但也不能产生有功能的配子，大菱鲆三倍体苗种显示出较强的产业化推广应用前景。本节内容结合大菱鲆三倍体诱导中的初步研究，总结了国内外大菱鲆三倍体诱导及苗种生长特性等方面的研究进展。

一、大菱鲆三倍体的诱导条件

大菱鲆三倍体的人工诱导方法主要采用冷休克处理，尚未见采用静水压诱导大菱鲆三倍体的相关报道。

1. 亲鱼培育和精卵采集

亲鱼和配子质量直接关系到受精率、胚胎发育、孵化率、仔稚鱼成活和生长（丁福红等，2009；贾玉东和雷霁霖，2012），因此将直接影响鱼类染色体组操作处理的效果。大菱鲆属于一年一个繁殖周期、同一繁殖周期内分批产卵类型，卵母细胞发育不同步，卵子质量受到亲鱼养殖水质、光照、水温、营养水平和繁殖时期各因素的综合影响，雌性大菱鲆亲鱼的平均绝对怀卵量在 300 万粒以上，每尾鱼在同一生殖周期内可以产卵多次，每次可产卵 8 万~10 万粒，如按体质量计，则每千克体质量约可产卵 100 万粒。大菱鲆雄鱼精液量少，精子密度低，且随着繁殖期的延长，精子密度、产精量、活动比例、运动速度均呈现不同比例的下调，增加了大菱鲆染色体组操作中同源精子采集和保存的难度。大菱鲆亲鱼在人工繁殖条件下，雌雄成熟往往不同步，一般雄性成熟较早，因此，为提高大菱鲆染色体组诱导的成功率，尤其是同源多倍体的诱导成功率，需要特别重视其亲鱼的培育和配子的质量，在亲鱼培育过程中应加强营养强化，并通过控光、控温和激素催产等方法保证雌雄同步发育和卵子成熟度一致，采集繁殖盛期的精卵做人工授精，以确保获得优质受精卵。

精卵采集与人工授精：将待产的大菱鲆亲鱼由养殖池中捞起，平放在垫有海绵的平台上，用干毛巾轻轻擦去体表及生殖孔周围的水和污物，卵子采集时双手分别置于鱼背腹两侧，沿隆起的性腺自体后向腹部缓缓挤压，以干燥的烧杯盛取未受精卵，人工挤卵过程中需避免海水或尿液的污染，收集的未受精卵按照McEvoy（1984）和Jia等（2014）的方法快速评估卵子质量，并置于14℃水浴中避光保存备用；精子采集时，可使用蒸馏水或精子保存液（Ringer's）反复冲洗生殖孔周围，并用吸水纸擦拭周围，单手沿雄鱼腹腔下缘由后向前缓缓挤压，以注射器或吸管收集精液，同样避免尿液污染，采集后立即镜检是否污染及其活力，将未激活的优质精液置于4℃冰箱中保存。人工授精时，先擦干器皿，然后按1mL精液：100~200g卵混匀，快速搅拌均匀使精卵充分接触，加入适宜水温的海水，使精液、卵子、水的体积比约为1：100：200，继续搅拌1min，然后静置2~3min，加入适宜温度的新鲜海水反复冲洗受精卵，以去掉多余精液和卵巢液，将首次加入海水的时间视为受精时间。

2. 冷休克诱导条件

Piferrer等（2000，2003）通过单因子试验或不同因子组合试验首次建立了大菱鲆三倍体诱导水温、处理持续时间和处理起始时间最适条件，结果表明（图6-1），在受精水温为13~14℃条件下，将受精卵于受精后6.5min置于–1~0℃水浴中持续处理25min，可获得较高的孵化率和100%的三倍体诱导率。结合大菱鲆减数分裂型雌核发育诱导时抑制第二极体释放的冷休克处理3因素3水平的正交试验结果，推测大菱鲆三倍体诱导最适条件也是受精后6.5min起始冷休克（–2~0℃），持续处理45min，并应用该条件累计诱导三倍体3批次，孵化率均超过40%，同时获得100%的三倍体诱导率。

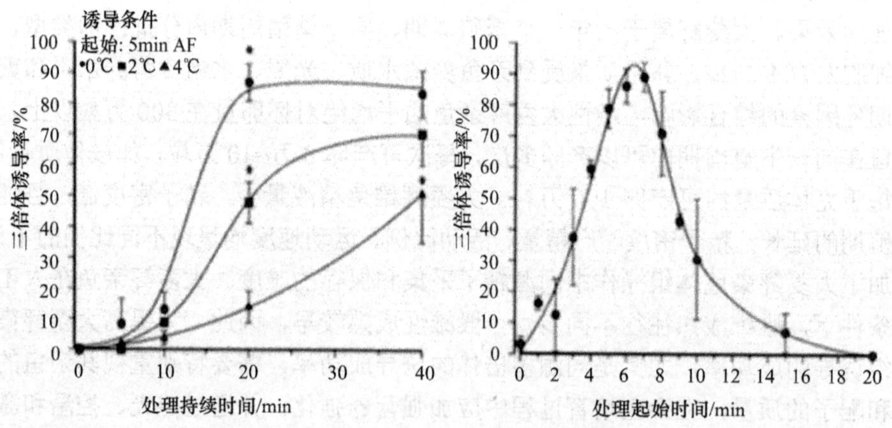

图6-1 处理持续时间、处理水温和处理起始时间对大菱鲆三倍体诱导率的影响
（Piferrer et al.，2000，2003）
不同字母表示差异显著

3. 大菱鲆三倍体鉴定方法

诱导子代的三倍体比例是评价人工诱导三倍体效果的最重要指标，染色体核型分析、流式细胞术、NOR 计数、血红细胞测量和分子标记等方法是三倍体鉴定常用的方法。

（1）染色体计数和流式细胞术

染色体计数和流式细胞术是多倍体鉴定中最准确、可靠的方法。大菱鲆普通二倍体染色体数目为 44 条（$2n$=44），Piferrer 等（2000）证实大菱鲆三倍体染色体数目为 66 条（$3n$=66），但该方法费时，费力，操作复杂，不适于大规模子代的检验。Hernández-Urcera 等（2012）建立了大菱鲆三倍体成鱼的流式细胞术检测技术，采成鱼血液，经 PI 染色后，获得流式细胞仪检测后的一维直方图，设定二倍体吸光峰值的相对荧光强度值，证实三倍体吸光峰值相对荧光强度值为二倍体的 1.5 倍。

（2）NOR-Ag 染法

NOR-Ag 染法因操作简便、无需昂贵仪器并且适于大规模检测常被采用作为鉴定三倍体的方法，多数二倍体鱼类细胞核 NOR 数目为 1~2，因此诱导子代细胞核 NOR 出现 3 个则可认定为三倍体，但由于少数鱼类 NOR 数目呈现多态性，在正常二倍体个体细胞核中也存在 3 个 NOR，限制了其在三倍体鉴定中的应用，如大菱鲆（Bouza et al.，1994）。Piferrer 等（2000）为了解决 NOR-Ag 染法在大菱鲆三倍体鉴定中应用的限制，对正常二倍体和三倍体大菱鲆 NOR 数目进行了大量统计分析，指出大菱鲆二倍体 NOR 平均数目为 1.10~1.85 个，而三倍体为 1.50~2.35，而且 1.50~1.85 内重叠区域个体所占比例极低，并提出大菱鲆三倍体 NOR 平均数目＞1.735，三倍体准确率高达 97%以上。采用 NOR-Ag 染法统计了大菱鲆二倍体、雌核发育二倍体和三倍体诱导子代间期核仁数目，结果表明，三者核仁平均数目分别为 1.12~1.59、1.18~1.50、1.74~2.09（图 6-2），证实 NOR-Ag 染法可准确、方便地应用于大菱鲆三倍体子代的鉴定。

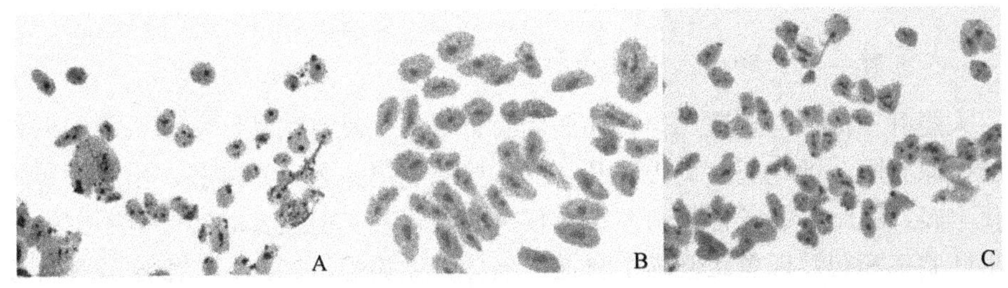

图 6-2　银染法显示大菱鲆普通二倍体、雌核发育二倍体和三倍体初孵仔鱼间期细胞核仁（彩图可扫描封底二维码获取）

（3）血红细胞涂片

测量血红细胞和细胞核体积也是三倍体鉴定中常用的方法。Cal 等（2005）在 NOR 计数鉴定大菱鲆三倍体的基础上，测量了大菱鲆二倍体和三倍体血红细胞和细胞核大小、面积和体积。血红细胞方面，长轴比值 $3n$∶$2n$ 为 1.31，短轴比值 $3n$∶$2n$ 为 1.08，表面积比值 $3n$∶$2n$ 为 1.41，体积比值 $3n$∶$2n$ 为 1.46；细胞核方面，长轴比值 $3n$∶$2n$ 为 1.03，短轴比值 $3n$∶$2n$ 为 1.40，表面积比值 $3n$∶$2n$ 为 1.41，体积比值 $3n$∶$2n$ 为 1.38，提出血红细胞体积比可应用于大菱鲆三倍体的鉴定，其实际测量比值为 1.46∶1，接近理论值的 1.5∶1（图 6-3）。

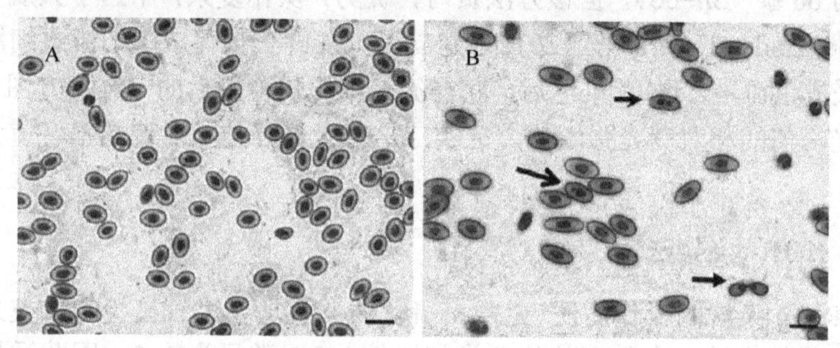

图 6-3　大菱鲆二倍体（A）和三倍体（B）血红细胞涂片（Cal et al.，2005）

（4）微卫星标记

Hernández-Urcera 等（2012）建立了应用微卫星（SSR）标记鉴定大菱鲆三倍体的方法，筛选了 4 个位于不同连锁群且远离着丝粒的高多态性微卫星位点（Sma-USC12、Sma-USC24、Sma-USC29、Sma-USC113），将 4 个标记联合进行多重 PCR 检测，根据二倍体最高具有 2 个等位基因，三倍体最高可有 3 个等位基因的假设（图 6-4），辅助以流式细胞仪进行比对，证实采用这 4 个高多态性 SSR 位点进行多重检验，子代三倍体鉴定的准确率可高达 100%。

二、大菱鲆三倍体的基础生物学研究进展

1.大菱鲆三倍体胚胎发育时序和形态

大菱鲆三倍体与普通二倍体在胚胎发育形态上没有明显区别，依次经卵裂、囊胚、原肠胚、神经胚、克氏囊胚、卵黄栓胚、尾芽胚、心跳胚、出膜期等阶段孵化出膜，胚胎形态发育正常，初孵仔鱼表型正常，但发育时序略有不同，另外畸形胚胎率和初孵仔鱼比例高于普通二倍体（孟振等，2010）。细胞分裂阶段，实施冷休克处理的三倍体耗时 12h5min，细胞分裂速度略慢于普通二倍体（11h55min），这由冷休克对大菱鲆胚胎发育的影响所致，与牙鲆细胞分裂期雌

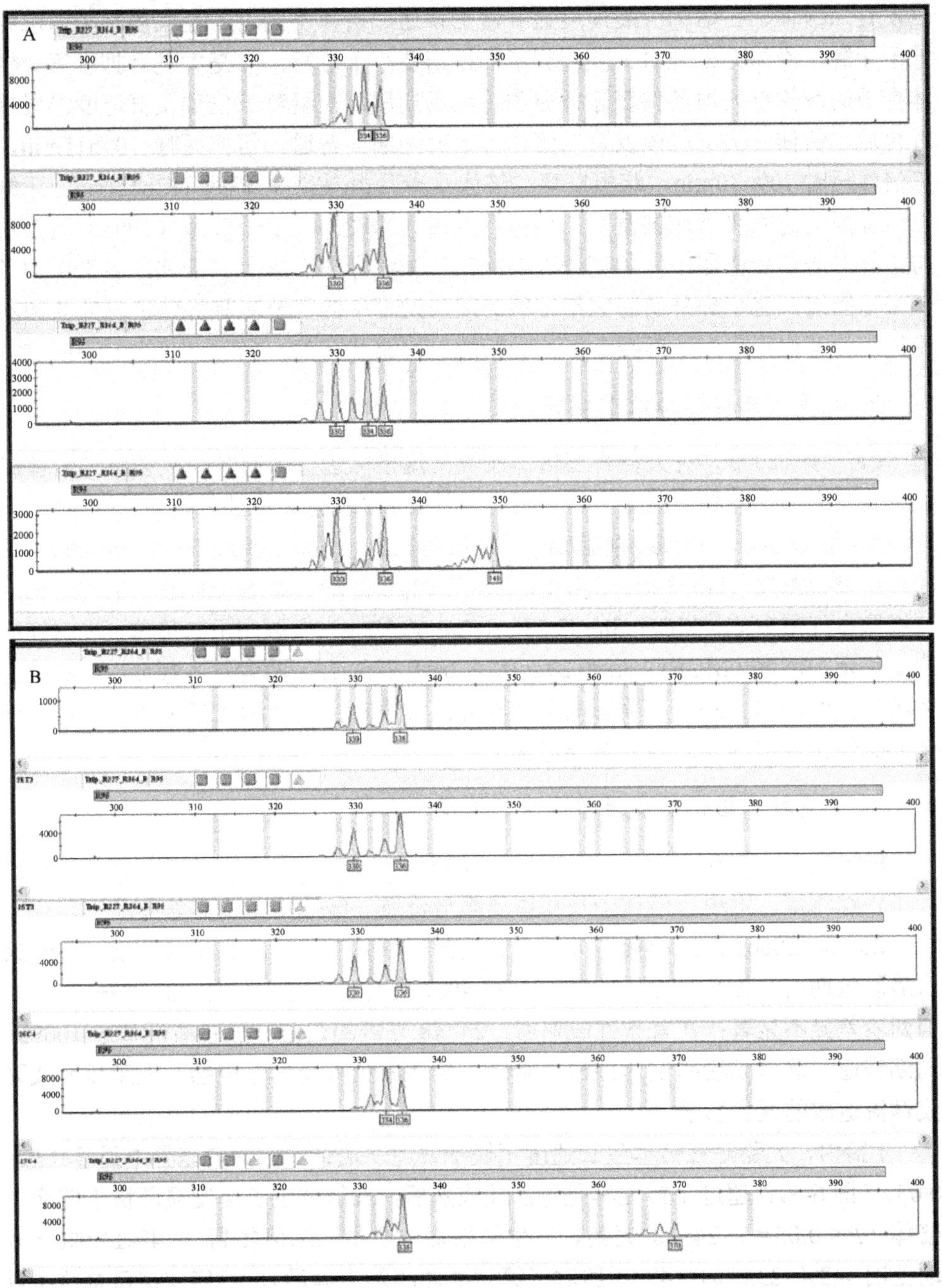

图 6-4　应用大菱鲆 Sma-USC12 标记进行三倍体倍性检测的微卫星图谱

（Hernández-Urcera et al.，2012）

A. 上面 2 个和下面 2 个分别为二倍体和三倍体；B. 家系Ⅲ中三倍体仅呈现 2 个峰，上面 3 个和下面 2 个分别为三倍体和二倍体核发育二倍体、三倍体分裂速度显著慢于普通二倍体不同，一是大菱鲆产卵水温低于牙鲆，冷休克处理对大菱鲆卵子的损伤要小于牙鲆；二是大菱鲆抑制第二极体释放的冷休克处理条件较牙鲆温和。原肠期后，大菱鲆三倍体发育速度慢慢接近普通二倍体而快于雌核发育二倍体。至孵化期，普通二倍体耗时 109h15min，三倍体耗时 109h30min，雌核发育二倍体要滞后 3h 左右，耗时 112h15min。牙鲆三倍体孵化时间快于雌核发育二倍体，吴敏（1988）、洪一江等（1993）认为这与正常二倍体受精卵经冷休克处理抑制第二极体释放而形成三倍体，由于增加了一个基因组，这个额外的基因组可能为胚胎发育中的主要步骤提供了额外的和不受约束的等位基因，从而授予了一种新的遗传调节有关。

2. 大菱鲆三倍体血液常规指标

Cal 等（2005）对大菱鲆三倍体血液常规指标进行了研究，大菱鲆三倍体血红细胞表面积和体积均显著大于普通二倍体，血红细胞数量显著低于二倍体（RBC: $3n$=1.27 细胞/pL，$2n$=1.84 细胞/pL）、红细胞比容（Hct: $3n$=23.11%，$2n$=26.80%）和血红蛋白浓度（Hb: $3n$=67.54g/L，$2n$=73.74g/L）均显著低于普通二倍体，平均红细胞血红蛋白量（MCH: $3n$=53.28pg，$2n$=40.27pg）显著高于二倍体，平均红细胞血红蛋白浓度（MCHC: $3n$=0.29pg/fL，$2n$=0.28pg/fL）两者基本相似，证实染色体组倍性的增加（$3n$）显著影响了大菱鲆血常规指标，而相应指标的变化对三倍体的集约化养殖具有重要的指导意义。

3. 大菱鲆三倍体的成活率和生长速度

Piferrer 等（2003）对大菱鲆三倍体初孵仔鱼及仔、稚鱼期（16 日龄）苗种进行了跟踪测量，发现三倍体全长和体质量与普通二倍体均无明显差异。

Cal 等（2006）跟踪检测了 4 龄内大菱鲆三倍体的成活率和生长速度，在 6~24 月龄幼鱼期内，三倍体成活率（94.0%±1.4%）稍高于普通二倍体（87.0%±11.3%），但两者差异不显著；在首次性成熟后，24~48 月龄的三倍体成鱼成活率达 100%，同期普通二倍体成活率仅 91.9%，暗示三倍体成鱼未受到性成熟、人工排卵或采集精液造成的死亡影响。

1 龄内，大菱鲆三倍体生长速度稍快于普通二倍体，但两者差异不显著（$P>0.05$）（图 6-5）；超过 1 龄尤其是每次性成熟后，三倍体生长速度显著快于普通二倍体（$P<0.05$=；24~48 月龄，三倍体平均体质量比二倍体高 11.4%±1.9%（波动范围 4.3%~23.0%）；47 月龄时（第三次性成熟排卵后），三倍体雄鱼总体质量达 2800.0±174.6g，高于二倍体雄鱼（2412.5g±131.6g），三倍体雌鱼总体质量为 3554.2g±186.4g，低于二倍体雌鱼（4093.7g±162.7g），三倍体雄鱼净体质量达 2628.6g±165.1g，高于二倍体雄鱼（2237.7g±117.6g），三倍体雌鱼净体质量（3287.5g±167.6g）低于二倍体雌鱼（3543.8g±139.0g），按照三倍体和二倍体试验

苗种的雌雄比例可推测，三倍体每 100 条鱼总体质量比二倍体高 10.3%，净体质量高 14.3%。

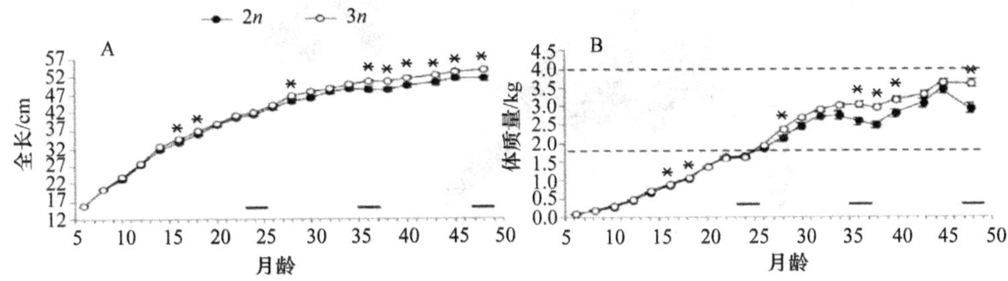

图 6-5 大菱鲆三倍体苗种 6~48 月龄生长情况（Cal et al.，2006）

*表示差异显著（$P<0.05$）

4. 大菱鲆三倍体性别比例和性腺发育

Martínez 等（2009）推测大菱鲆性别决定主效基因区域与着丝粒间的物理距离为 32.2cM，根据减数分裂过程中发生的交换和重组，推测大菱鲆三倍体子代性别比例理论值为 82.2% F（64.4% ZZW 和 17.8% ZWW）∶17.8% M（17.8% ZZZ）。Cal 等（2006）跟踪检测大菱鲆三倍体性别比例为 76.9% F∶23.1% M，与上述理论值接近，显著偏离 1∶1 的性别比例，雌性比例显著高于同批次二倍体（38.7% F∶61.3% M）。+

人工诱导的鱼类三倍体预期是不育的，多数鱼类精巢外部形态与其二倍体相似，卵巢形态则因种而异（部分具有卵巢雏形，部分外部形态正常），性成熟时，普遍认为配子形成不正常，雌鱼表现也较雄鱼明显。Cal 等（2006）证实，大菱鲆三倍体成鱼精巢外部形态与其二倍体相似，精巢性腺指数（GSI）均低于同期二倍体，繁殖季节均无精液产生；卵巢仅具有雏形，显著小于同期二倍体（图 6-6），繁殖季节性腺不发育，无卵子排出，卵巢性腺指数（GSI）（0.13%~0.14%）自 10 月龄后即显著小于同期二倍体（繁殖期可达 13%）。

Cal 等（2010）进一步跟踪分析了 28 月龄内大菱鲆三倍体和二倍体的性腺发育情况，性腺组织学切片结果表明，二倍体卵巢和精巢均发育至成熟阶段，可以产生正常精子和排卵前期卵母细胞，精巢细胞凋亡仅发生在精子发生早期和精巢闭锁期，卵巢则少见细胞凋亡存在；三倍体精巢未见精子产生，各时期分别以精原细胞或精母细胞为主，偶见少量精细胞，睾酮水平与二倍体类似，仅峰值出现时间早于二倍体，细胞凋亡水平很高；三倍体卵巢则以卵原细胞和初级卵母细胞为主，偶见核仁期和早期卵黄发生期的卵母细胞，减数分裂发生阻滞，雌二醇水平很低，细胞凋亡水平高（图 6-7，图 6-8）。

5. 大菱鲆三倍体形态学性状及骨骼特征

Hernández-Urcera 等（2012）对 6 月龄和 12 月龄大菱鲆三倍体形态学性状及

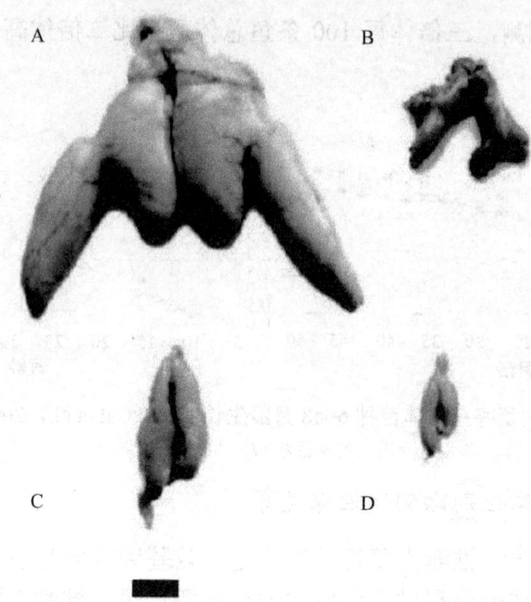

图 6-6　大菱鲆 47 月龄二倍体（A、C）和三倍体（B、D）的性腺

A、B. 卵巢；C、D. 精巢

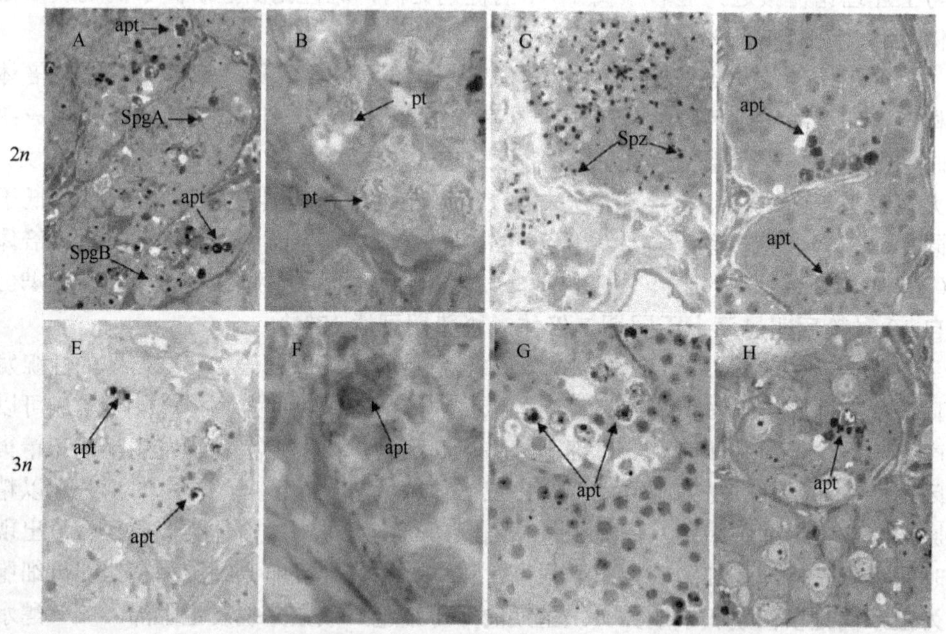

图 6-7　大菱鲆二倍体（A. 10 月龄；B. 20 月龄；C. 24 月龄；D. 28 月龄）和三倍体（E. 8 月龄；F. 16 月龄；G. 20 月龄；H. 26 月龄）精巢发育和细胞凋亡（apt）情况（Cal et al.，2010）

Spg A. A 型精原细胞；Spg B. B 型精原细胞；pt. 粗线期细胞；Spz. 精子；apt. 凋亡细胞

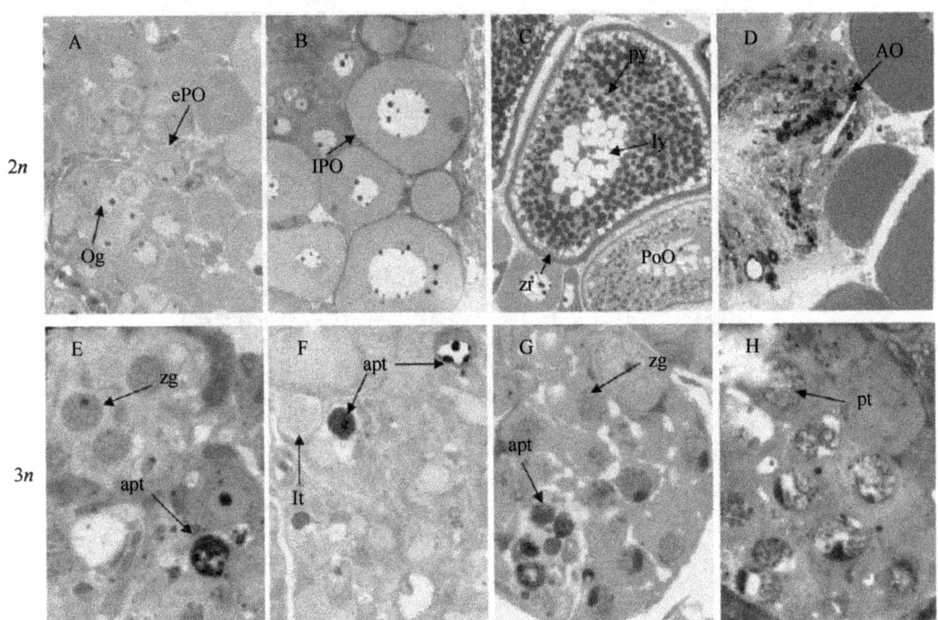

图 6-8　大菱鲆二倍体（A. 10 月龄；B. 20 月龄；C. 22 月龄；D. 26 月龄）和三倍体（E. 8 月龄；F. 16 月龄；G. 20 月龄；H. 26 月龄）卵巢发育和细胞凋亡（apt）情况（Cal et al.，2010）

ePO. 周边核仁早期卵母细胞；Og. 卵原细胞；IPO. 周边核仁晚期卵母细胞；py. 卵黄蛋白颗粒；ty. 脂滴；zr. 放射带；PoO. 排卵前期卵母细胞；AO. 闭锁卵母细胞；zg. 偶线期；It. 细线期；apt. 凋亡细胞

骨骼特征进行了研究，测量了全长（TL）、体长（SL）、体宽（BW）、头长（HL）、上颌长（UJL）、下颌长（LJL）、眼眶长（OL）和眼眶间距（IOL）等形态参数，并统计分析了 8 个可比性状（SL/BW、SL/HL、TL/BW、TL/HL、HL/UJL、HL/LJL、HL/IOL、HL/OL），三倍体的 8 个可比性状与普通二倍体间均无显著差异；采用 X 光机对大菱鲆三倍体骨骼进行了整体扫描，统计了脊角（SA）个数、腹椎（AV）和尾椎（CV）节数、背鳍（DF）和臀鳍（AF）鳍条数，三倍体与二倍体之间均无显著差异，6 月龄时，三倍体骨骼畸形率为 35%±6%，二倍体为 30%±14%，12 月龄时两者分别为 25%±7%和 30%±14%，均无差异；大菱鲆三倍体和二倍体的骨骼畸形都主要表现为 3 种，一是腹椎后缘脊椎融合（11~12 节脊椎），二是尾椎骨末端弯曲，三是尾椎后缘脊椎融合（29~30 节脊椎）（图 6-9）。

三、存在问题及应用前景

大菱鲆是我国最重要的海水鱼类养殖品种之一，年产量超过 6 万 t。最近几年随着产量的增加，体质量 500g 左右的 1 龄鱼供过于求，市场价格不断下降，而适合加工的 2 龄以上大规格鱼的需求旺盛。大菱鲆三倍体在 1 龄内生长速度与普通二倍体相似，但超过 1 龄，三倍体生长显著快于二倍体，尤其是性成熟后，因其

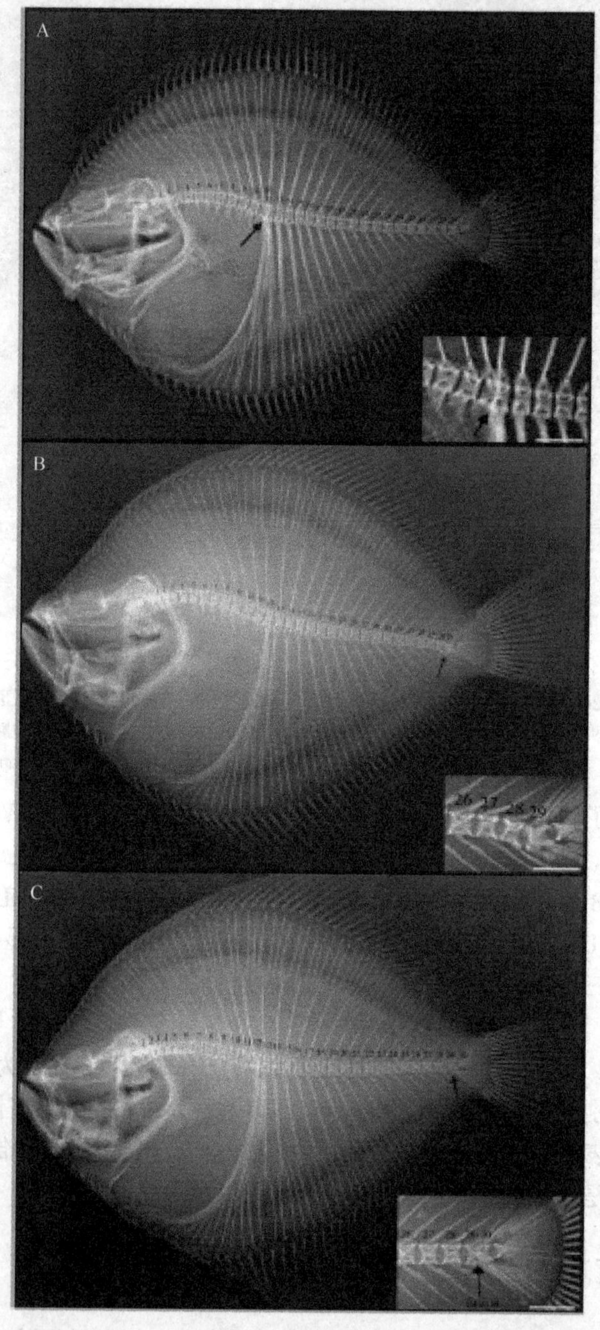

图 6-9　大菱鲆 12 月龄三倍体骨骼 X 光扫描图（Hernández-Urcera et al.，2012）

不育性，三倍体未将摄入的能量用于性腺发育，同时未受到性成熟、排卵和排精的伤害，生长速度和存活率都要显著高于二倍体。因此，养殖不育的大菱鲆三倍体可以提高大规格成鱼的养殖效率，降低养殖成本，提高饵料转化率，极大地提高经济和生态效益。

目前，大菱鲆三倍体的研究热点主要是关注其生长和性腺发育，对其分子基础及调控机制尚未开展深入研究。大量研究表明，下丘脑–垂体–肝脏轴（GH/IGF轴）组成的神经内分泌网络对鱼类生长发育起主导调控作用。GH/IGF 轴由 GH、生长激素受体、IGF、生长激素结合蛋白、胰岛素样生长因子受体和胰岛素样生长因子结合蛋白组成，其中 GH 是整个生长轴中主导调控激素，它的合成、分泌直接影响动物生长，而 IGF 则介导了 GH 生理功能的正常发挥，同时对 GH 具有生理性负反馈调控作用。为揭示大菱鲆三倍体快速生长特性，需要进一步围绕下丘脑–垂体–肝脏轴（GH/IGF 轴）相关基因在大菱鲆三倍体仔、稚、幼鱼和成鱼生长发育过程中相互作用，探讨大菱鲆三倍体快速生长的分子基础及其调控机制。

鱼类性腺的发育成熟和功能维持受神经内分泌系统中下丘脑–垂体–性腺轴（HPG 轴）的主导调控。下丘脑分泌促性腺激素释放激素（GnRH），是 HPG 轴上游关键调控因子，GnRH 通过神经元达到垂体，刺激垂体前叶分泌促性腺激素（GtH），进而激活 cAMP 信号通路，促进转录、合成和分泌卵泡刺激素（FSH）和促黄体生成素（LH），FSH 和 LH 通过血液循环进入性腺，激活性类固醇激素（E2 和 T）的合成，调节精巢或卵巢的发育直至性成熟，性类固醇激素又能通过负反馈抑制下丘脑 GnRH 的合成。因此，需要围绕大菱鲆三倍体 HPG 轴相关基因在个体发育过程中的表达和相互作用，揭示性腺不育性的分子基础和调控机制，为养殖鱼类生长和性腺发育调控提供指导和借鉴。

总之，大菱鲆三倍体的推广养殖会促进产业链中大规格成鱼养殖、分割加工、冷链运输、超市和电商品牌销售等各个环节的创新和发展，破解目前大菱鲆养殖市场拓展缓慢导致产能过剩和食品安全监管保障不力的僵局，其社会效益是显而易见的。

第三节　大菱鲆同源四倍体的诱导

多倍体诱导是鱼类染色体组工程育种的重要组成部分。在养殖生产中，诱导多倍体的主要目的是规模化生产三倍体，利用三倍体不育性产生的生长优势或抗性优势，提高养殖经济效益（Felip et al.，2001a）。鱼类三倍体的诱导可以通过抑制第二极体释放使染色体组加倍，但该方法无论是物理或化学诱导处理，均会对受精卵造成损伤，导致孵化率和成活率降低，而且诱导效果也很难达到 100%；此外，鱼类四倍体预期是可育的，能够产生二倍体成熟配子，将其与正常二倍体产生的单倍体成熟配子受精，可以规模化生产三倍体苗种，成为养殖业中生产三倍体苗种的一条理想途径。四倍体还可以提供二倍体配子用于诱导雌核、雄核发育成二倍体，因避免了物理或化学处理，可以大幅度提高孵化率和成活率，因此鱼类四倍体的诱导一直是遗传育种领域的研究热点。

鱼类四倍体诱导主要有生物和物理方法 2 种。生物方法主要是通过远缘杂交（种间杂交）获得异源四倍体（刘国安等，1987；刘筠等，2003；刘少军等，1999，2001）。物理方法是通过静水压法或温度休克法抑制第一次卵裂使二倍体受精卵染色体组加倍获得四倍体子代，该方法已在多种淡水鱼类开展研究，获得了包括虹鳟（*Oncoorhynchus mykiss*）（Chourrout，1984；Chourrout and Nakayama，1987；Thorgaard et al.，1981；马涛等，1987）、黄鲈（*Perca flavescens*）（Malison et al.，1993）、斑点叉尾鮰（*Ictalurus punctatus*）（Bidwell et al.，1985；Goudie et al.，1995）、非洲鲶（*Clarias gariepinus*）（Váradi et al.，1999）、印度囊鳃鲇（*Heteropneustes fossilis*）（Haniffa et al.，2004）、奥里亚罗非鱼（*Oreochromis aureus*）（Don and Avtalion，1988）、大鳞泥鳅（*Misgurnus mizolepis*）（Nam and Kim，2004；Nam et al.，2004）、鲤（*Cyprinus carpio*）（Cherfas et al.，1993）、鳙（*Aristichthys nobilis*）（洪云汉，1990）、卡特拉鲃（*Catla catla*）（Reddy et al.，1990）、丁鱥（*Tinca tinca*）（Flajšhans et al.，1993）、团头鲂（*Megalobrama amblycephala*）（Zou et al.，2004）、樱鳟（*Oncorhynchus masou*）（Sakao et al.，2006，2009）、颖鲤（潘光碧等，1997）在内等十几种主要经济鱼类的诱导参数。海水鱼类四倍体仅在舌齿鲈（Bertotto et al.，2005；Francescon et al.，2004；Peruzzi and Chatain，2003）、牙鲆（衣启麟等，2012）和半滑舌鳎（李文龙等，2012）等少数品种建立了诱导条件，并获得了一定数量的四倍体群体。但值得注意的是，由休克处理造成的染色体片段断裂导致诱导胚胎中存在四倍体、二倍体、次四倍体、次二倍体和嵌合体，四倍体诱导胚胎孵化率低，而且随着个体发育出现苗种死亡的现象（Francescon et al.，2004），不同组织和器官存在嵌合体现象（Fujimoto et al.，2013；Zhang and Onozato，2004a）和成熟雌、雄四倍体配子发育异常（Blanc et al.，1993；Chourrout et al.，1986；Chourrout and Nakayama，1987），使得物理方法诱导产生的可存活、可育的同源四倍体仅有虹鳟（*Oncorhynchus mykiss*）、团头鲂（*Megalobrama amblycephala*）和大鳞泥鳅（*Misgurnus mizolepis*）等少数几个鱼种（Piferrer et al.，2009；Yoshikawa et al.，2008）。

大菱鲆三倍体的人工诱导条件及其子代生长性能均已开展了相关研究，三倍体苗种已显示出较强的产业化推广应用前景。因此，建立大菱鲆同源四倍体人工诱导条件，诱导并获得一定数量的四倍体群体，筛选并跟踪四倍体个体的成活、性腺和配子发育规律，有望为三倍体苗种的产业化生产奠定基础。

一、大菱鲆四倍体诱导参数

大菱鲆亲鱼培育条件为水温 13.5℃±0.5℃、光照周期 16L：8D，人工注射催产激素诱导排卵，卵收集后置于 14℃水浴中避光保存备用，精子镜检活力较好的精液以 Ringer's-200 保存液稀释 10 倍后置于 4℃冰箱中避光保存。人工授精后，将受精卵以 200 目筛绢收集，置于盛有 14.5℃海水的压力容器中（静水压机 Key-B001，青岛海星仪器有限公司）处理，升压时在空压机的驱动下快速达到所需压力水平（≤5s），处理结束后快速泄压。每次试验以正常受精的普通二倍体组（normal diploid control，NC）作为对照，并取不同雌鱼卵重复 2 次，将 3 次试验结果的平均值进行分析，采用单因子梯度试验获得四倍体最佳静水压诱导条件。

1. 处理起始时间

采用静水压法人工诱导大菱鲆四倍体，试验结果表明（图 6-10），在受精/孵化水温为 14.5℃±0.5℃、处理压力为 65MPa、处理持续时间 6min 条件下，与对照组相比，各处理组间受精率差异不显著（数据未显示）；孵化率呈现先升高后降低的趋势，其中处理起始时间为 80min AF 时，孵化率（52.66%±6.18%）显著高于其他各试验组（$P<0.05$）；初孵仔鱼畸形率，各处理组均显著高于对照组，其中各处理组间除 90min AF 显著较高外，其他组间差异不显著；各处理组取 30 尾正常的初孵仔鱼，以 NOR-Ag 染法观察最大核仁数目（图 6-11），统计四倍体率（每尾仔鱼观察 100 个细胞 NOR 数目，其中出现 4 个核仁的细胞多于 2 个即视为四倍体），75min AF 和 80min AF 处理组初孵仔鱼四倍体比例显著高于其他处理组（$P<0.05$），两者间差异不显著。在受精/孵化水温为 14.5℃±0.5℃时，综合考虑孵化率、畸形率和初孵仔鱼四倍体率，大菱鲆四倍体诱导最适处理起始时间为 75~80min AF。

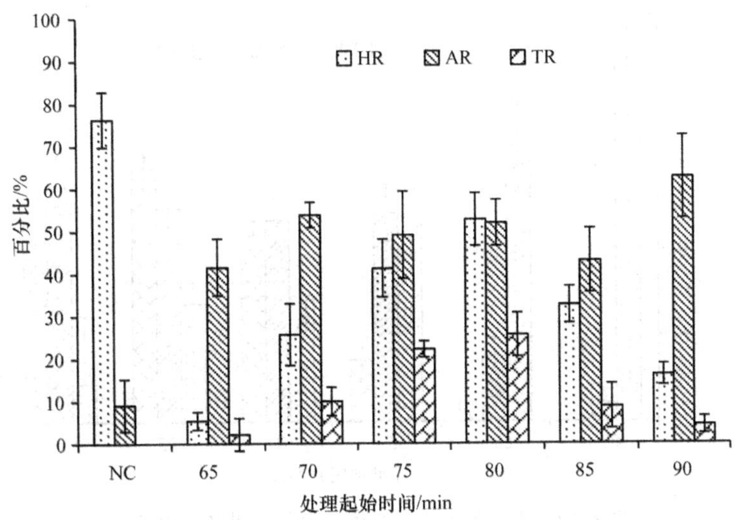

图 6-10　不同处理起始时间对诱导大菱鲆四倍体的影响

HR. 孵化率；AR. 畸形率；TR. 初孵仔鱼四倍体率

2. 处理压力

在受精/孵化水温为 14.5℃±0.5℃、处理起始时间为 80min AF、处理持续时间

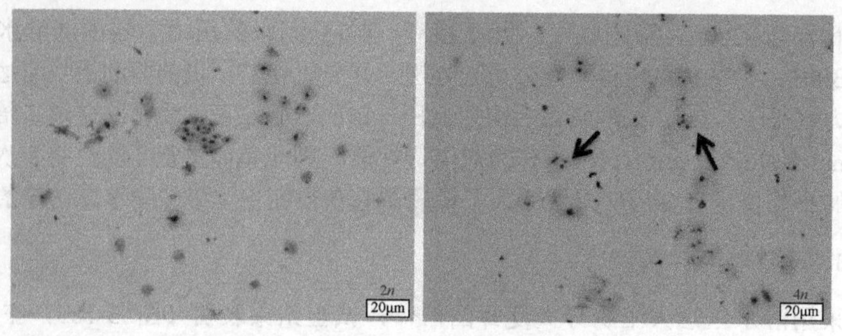

图 6-11　银染法显示大菱鲆普通二倍体和四倍体初孵仔鱼间期细胞核仁
（彩图可扫描封底二维码获取）

6min 条件下，采用静水压法人工诱导大菱鲆四倍体，处理压力试验表明（图 6-12），在试验压力范围内，各处理组均有一定数量的初孵仔鱼孵出，孵化率呈现逐渐降低的趋势，其中处理压力为 60MPa 时，孵化率最高（64.20%±10.94%）；初孵仔鱼畸形率，各处理组均显著高于对照组，处理组间除 60MPa 组畸形率显著较低外，其他处理组间差异不显著；各处理压力条件下，均可诱导一定比例的四倍体子代产生，初孵仔鱼四倍体率呈现先升高后降低的趋势，75MPa 处理组四倍体率显著高于其他处理组（$P<0.05$），达 58.87%±5.10%。综合分析孵化率、畸形率和四倍体率，大菱鲆四倍体诱导的最适静水压处理压力为 75MPa。

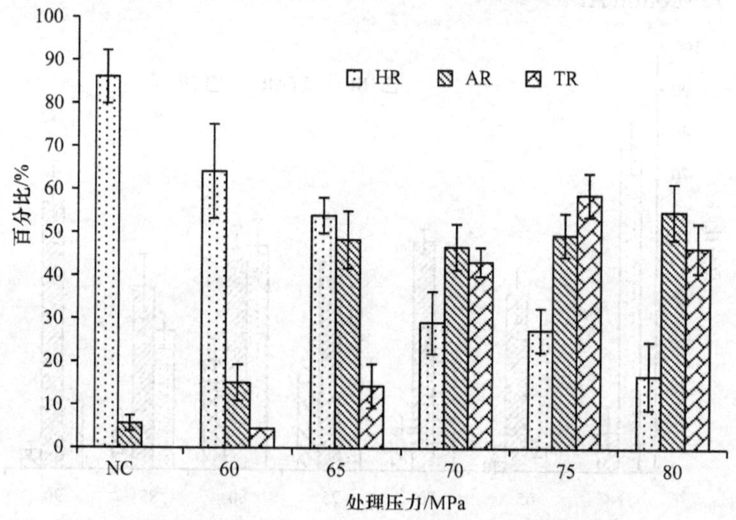

图 6-12　不同处理压力对诱导大菱鲆四倍体的影响
HR. 孵化率；AR. 畸形率；TR. 初孵仔鱼四倍体率

二、大菱鲆四倍体的规模化诱导

选取 4 尾大菱鲆雌鱼进行采卵，取任意 2 份混合，按上述所得试验条件分别诱导四倍体，并取其中 1 份部分卵正常受精获得普通二倍体作为对照组，参照雷霁霖等的方法对普通二倍体和四倍体受精卵进行孵化及苗种培育。四倍体倍性鉴定分 3 次进行，仔鱼期倍性鉴定采用 NOR-Ag 染法统计最大核仁数目（n=30），5 月龄倍性鉴定采用染色体制片、计数的方法（n=20），12 月龄苗种倍性则通过血细胞涂片统计红细胞体积，对所获四倍体群体进行全面筛选（n=465）。

1. 规模化诱导的四倍体苗种培育及养殖

在受精/孵化水温为 14.5±0.5℃、处理起始时间为 80min AF、处理压力为 75MPa、处理持续时间 6min 条件下，利用 4 尾大菱鲆雌鱼卵子（用卵量分别为 520g 和 690g）采用静水压法人工诱导 2 批次大菱鲆四倍体，诱导结果见表 6-2。其中，四倍体两次诱导试验的受精率与对照组（普通二倍体）相当，两者无显著差异（P＞0.05）；四倍体诱导组孵化率（16.54%和 11.40%）显著低于对照组（71.62%）（P＜0.05），畸形率则显著高于对照组，两个诱导组分别达 45.79%和 64.10%；四倍体诱导组在孵化后 60 日龄内分池培育，至 40 日龄成活率（0.82%和 0.22%）显著低于同期对照组（21.36%），至 60 日龄成活率（52.55%和 74.56%）仍较对照组低，两个四倍体诱导组在 60 日龄因苗种数量较少而同池混养，混养至 12 月龄时（n=465），成活率（95.48%）与对照组（95.43%）相当。

表 6-2 大菱鲆四倍体规模化诱导结果

变量	普通二倍体组	四倍体 I 组	四倍体 II 组	显著性差异
用卵量/g	60	520	690	N/A
卵粒数/粒	7.20×10^4	6.24×10^5	8.28×10^5	N/A
精液使用量/mL	3	26	35	N/A
受精率/%	83.52±3.78	81.47±5.23	79.92±5.31	NS
孵化率/%	71.62	16.54	11.40	P<0.01
初孵仔鱼畸形率/%	4.54	45.79	64.10	P<0.01
1~40 日龄成活率/%	21.36	0.82	0.22	P<0.01
40~60 日龄成活率/%	88.74	52.55	74.56	P<0.05
2~12 月龄成活率/%	95.43	95.48		NS
初孵仔鱼四倍体率（n=30）/%	—	53.33	46.67	N/A
5 月龄苗种四倍体率（n=20）/%	—	5		P<0.05
12 月龄苗种四倍体率（n=465）/%		4.95		N/A

注：N/A. 未检验；NS. 差异不显著

2. 四倍体诱导组初孵仔鱼的倍性鉴定

两个诱导组分别随机选取 30 尾初孵仔鱼，采用 NOR-Ag 染法观察最大核仁数目。结果表明，诱导组 I 中有 4 尾个体观察到最大核仁数为 5 个（N=5），12 尾个体最大核仁数为 4 个（N=4），14 尾个体最大核仁数为 2 个（N=2），则该组四倍体比例为 53.33%（图 6-13）。诱导组Ⅱ有 4 尾个体最大核仁数为 5 个，10 尾个体最大核仁数为 4 个，16 尾个体最大核仁数为 2 个，四倍体比例为 46.67%。

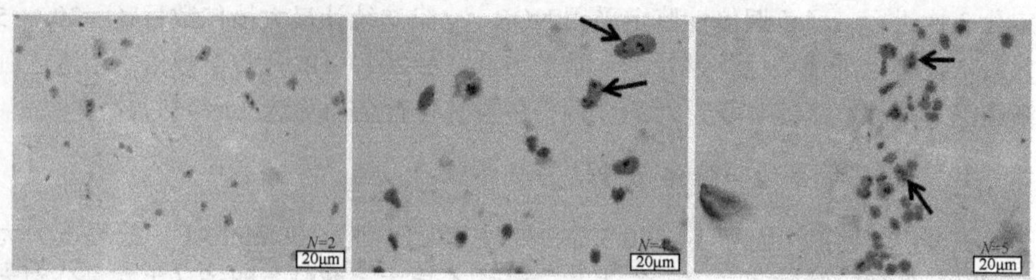

图 6-13 NOR-Ag 染法鉴定大菱鲆规模化诱导试验初孵仔鱼倍性（彩图可扫描封底二维码获取）

3. 四倍体诱导组 5 月龄苗种的倍性鉴定

取 5 月龄苗种（*n*=20），活体腹腔注射植物凝集素（phytohemagglutinin，PHA）溶液，剂量为 6μg/g 鱼体质量，18h 后第二次注射同样剂量 PHA，作用 4~6h 后，活体腹腔注射 0.1%秋水仙碱，溶液剂量为 6μg/g，效应时间 2~3h，鱼麻醉后取头肾置于低渗液中 45min，低渗后以卡诺氏液反复固定 3 次，将组织剪碎制成细胞悬液，过滤后用冷滴片法滴片过火，室温下自然干燥，用 10%的 Giemsa 染色液染色 45min，自来水冲洗，自然干燥，显微镜（Olympus BX51）下计数每尾苗种染色体数目并拍照。

至 60 日龄后，两个诱导组苗种同池混养（*n*=487，60dah），为验证存活个体中是否有四倍体及四倍体比例，随机选取 20 尾苗种，采用染色体制片法观察染色体数目。结果表明，20 尾个体中有 1 尾观察到染色体数目为 88，是正常二倍体染色体数目（2*n*=44）的 2 倍，19 尾个体染色体数目为 44（图 6-14），说明大菱鲆四倍体可存活至 5 月龄，其比例大约为 5%。

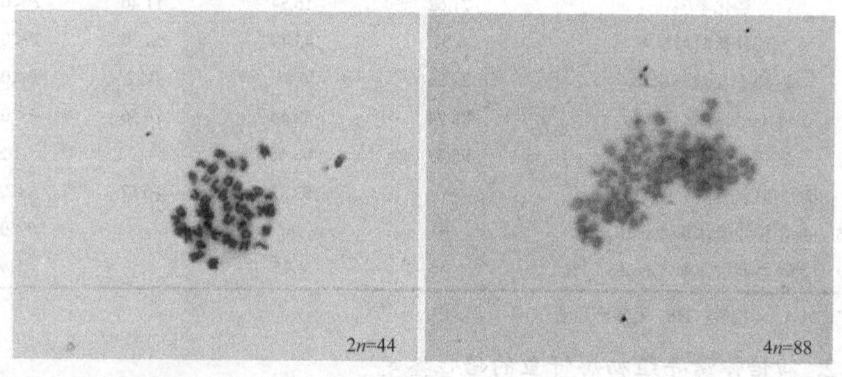

图 6-14 染色体制片法分析大菱鲆四倍体诱导组 5 月龄苗种倍性（彩图可扫描封底二维码获取）

4. 四倍体诱导组 12 月龄苗种的倍性鉴定

取 12 月龄苗种（*n*=465），用 1%肝素浸润的一次性注射器从尾静脉取血，血液取出后加入盛有 1%肝素的 EP 管中（*V* 血：*V* 肝素溶液=5：1），取 20μL 血液滴到干净载玻片上制作血液涂片，自然干燥后，以甲醇固定样品 20min，然后用 5%的 Giemsa 染色 10min，蒸馏水冲洗，自然干燥后，显微镜（Olympus BX51）拍照并测量红细胞短径（*a*）、长径（*b*），按照公式 *V*（红细胞）=*a*2*b*/1.91 计算红细胞体积，每尾鱼测定 30 个红细胞，统计红细胞体积平均值，以同期养殖的普通二倍体红细胞体积作对照。

至 12 月龄，两个诱导组同池混养苗种共存活 465 尾，采用血涂片法统计红细胞体积，初步筛选全部存活个体中的四倍体苗种。结果表明，同期普通二倍体对照组红细胞平均长径为 7.59μm±0.43μm、平均短径为 5.09μm±0.40μm、平均体积为 103.67μm³±18.14μm³，诱导组中有 432 尾个体红细胞平均体积为 84.33~136.59μm³，可视为二倍体，有 23 尾个体红细胞平均体积为 184.51~195.44μm³（图 6-15），显著高于普通二倍体和同组其他个体，视为四倍体，筛选后以 PIT 标记并继续培养。至 12 月龄，诱导组四倍体比例约为 4.95%，与 5 月龄检测结果基本相当，但鉴于红细胞体积受到养殖环境、个体大小等综合因素的影响，筛选的后备四倍体苗种仍有赖于用其他方法进一步验证。

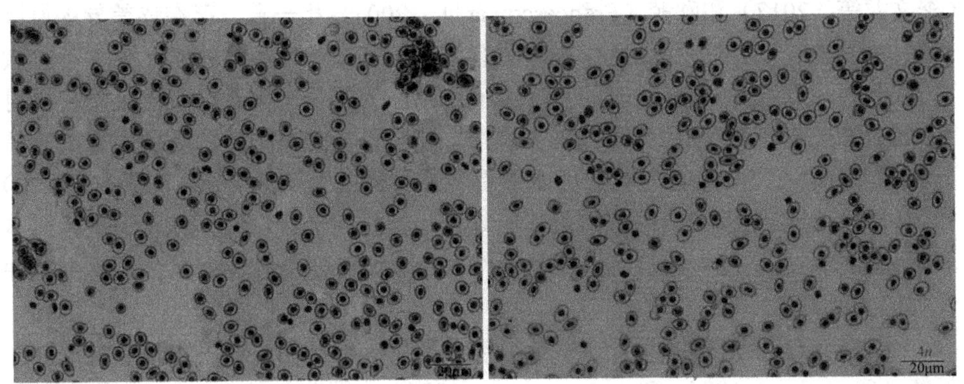

图 6-15 血涂片法分析大菱鲆四倍体诱导组 12 月龄苗种倍性（彩图可扫描封底二维码获取）

三、存在问题及应用前景

采用静水压方法建立了大菱鲆四倍体的诱导条件，在孵化水温为 14.5℃±0.5℃条件下，处理起始时间为受精后 75~80min、静水压力为 75MPa、处理持续时间为 6min 条件的四倍体诱导率最高。采用该条件获得 2 批次规模化诱导群体，通过 NOR-Ag 染法、染色体计数、血涂片测量红细胞体积等方法证实在孵化阶段、5 月龄、12 月龄群体中均存在四倍体个体，孵化阶段四倍体诱导率可高达 40%以上，随后四倍体比例迅速下降，至 5 月龄后四倍体苗种仅存活 5%左右。

处理起始时间是静水压法诱导鱼类四倍体的关键影响因素，其与受精卵发育时相有关，主要受孵化水温的影响。为避免孵化水温对处理起始时间的影响，在建立大菱鲆四倍体诱导条件时，所有试验均保证孵化水温为14.5℃±0.5℃的条件，受精后 70~90min 的所有处理组中均出现一定比例的四倍体初孵仔鱼，其中以 75~80min AF 处理组四倍体率最高。一般认为，静水压法通过破坏纺锤体诱导染色体组加倍的效应期为有丝分裂中期或后期，即纺锤体形成到卵裂沟出现的时间（Zhang and Onozato，2004b；Zhu et al.，2007）。大菱鲆受精细胞学研究表明，在孵化水温为15.5±0.2℃的条件下，受精后74~82min进入第一次有丝分裂中期，受精后82~90min进入第一次有丝分裂后期、末期直至出现卵裂沟（孙威等，2005），推测受精和早期孵化水温为14.5℃时，75~80min AF时大菱鲆受精卵尚处于有丝分裂中期，即纺锤体形成、染色体迁移到赤道板的中央位置时期，因此，该时间内施加静水压力，可有效地使纺锤体解聚，染色体组加倍。在多数淡水鱼的研究中，发现最佳处理起始时间存在早期和晚期2个效应期（Zou et al.，2004；陈敏容等，1987；桂建芳等，1991；潘光碧等，1997），同时部分鱼类四倍体诱导的效应期内存在一个相对不敏感期。在大菱鲆中未发现早、晚2个效应期，也未发现相对不敏感期，与已报道的海水鱼类，如牙鲆（衣启麟等，2012）、半滑舌鳎（李文龙等，2012）和欧鲈（Francescon et al.，2004）相一致，存在该差异的原因尚有待于进一步用试验及细胞学观察进行解释。此外，在相同的孵化条件下，大菱鲆四倍体的最佳处理起始时间（75~80min AF）明显早于有丝分裂的处理起始时间（85~90min AF），推测除可能与异源冷冻精子诱导受精导致的胚胎发育时序差异有关外，也可能与亲鱼培育产卵水温有所差异有关。以有丝分裂间隔时间（τ0）作为时间单位确定鱼类染色体组操作的处理起始时间，可以最大程度地避免母本和孵化温度对胚胎发育的影响，将是后续开展大菱鲆四倍体和有丝分裂诱导条件优化的主要方向。

静水压法是通过抑制第一次有丝分裂诱导鱼类四倍体的常用物理学方法，在虹鳟（Chourrout，1984；Chourrout et al.，1986）、罗非鱼（Hussain et al.，1993；Myers，1986）、鳙（Aldridge et al.，1990）、草鱼（Cassani et al.，1990）、水晶彩鲫（桂建芳等，1991）、丁鳜（Flajšhans et al.，1993）、黄鲈（Malison et al.，1993）等淡水鱼类和欧鲈（Francescon et al.，2004；Peruzzi and Chatain，2003）、牙鲆（衣启麟等，2012）、半滑舌鳎（李文龙等，2012）等海水鱼类四倍体诱导中都获得了成功，尽管这几种鱼类受精卵大小相差悬殊（直径1.0~7.0mm），但抑制第一次卵裂诱导四倍体的最佳处理压力除欧鲈显著较高外（81~91MPa），其他鱼类最佳处理压力波动范围为 40~75MPa。大菱鲆四倍体诱导的最佳处理压力为75MPa，与有丝分裂型雌核发育诱导的处理压力相一致。

鱼类四倍体倍性鉴定的常用方法有染色体核型分析、DNA 含量测定、核仁组织区（NOR）计数和血红细胞（核）体积测量等。其中，NOR-Ag 染法可以初孵仔鱼为样本，无需药物诱导处理，将细胞分离后进行制片、染色、镜检观察，操作简单易行，适用于大样本量的诱导条件摸索试验结果分析，但由于鱼类 NOR 往往具有多态性且无法区分非整倍体和嵌合体，降低了其检测结果的准确性和应用范围（Piferrer et al.，2000）。血红细胞（核）体积测量法是鱼类倍性鉴定常用的间接方法（Beck and Biggers，1983；Benfey et al.，1984；Small and Benfey，1987；Wolters et al.，1982），由于四倍体较正常二倍体多 2 套染色体组，其细胞和细胞核体积理论上与其染色体含量成正比，为正常二倍体的 2 倍，因此通过测量血红细胞（核）体积可以相对快速地鉴定倍性，适用于生产现场，其缺点是血红细胞（核）体积受检测个体体质量、年龄和营养状态等影响，准确性相对较低，且不能检测出嵌合体。染色体核型分析是最直观和精确的倍性鉴定方法，以杀死试验动物取组织（肾脏、胚胎或鳃）或通过体细胞无菌培养分析染色体数目和核型，但该方法相对费时、费力，不适于大样本量的统计分析。采用流式细胞仪测定的 DNA 相对含量可以精确、快速、无伤害地检测试验动物（Piferrer et al.，2009），可以检测非整倍体、嵌合体（Teplitz et al.，2011）和配子倍性（Lecommandeur et al.，1994），是最适用于鉴定倍性的方法，唯一的缺点是需要专门的仪器设备且价格昂贵。摸索诱导条件时，初孵仔鱼期采用 NOR-Ag 染法观察含有 4 个或以上核仁数目的仔鱼数量（包含了 4*n*、4*n*/2*n*、4*n*–个体），可以快速地检测加倍效果，在规模化诱导试验中初孵仔鱼期同样采用该方法检测诱导效果，而在随后为进一步检验是否有四倍体鱼存活则采用了相对准确的染色体制片法，至 12 月龄时，采用血红细胞体积测量法初步筛选了所有存活的试验苗种，保留了 23 尾疑似四倍体个体，拟通过流式细胞法进一步验证。因此，在缺乏流式细胞仪的条件下，所选择的倍性鉴定方法可以相对准确、快速地鉴定四倍体诱导效果。

大菱鲆在初孵仔鱼期四倍体率最高可达 58.87%±5.10%，而至 5 月龄和 12 月龄则降低至 5%左右。这与多数鱼类的报道结果相一致（Piferrer et al.，2009），即在胚胎和出膜阶段有较高比例的四倍体鱼，而能达到成鱼阶段的种类则十分少见，仅有虹鳟四倍体（Chourrout et al.，1986）、罗非鱼四倍体（Don and Avtalion，1988）、鲫异源四倍体（陈敏容等，1987）、水晶彩鲫四倍体（桂建芳等，1991）和泥鳅四倍体（Nam and Kim，2004）等。几种海水鱼类中，欧鲈 9~11 日龄苗种四倍体率达到 75%~94%，而 46 日龄下降至 4%，50 日龄后未发现有四倍体个体存活（Francescon et al.，2004）；牙鲆胚胎期四倍体率达到 63.3%，8~15cm 幼鱼阶段则降至 13.3%（衣启麟等，2012）；半滑舌鳎胚胎期四倍体率达到 68.3%（李文龙等，2012）。关于四倍体鱼类普遍呈现成活率低、死亡率高的原因，多数研究者认为并非是由染色组真正完整的四倍体本身存活率低造成的，而是因为诱导处理导致的染色体断裂、错位、丢失或变形影响个体发育和生理代谢，从而导致成活率降低（Yamazaki and Goodier，1993；桂建芳等，1991，1995；洪云汉，1990）。大菱鲆四倍体诱导试验中因倍性检测方法的原因，未能明确发现嵌合体（4*n*/2*n*）、次四倍体（4*n*–）的存在，下一步在优化诱导条件时，应观察诱导处理对细胞染色体组的影响，并以完整的 $4n$ 个体为标准，筛选最佳诱导条件，因为在建立最佳诱导条件前，规模化诱导的四倍体幼鱼群体的培育、筛选是一项非常艰巨、繁重的工作，成为限制四倍体成鱼培育和应用的主要原因。

总之，初步建立了大菱鲆四倍体的诱导条件，并在此基础上获得 23 尾疑似四倍体幼鱼（12 月龄），对其倍性进行准确鉴定后，跟踪四倍体个体性腺和配子发育情况，将为大菱鲆四倍体的产业化应用提供指导。下一步需要明确大菱鲆四倍体成活率低的诱因，进一步优化四倍体诱导方法和参数，降低诱导效应对其成活率的影响，获得规模化的大菱鲆四倍体苗种，这样才能真正实现四倍体苗种的产业化应用和三倍体的产业化生产。

参考文献

蔡明夷, 刘贤德, 武祥伟, 等. 2010. 大黄鱼与黄姑鱼异源三倍体的诱导和微卫星分析. 水产学报, (11): 1629-1635

陈敏容, 阎康, 刘汉勤, 等. 1987. 人工诱导白鲫(♀) ×红鲤(♂)异源四倍体鱼的初步研究. 水生生物学报, 11(1): 96-98

丁福红, 雷霁霖, 刘新富, 等. 2009. 鱼类配子质量研究进展与展望. 海洋科学, 33(12): 129-132

桂建芳, 孙建民, 梁绍昌, 等. 1991. 鱼类染色体组操作的研究Ⅱ.静水压处理和静水压与冷休克结合处理诱导水晶彩鲫四倍体. 水生生物学报, 15(4): 333-344

桂建芳, 肖武汉, 梁绍昌, 等. 1995. 静水压休克诱导水晶彩鲫三倍体和四倍体的细胞学机理初探. 水生生物学报, 19(1): 49-55

洪一江, 胡成钰, 张丰旺, 等. 1993. 冷休克对兴国红鲤胚胎发育的影响. 南昌大学学报(理科版), 17(2): 99-104

洪云汉. 1990. 热休克诱导鳙鱼四倍体的研究. 动物学报, 36(1): 70-75

贾玉东, 雷霁霖. 2012. 硬骨鱼类卵子质量研究进展. 中国水产科学, 19(3): 545-555

简林江, 杨育凯, 刘贤德, 等. 2013. 大黄鱼(♀)与鮸状黄姑鱼(♂)杂交及其子代的遗传分析. 水产学报, (6): 801-808

李文龙. 2012. 半滑舌鳎多倍体的人工诱导及三倍体生长与发育的研究. 上海: 上海海洋大学硕士学位论文

李文龙, 陈松林, 季相山, 等. 2012. 半滑舌鳎四倍体鱼苗的诱导与鉴定. 中国水产科学, 19(2): 196-201

林琪, 吴建绍. 2004. 三倍体大黄鱼的诱导及其对生长、性腺发育的影响. 水产学报, 28(6): 728-732

林琪, 吴建绍, 曾志南. 2001. 静水压休克诱导大黄鱼三倍体. 海洋科学, 25(9): 6-9

刘国安, 吴维新, 林临安, 等. 1987. 兴国红鲤同草鱼杂交的受精细胞学研究. 水产学报, 11(1): 17-21

刘筠, 刘少军, 孙远东, 等. 2003. 多倍体鲫鲤. 中国农业科技导报, 5(6): 3-6

刘少军. 2010. 远缘杂交导致不同倍性鱼的形成. 中国科学: 生命科学, 40(2): 104-114

刘少军, 冯浩, 刘筠, 等. 1999. 四倍体湘鲫 F3-F4、三倍体湘云鲫、湘云鲤及有关二倍体的 DNA 含量. 湖南师范大学自然科学学报, 22(4): 61-67

刘少军, 黎双飞, 刘筠. 2001. 异源四倍体鱼早期胚胎发育观察. 湖南师范大学自然科学学报, 24(1): 55-57

刘思阳. 1987a. 草鱼卵子和三角鲂精子杂交的受精细胞学研究. 水产学报, 11(3): 225-232

刘思阳. 1987b. 三倍体草鲂杂种及其双亲的细胞遗传学研究. 水生生物学报, 11(1): 52-58

刘思阳, 李素文. 1987. 三倍体草鲂杂种及其双亲的红细胞(核)大小和 DNA 含量. 遗传学报, 14(2): 142-148

马涛, 朱才宝, 朱秉仁. 1987. 热休克诱导虹鳟四倍体. 水生生物学报, 11(4): 329-337

孟振, 雷霁霖, 刘新富, 等. 2010. 不同倍性大菱鲆胚胎发育的比较研究. 中国海洋大学学报, 40(7): 36-42

潘光碧, 胡德高, 邹桂伟, 等. 1997. 热休克诱导颖鲤四倍体的研究. 水产学报, 21(增): 1-8

孙威, 尤锋, 张培军, 等. 2005. 大菱鲆的受精生物学研究. 海洋科学, 29(12): 75-80

孙远东, 陶敏, 刘少军, 等. 2006. 用团头鲂精子诱导红鲫雌核发育的研究. 自然科学进展, 16(12): 1633-1638

王军, 王德祥, 尤颖哲, 等. 2001. 大黄鱼三倍体诱导的初步研究. 厦门大学学报(自然科学版), 40(4): 927-930

王磊, 陈松林, 谢明树, 等. 2011. 牙鲆三倍体批量化诱导及其生长和性腺发育观察. 水产学报, 35(8): 1258-1265

王清印. 2007. 海水养殖生物的细胞工程育种. 北京: 海洋出版社

吴建绍. 2010. 大黄鱼二倍体和三倍体血液生理指标的比较研究. 福建水产, (1): 38-40

吴敏. 1988. 动物多倍体的遗传和进化. 动物学杂志, 23(5): 48-51

许建和, 尤锋, 吴雄飞, 等. 2006. 冷休克法和静水压法人工诱导大黄鱼三倍体. 中国水产科学, 13(2): 206-210

衣启麟, 于海洋, 王兴莲, 等. 2012. 静水压力诱导牙鲆 (*Paralichthys olivaceus*) 四倍体的条件优化. 海洋与湖沼, 43(2): 382-388

尤锋. 1997. 海产鱼类多倍体育种的研究. 海洋科学, (1): 33-37

张涛, 章龙珍, 庄平, 等. 2008. 史氏鲟♀×达氏鳇♂卵裂间隔 τ0 与温度的关系. 海洋渔业, (4): 303-307

张晓彦. 2009. 半滑舌鳎 *Cynoglossus semilaevis* 雌性化和三倍体的人工诱导研究. 哈尔滨: 东北农业大学硕士学位论文

Aldridge FJ, Marston RQ, Shireman JV. 1990. Induced triploids and tetraploids in bighead carp, *Hypophthalmichthys nobilis*, verified by multi-embryo cytofluorometric analysis. Aquaculture, 87(2): 121-131

Arai K. 2001. Genetic improvement of aquaculture finfish species by chromosome manipulation techniques in Japan. Aquaculture, 197(1): 205-228

Arakawa T, Takaya M, Inoue K, et al. 1987. An examination of the condition for triploid induction by cold shock in red and black sea breams. Bull Nagasaki Pref Inst Fish, 13: 25-30

Beck ML, Biggers CJ. 1983. Erythrocyte measurements of diploid and triploid *Ctenopharyngodon idella*×*Hypophthalmichthys nobilis* hybrids. J Fish Biol, 22(4): 497-502

Benfey TJ, Sutterlin AM, Thompson RJ. 1984. Use of erythrocyte measurements to identify triploid salmonids. Can J Fish Aquat Sci, 41(6): 980-984

Benfey TJ. 1999. The physiology and behavior of triploid fishes. Rev Fish Sci, 7(1): 39-67

Bertotto D, Cepollaro F, Libertini A, et al. 2005. Production of clonal founders in the European sea bass, *Dicentrarchus labrax* L., by mitotic gynogenesis. Aquaculture, 246(1): 115-124

Bidwell CA, Chrisman CL, Libey GS. 1985. Polyploidy induced by heat shock in channel catfish.

Aquaculture, 51(1): 25-32

Blanc JM, Poisson H, Escaffre AM, et al. 1993. Inheritance of fertilizing ability in male tetraploid rainbow trout (*Oncorhynchus mykiss*). Aquaculture, 110(1): 61-70

Bouza C, Sanchez L, Martínez P. 1994. Karyotypic characterization of turbot (*Scophthalmus maximus*) with conventional, fluorochrome and restriction endonuclease-banding techniques. Mar Biol, 120(4): 609-613

Cal R, Terrones J, Vidal S, et al. 2010. Differential incidence of gonadal apoptosis in triploid-induced male and female turbot (*Scophthalmus maximus*). Aquaculture, 307: 193-200

Cal RM, Vidal S, Camacho T, et al. 2005. Effect of triploidy on turbot haematology. Comparative Biochemistry and Physiology Part A: Molecular & Integrative Physiology, 141(1): 35-41

Cal RM, Vidal S, Gómez C, et al. 2006a. Growth and gonadal development in diploid and triploid turbot (*Scophthalmus maximus*). Aquaculture, 251(1): 99-108

Cal RM, Vidal S, Martínez P, et al. 2006b. Growth and gonadal development of gynogenetic diploid *Scophthalmus maximus*. J Fish Biol, 68(2): 401-403

Cassani JR, Maloney DR, Allaire HP, et al. 1990. Problems associated with tetraploid induction and survival in grass carp, *Ctenopharyngodon idella*. Aquaculture, 88(3): 273-284

Castillo AGF, Beall E, Moran P, et al. 2007. Introgression in the genus *Salmo* via allotriploids. Mol Ecol, 16(8): 1741-1748

Cherfas NB, Hulata G, Gomelsky BI, et al. 1995. Chromosome set manipulations in the common carp, *Cyprinus carpio* L. Aquaculture, 129(1): 217

Cherfas NB, Hulata G, Kozinsky O. 1993. Induced diploid gynogenesis and polyploidy in ornamental (koi) carp, *Cyprinus carpio* L. 2. Timing of heat shock during the first cleavage. Aquaculture, 111(1-4): 281-290

Chourrout D. 1984. Pressure-induced retention of second polar body and suppression of first cleavage in rainbow trout: production of all-triploids, all-tetraploids, and heterozygous and homozygous diploid gynogenetics. Aquaculture, 36(1): 111-126

Chourrout D, Chevassus B, Krieg F, et al. 1986. Production of second generation triploid and tetraploid rainbow trout by mating tetraploid males and diploid females-potential of tetraploid fish. Theor Appl Genet, 72(2): 193-206

Chourrout D, Nakayama I. 1987. Chromosome studies of progenies of tetraploid female rainbow trout. Theor Appl Genet, 74(6): 687-692

Colombo L, Barbaro A, Libertini A, et al. 1995. Artificial fertilization and induction of triploidy and meiogynogenesis in the European sea bass, *Dicentrarchus labrax* L. J Appl Ichthyol, 11(1-2): 118-125

Dettlaff TA, Dettlaff AA. 1961. On relative dimensionless characteristics of development duration in embryology. Archives de Biologie, 72: 1-16

Don J, Avtalion RR. 1988. Production of viable tetraploid tilapias using the cold shock technique. Israeli Journal of Aquaculture Bamidgeh, 40: 17-21

Felip A, Piferrer F, Zanuy S, et al. 2001a. Comparative growth performance of diploid and triploid European sea bass over the first four spawning seasons. J Fish Biol, 58(1): 76-88

Felip A, Zanuy S, Carrillo M, et al. 1997. Optimal conditions for the induction of triploidy in the sea bass (*Dicentrarchus labrax* L.). Aquaculture, 152(1): 287-298.

Felip A, Zanuy S, Carrillo M, et al. 2001b. Induction of triploidy and gynogenesis in teleost fish with emphasis on marine species. Genetica, 111(1-3): 175-195

Flajšhans M, Linhart O, Kvasnička P. 1993. Genetic studies of tench (*Tinca tinca* L.): induced triploidy and tetraploidy and first performance data. Aquaculture, 113(4): 301-312

Francescon A, Libertini A, Bertotto D, et al. 2004. Shock timing in mitogynogenesis and tetraploidization of the European sea bass *Dicentrarchus labrax*. Aquaculture, 236(1): 201-209

Fujimoto T, Sakao S, Oshima K, et al. 2013. Heat-shock induced tetraploid and diploid/tetraploid mosaic in pond loach, *Misgurnus anguillicaudatus*. Aquacult Int, 21(4): 769-781

Gamal AAE, Davis KB, Jenkins JA, et al. 1999. Induction of triploidy and tetraploidy in nile tilapia, *Oreochromis niloticus* (L.). J World Aquacult Soc, 30(2): 269-275

Garrido-Ramos M, de la Herran R, Lozano R, et al. 1996. Induction of triploidy in offspring of gilthead seabream (*Sparus aurata*) by means of heat shock. J Appl Ichthyol, 12(1): 53-55

Gomelsky B. 2003. Chromosome set manipulation and sex control in common carp: a review. Aquat Living Resour, 16(5): 408-415

Gomelsky B, Cherfas NB, Gissis A, et al. 1998. Induced diploid gynogenesis in white bass. The Progressive Fish-Culturist, 60(4): 288-292

Gorshkov S, Gorshkova G, Hadani A, et al. 1998. Chromosome set manipulations and hybridization experiments in gilthead seabream (*Sparus aurata*). Ⅰ. Induced gynogenesis and intergeneric hybridization using males of the red seabream (*Pagrus major*). The Israeli Journal of Aquaculture-Bamidgeh, 50(3): 99-110

Goudie CA, Simco BA, Davis KB, et al. 1995. Production of gynogenetic and polyploid catfish by pressure-induced chromosome set manipulation. Aquaculture, 133(3-4): 185-198

Haniffa MA, Sridhar S, Nagarajan M. 2004. Induction of triploidy and tetraploidy in stinging catfish *Heteropneustes fossilis* (Bloch), using heat shock. Aquac Res, 35(10): 937-942

Herbst EC. 2002. Induction of tetraploidy in zebrafish danio rerio and nile tilapia *Oreochromis niloticus*. Charlotte: University of North Carolina

Holmefjord I, Refstie T. 1997. Induction of triploidy in atlantic halibut by temperature shocks. Aquacult Int, 5(2): 168-173

Hussain MG, Penman DJ, McAndrew BJ, et al. 1993. Suppression of first cleavage in the nile tilapia, *Oreochromis niloticus* L.-a comparison of the relative effectiveness of pressure and heat shocks. Aquaculture, 111(1-4): 263-270

Ihssen PE, McKay LR, McMillan I, et al. 1990. Ploidy manipulation and gynogenesis in fishes: cytogenetic and fisheries applications. T Am Fish Soc, 119(4): 698-717

Jia Y, Meng Z, Liu X, et al. 2014. Biochemical composition and quality of turbot (*Scophthalmus maximus*) eggs throughout the reproductive season. Fish Physiol Biochem, 40(4): 1093-1104

Khan IA, Bhise MP, Lakra WS. 2000. Chromosome manipulation in fish-a review. Indian Journal of Animal Sciences, 70(2): 213-221

Kitamura H, Teong OY, Arakawa T. 1991. Gonadal development of artificially induced triploid sea bream *Pagrus major*. Nippon Suisan Gakk, 57: 1657-1660

Lecommandeur D, Haffray P, Philippe L. 1994. Rapid flow cytometry method for ploidy determination in salmonid eggs. Aquac Res, 25(3): 345-350

Malison JA, Kayes TB, Held JA, et al. 1993. Manipulation of ploidy in yellow perch (*Perca flavescens*) by heat shock, hydrostatic pressure shock, and spermatozoa inactivation. Aquaculture, 110(3-4): 229-242

Martínez P, Bouza C, Hermida M, et al. 2009. Identification of the major sex-determining region of turbot (*Scophthalmus maximus*). Genetics, 183(4): 1443-1452

McEvoy L A. 1984. Ovulatory rhythms and over-ripening of eggs in cultivated turbot, *Scophthalmus maximus* L. J Fish Biol, 24(4): 437-448

Mori T, Saito S, Kishioka C, et al. 2003. Induction of tripolids and gynogenetic diploids in barfin flounder *Verasper moseri*. Nippon Suisan Gakk, 70(2): 145-151

Mori T, Saito S, Kishioka C, et al. 2006. Aquaculture performance of triploid barfin flounder *Verasper moseri*. Fisheries Sci, 72(2): 270-277

Murata O, Kato K, Ishibashi Y, et al. 1994. Comparison of growth and chemical composition between diploid and triploid in Japanese parrot fish. Aquaculture Science, 42(3): 411-418

Myers JM, Hershberger ,WK. 1991. Early growth and survival of heat-shocked and tetraploid-derived triploid rainbow trout (*Oncorhynchus mykiss*). Aquaculture, 96(2): 97-107

Myers JM. 1986. Tetraploid induction in *Oreochromis* spp. Aquaculture, 57(1): 281-287

Nam YK, Choi GC, Kim DS. 2004. An efficient method for blocking the first mitotic cleavage of fish zygote using combined-thermal treatment, exemplified by mud loach (*Misgurnus mizolepis*). Theriogenology, 61(5): 933-945

Nam YK, Kim DS. 2004. Ploidy status of progeny from the crosses between tetraploid males and diploid females in mud loach (*Misgurnus mizolepis*). Aquaculture, 236(1-4): 575-582

Peruzzi S, Chatain B. 2000. Pressure and cold shock induction of meiotic gynogenesis and triploidy in the European sea bass, *Dicentrarchus labrax* L.: relative efficiency of methods and parental variability. Aquaculture, 189(1-2): 23-27

Peruzzi S, Chatain B. 2003. Induction of tetraploid gynogenesis in the European sea bass (*Dicentrarchus labrax* L.). Genetica, 119(2): 225-228

Piferrer F, Beaumont A, Falguière J, et al. 2009. Polyploid fish and shellfish: production, biology and applications to aquaculture for performance improvement and genetic containment. Aquaculture, 293(3): 125-156

Piferrer F, Cal RM, Blázquez BA, et al. 2000. Induction of triploidy in the turbot (*Scophthalmus maximus*) Ⅰ. Ploidy determination and the effects of cold shocks. Aquaculture, 188(1): 79-90

Piferrer F, Cal RM, Gómez C, et al. 2003. Induction of triploidy in the turbot (*Scophthalmus maximus*) Ⅱ. Effects of cold shock timing and induction of triploidy in a large volume of eggs. Aquaculture, 220(1): 821-831

Purdom CE. 1972. Induced polyploid in plaice (*Pleuronectes platessa*) and its hybrid with the flounder (*Platichthys flesus*). Heredity, 29: 11-24

Reddy PVGK, Kowtal GV, Tantia MS. 1990. Preliminary observations on induced polyploidy in Indian major carps, *Labeo rohita* (Ham.) and *Catla catla* (Ham.). Aquaculture, 87(3): 279-287

Refstie T. 1981. Tetraploid rainbow trout produced by cytochalasin B. Aquaculture, 25(1): 51-58

Sakao S, Fujimoto T, Kimura S, et al. 2006. Drastic mortality in tetraploid induction results from the elevation of ploidy in masu salmon *Oncorhynchus masou*. Aquaculture, 252(2): 147-160

Sakao S, Fujimoto T, Kobayashi T, et al. 2009. Artificially induced tetraploid masu salmon have the ability to form primordial germ cells. Fisheries Sci, 75(4): 993-1000

Small SA, Benfey TJ. 1987. Cell size in triploid salmon. Journal of Experimental Zoolgy, 241(3): 339-342

Swarup H. 1956. Production of heteroploidy in the three-spined stickleback, *Gasterosteus aculeatus* (L.). Nature, 178: 1124-1125

Teplitz RL, Joyce JE, Doroshov SI, et al. 2011. A preliminary ploidy analysis of diploid and triploid salmonids. Can J Fish Aquat Sci, 51(S1): 38-41

Thorgaard GH, Jazwin ME, Stier AR. 1981. Polyploidy induced by heat shock in rainbow trout. T Am Fish Soc, 110(4): 546-550

Tiwary BK, Kirubagaran R, Ray AK. 2004. The biology of triploid fish. Rev Fish Biol Fisher, 14(4): 391-402

Váradi L, Benkó I, Varga J, et al. 1999. Induction of diploid gynogenesis using interspecific sperm and production of tetraploids in African catfish, *Clarias gariepinus* Burchell (1822). Aquaculture, 173(1): 401-411

Wolters WR, Chrisman CL, Libey GS. 1982. Erythrocyte nuclear measurements of diploid and triploid channel catfish, *Ictalurus punctatus* (Rafinesque). J Fish Biol, 20(3): 253-258

Yamazaki F, Goodier J. 1993. Cytogenetic effects of hydrostatic pressure treatment to suppress the first cleavage of salmon embryos. Aquaculture, 110(1): 51-59

Ye Y, Wang Z, Zhou J, et al. 2009. Genetic stability of progeny from an artificial allotetraploid carp using sperm from five fish species. Biochem Gen, 47(7): 533-539

Yoshikawa H, Morishima K, Fujimoto T, et al. 2008. Ploidy manipulation using diploid sperm in the loach, *Misgurnus anguillicaudatus*: a review. J Appl Ichthyol, 24(4): 410-414

You F, Liu J, Wang X, et al. 2001. Study on embryonic development and early growth of triploid and gynogenetic diploid left-eyed flounder, *Paralichthys olivaceus* (T. et S.). Chin J Oceanol Limn, 19(2): 147-151

Zhang X, Onozato H. 2004a. Allo-eudiploidy of the diploid cells in diploid-tetraploid mosaic hybrids between female rainbow trout *Oncorhynchus mykiss* and male amago salmon *O. rhodurus*. Fisheries Sci, 70(5): 924-926

Zhang X, Onozato H. 2004b. Hydrostatic pressure treatment during the first mitosis does not suppress the first cleavage but the second one. Aquaculture, 240(1): 101-113

Zhu XP, You F, Zhang PJ, et al. 2007. Effects of hydrostatic pressure on microtubule organization and cell cycle in gynogenetically activated eggs of olive flounder (*Paralichthys olivaceus*). Theriogenology, 68(6): 873-881

Zou S, Li S, Cai W, et al. 2004. Establishment of fertile tetraploid population of blunt snout bream (*Megalobrama amblycephala*). Aquaculture, 238(1-4): 155-164

第七章 展 望

我国是海洋大国，鱼类是海洋生物中的大家族，是渔业生产中主要的捕捞对象和人类优质动物蛋白的重要来源。大菱鲆属于海洋底层鱼类中营养价值和经济价值较高鱼类，一直是国际上重要捕捞和养殖对象，深受国内外消费者的喜爱。自1992年引进中国后，经过二十多年发展，在大菱鲆养殖示范推广和带动作用下，以大菱鲆为代表的鲆鲽类年产值突破百亿元，在环渤海和黄海北部沿岸形成了一个规模宏大的产业带和经济圈，有效推动了我国以海水鱼类为代表的“第四次海水养殖浪潮”的兴起，在开拓我国海洋产业、开发“蓝色国土”、建设“蓝色粮仓”、保障水产品有效供给、改善国民食物结构、提供沿岸人民就业机会和繁荣“三农经济”方面做出了突出贡献。然而，由于当前市场分割、加工落后、贸易体制机制约束、养殖种苗生产技术提升缓慢等诸多因素，我国大菱鲆养殖产业的发展经常出现供需不平衡、价格波动大现象，支撑产业的病害防控、循环水养殖、良种选育等关键技术的转化率不高等问题尚未有效解决，养殖风险加大。

种苗繁育是当今海（淡）水鱼类养殖生产过程中核心事件，处于整个产业链条最前端。繁育健康苗种、创制优良种质、实现良种产业化和覆盖率，是未来鱼类人工养殖主流发展方向。当前，在大菱鲆种苗繁育过程中，苗种生产工艺与繁育技术仍存在以下几个方面的问题。

亲鱼培育阶段：在人工养殖条件下，大菱鲆可通过调控光照、水温达到调节性腺发育成熟目的，理论上可进行一年多茬育苗，但是在反季节人工育苗过程中，卵子质量比正常繁殖季节差，导致苗种培育存在季节性差异。同时，在亲鱼培育营养强化阶段，尚未开发出专用的亲鱼培育饲料，多采用鲜杂鱼等冰鲜饵料进行亲鱼营养强化，强化标准不统一。

亲鱼催产和人工授精阶段：大菱鲆在人工养殖条件下不能自然产卵受精，在养殖生产中需要采用激素催产方法，进行人工挤卵受精，这类似于畜牧生产中的同期发情、人工授精。但在大菱鲆催产过程中，尚未开发出专用催产激素，没有专用检测手段来精准判断亲鱼催产时机，对亲鱼催产时间的选择多依靠经验，激素调控卵子质量机制尚不明确。同时在人工授精过程中，卵子和精子质量评价尚无明确统一标准，人工养殖条件下亲鱼的使用年限也没有明确界定。

苗种培育阶段：在大菱鲆孵化后早期苗种培育阶段，对其早期内外源营养转换调控、开口饵料摄食调控、器官发育和变态伏底等关键时期没有进行系统研究，同时对仔、稚鱼营养需求和最适环境条件缺乏深入了解，苗种培育生产工艺多以经验为主，导致生产中同批次苗种培育存在差异。

针对以上存在问题，为了实现大菱鲆人工苗种繁育标准化、稳定和可持续发展，同时结合我国国情和养殖生产实际，需要进一步加强以下几个方面的工作。

1. 树立良种意识，完善体系建设

以国家政策为导向，依托现有条件，根据各地实际情况，因地制宜构建健全的公益性良种培育体系，加强已有原、良种场的基础性、技术性和制度化建设，完善国家技术体系平台和地方技术推广体系、国家育种中心-原、良种厂-育苗厂-养殖企业一体化的良种示范与生产推广体系。在此基础上完善大菱鲆苗种生产许可制度，提高苗种生产的准入门槛，加大监管力度，从源头上保证苗种生产质量。

2. 加强种苗繁育基础理论研究

以卵母细胞发育为主线，系统研究大菱鲆亲鱼繁殖生理变化和营养需求，饵料营养、环境因子对性腺发育和卵质的影响，探明亲鱼性腺发育规律及生殖内分泌调控机制，在此基础上，明确生殖配子的发育生物学、受精生物学特征和早期发育规律，摸清影响配子质量的内外源因素；查明仔、稚鱼生长发育及生理代谢规律，明确其不同生长发育阶段的营养需求；综合苗种早期发育规律，探明影响骨骼、肌肉等组织器官发育异常的理化因子及作用机制，预防早期发育异常；阐明温、光等环境因子对仔、稚鱼生长发育影响及相关调控机制，摸清最佳生长发育的环境条件。

3. 提升种苗生产人工繁育技术

在查明大菱鲆亲鱼性腺发育规律和营养需求的基础上，建立光、温调控性腺发育成熟的标准化调控工艺，切实有效解决反季节种苗培育卵质下降问题，在此基础上构建系统化卵质评价体系，研制专用孵化设备，确保优质受精卵的规模化生产供应。在苗种培育阶段，明确仔、稚鱼发育期间营养需求和消化吸收过程，完善仔、稚鱼开口饵料生产工艺，简化流程，提高效率，集成苗种早期发育规律、营养需求及环境条件等研究成果，构建标准化苗种规模化繁育及配套技术工艺。

4. 构建大菱鲆全雌和不育苗种生产技术体系

建立稳定的大菱鲆有丝分裂型和减数分裂型雌核发育诱导体系，规模化培育子代诱导群体；跟踪雌核发育子代雌、雄性腺发育和配子发生，利用成熟产卵的有丝分裂型雌核发育子代雌鱼和减数分裂型雌核发育子代雌鱼，分别与普通雄鱼构建家系，辨析各家系子代苗种性别比例，进一步明确大菱鲆的性别遗传决定机制及环境因子对性别分化的影响，获得雌核发育子代超雌亲鱼，建立全雌苗种生产技术规范；利用雌核发育诱导技术，扩大超雌亲鱼基础育种群体，构建雌核发育家系，以超雌鱼和雌核发育雄鱼杂交，优选子代苗种，获得优良品种，作为审定新品种的候选材料；构建大菱鲆克隆系，利用克隆系间杂交技术筛选大菱鲆优良品系；中试生产大菱鲆三倍体苗种，探明其生长和生殖的内分泌调控机制，评估其生长和抗性能力，生产并推广大菱鲆三倍体苗种；建立稳定高效的同源四倍体诱导技术和苗种筛选技术，跟踪四倍体性腺发育和配子发生，评估四倍体的繁殖性能；建立大菱鲆全雌苗种和不育苗种育种技术平台，结合选择育种和分子辅助育种，提高定向育种水平和育种效率。

编　后　记

《博士后文库》（以下简称《文库》）是汇集自然科学领域博士后研究人员优秀学术成果的系列丛书。《文库》致力于打造专属于博士后学术创新的旗舰品牌，营造博士后百花齐放的学术氛围，提升博士后优秀成果的学术和社会影响力。

自《文库》出版资助工作开展以来，得到了全国博士后管理委员会办公室、中国博士后科学基金会、中国科学院、科学出版社等有关单位领导的大力支持，众多热心博士后事业的专家学者给予了积极的建议，工作人员做了大量艰苦细致的工作。在此，我们一并表示感谢！

《博士后文库》编委会